国家“十二五”水专项
“滇池流域水资源联合调度改善湖体水质关键技术与工程示范”(2013ZX07102006)项目资助

HSPF 流域模型原理与模拟应用

董延军　陈文龙　杨　芳　周　丰　著

黄河水利出版社
·郑州·

内 容 提 要

本书以 HSPF 模型为基础，系统介绍了分布式水文水质模型的理论与方法，详细说明了流域水文水质模型构建的框架与步骤。主要内容包括：流域水文水质研究的重要性、HSPF 模型介绍、流域污染物迁移转化模拟基本原理、HSPF 模型关键技术、空间和属性数据建库、HSPF 模型构建、水文模拟与校准和非点源污染模拟与校准等。

本书适合于点源与非点源污染研究、流域环境管理和水文水资源研究的科研人员、大学教师以及相关专业的研究生阅读，同时也可供水土流失、生态科学等相关领域的专家学者参考使用。

图书在版编目（CIP）数据

HSPF 流域模型原理与模拟应用/董延军等著. —郑州：黄河水利出版社，2014.3

ISBN 978-7-5509-0700-3

Ⅰ.①H… Ⅱ.①董… Ⅲ.①流域模型-水文实验-应用软件 ②流域模型-水质模型-应用软件 Ⅳ.①P344-39

中国版本图书馆 CIP 数据核字（2014）第 002431 号

出 版 社：黄河水利出版社

地址：河南省郑州市顺河路黄委会综合楼 14 层　邮政编码：450003

发行单位：黄河水利出版社

发行部电话：0371-66026940、66020550、66028024、66022620（传真）

E-mail：hhslcbs@126.com

承印单位：河南省瑞光印务股份有限公司

开本：787 mm×1 092 mm　1/16

印张：15

字数：346 千字　　印数：1—1 000

版次：2014 年 3 月第 1 版　　印次：2014 年 3 月第 1 次印刷

定价：38.00 元

前　言

2009年我们编写出版了一本《流域水文水质模拟软件(HSPF)应用指南》,一转眼四年过去了。这四年来,一直陆续接到不少读者特别是高校师生的来信,向我们询问软件的使用情况,并索取书中相关的资料。一本书能得到众多读者的关注,这充分说明这本书还是有一定的意义和价值的,这一点也是我们感到十分欣慰的地方。

《流域水文水质模拟软件(HSPF)应用指南》已经提到了,与SWAT模型一样,HSPF模型在国外特别是在美国,也是具有一定影响力的非点源模拟模型。但不知什么原因,HSPF模型在国内较少为人所熟知,相反SWAT模型却得到了极大的普及,已经取得了不少的研究成果,如在密云水库、太湖等重要湖泊的非点源模拟,一些单位甚至还不定期举办SWAT模型培训班,这对于推动和普及SWAT模型在国内的运用起了重大的作用。对比SWAT模型,HSPF模型还较少为人熟知,更谈不上大规模的普及应用。我们也是无意间通过水利部“948”项目的实施,慢慢接触HSPF模型,从对模型的不了解到如今能实现一些流域的模拟应用,其间也走过不少弯路,经历不少辛酸。总结学习HSPF模型的过程,实际上主要有两个难点,一是没有现成的HSPF模型原理介绍以及比较好的应用成果;二是公开的HSPF模型,非商业软件,有很多漏洞,有可能是开发者没考虑到,也有可能是开发者故意埋的炸弹,内核故意有所保留。第一个原因,由于没有现成的学习材料,学习者必须阅读原始的英文文献,模型的应用、参数的校准都须学习者有较高的专业领悟和理解能力,才能驾轻就熟,这给一般人员的学习造成一定的困难和不便。第二个原因,软件本身的问题。软件本身是非商业化的,不对用户负责,所以很多人在学习过程中会遇到这样或那样的问题,很容易打退堂鼓。另外,还有一个因素,就是国内很多人对HSPF模型的理解存在一定的误区,认为SWAT模型是纯物理模型,HSPF模型是概念模型,国人一提到概念模型,就认为不如SWAT模型好。实际上,SWAT模型与HSPF模型一样,严格地讲都是半分布式水文模型。SWAT模型水文原理基于SCI曲线,HSPF模型基于Standford水文模型,这两个水文模型都是集总式水文模型,因此不存在纯物理模型和物理模型的区分,不能以纯物理模型的帽子压低HSPF模型的价值。HSPF模型是美国环保署牵头开发的,SWAT模型是美国农业署牵头开发的,二者重点面向非点源的模拟,二者的水质模块都能较好地模拟氮、磷等水质成分的迁移与转化,这是模型的精华和难点所在,也是国内模型所不及的地方。

面对HSPF模型学习和普及的这个苦差事,我们所幸完成了其中的一件事情,就是编著了国内首部系统介绍HSPF模型的专著,为国内广大爱好和关注HSPF模型的读者提供了一个学习的教程。但是这本专著还只侧重于模型的介绍和使用,对模型原理和模型在中国的应用介绍则是这本书的不足,这也是我们进一步要完成的任务,也是很多读者关注的重点。这四年来,一直想尽快完成这个心愿,但是由于种种原因始终没有完成,成为我们心头一个心结。我们在当年“948”项目结束时建了一个 HSPF 模型的 QQ 群(76188400),经常看到不少人特别是在校的学生正在热火朝天地学习 HSPF 模型,当看到这一幕情景时,我们深深感到编写《HSPF 模型原理与模拟应用》已经十分必要,而且这几年我们也做了大量的工作,需要与大家进一步的交流。这就是我们编写本书的初衷,《HSPF 模型原理与模拟应用》可以说是《流域水文水质模拟软件(HSPF)应用指南》的姊妹著作。

通过这几年的工作实践,我们认为 HSPF 模型可以在以下三个领域进行应用,包括流域水循环模拟、非点源模拟和暴雨洪水模拟。

第一,流域水循环模拟。当前变化环境下水资源定量评估是一个热点,HSPF 模型既可以考虑下垫面的因素,又可以考虑气象因素、光照辐射因素,因此完全可以应用在流域水资源演变的量化评价研究中。

第二,非点源模拟。非点源模拟是一个十分复杂的物理过程模拟,国内鲜有成熟的模型,目前主要是应用国外模型,HSPF 模型开发集成于 BASINS 系统中,BASINS 是英文 Better Assessment Science Integrating Point and Non-point Sources 的缩写,是模拟点源与非点源重要的集成工具,HSPF 模型主要目的就是模拟流域水文与水质过程。

第三,暴雨洪水模拟。模拟暴雨洪水是 HSPF 模型优于 SWAT 模型的显著特点,SWAT 模型是日模型,HSPF 模型模拟时间尺度可到小时,因此 HSPF 可模拟场次洪水。

因此本书的编排,前面部分重点介绍模型的工具和原理,其中工具部分略简要一些,读者可重点参考我们编著的上一本书《流域水文水质模拟软件(HSPF)应用指南》,原理部分介绍是本书的一大特色,目前国内还没有这么详尽介绍 HSPF 模型原理的书籍。后面几章结合前述的三大方面的功能,依次分别介绍南盘江流域模拟、滇池流域非点源模拟和星丰江流域暴雨洪水模拟。

本书由董延军、陈文龙、杨芳、郑江丽(珠江水利科学研究院)和周丰(北京大学)共同编写完成。具体编写分工如下:第 1 章、第 10 章、第 11 章由董延军编写,第 2 章、第 3 章、第 4 章由陈文龙编写;第 5 章、第 6 章由杨芳编写;第 7 章由郑江丽编写;第 9 章由周丰编写;第 8 章由杨芳和郑江丽共同编写,全书由董延军最后统稿和定稿。

在本书编写过程中,彭俊台硕士、孙春敏硕士、解河海博士、邹华志博士、陈钰祥博士、马志鹏博士、石赟赟硕士等人先后帮助搜集素材、整理文稿和校对,付出辛勤劳动。本书第一作者董延军在北京师范大学博士后流动站进站期间,得到了北京师范大学京师学者、博士生导师徐宗学教授的悉心指导,徐老师为 HSPF 模型在水文领域的应用提供了宝贵的意见和耐心的帮助。在本书出版过程中,还得到了珠江水利科学研究院王现方院长、李亮新副院长、谢宇峰副院长、亢庆副院长、邓家泉副院长、王琳副院长、徐峰俊总工、科技处李杰处长、资源与环境研究所副所长贺新春博士等的大力支持和帮助。借此机会向他们一并致谢。

本书的出版得到了国家“十二五”水专项“滇池流域水资源联合调度改善湖体水质关键技术与工程示范”(2013ZX07102006)、水利部“948”项目“流域水文水质模型在珠江流域推广与应用”(200830)和国家“十一五”水专项“流域产污汇污模型、入河污染物迁移转化过程及重要参数率定”(2008ZX07211－10－02)项目的资助支持。

这几年笔者一直从事流域水文模型、非点源模型的开发工作,本书是这几年的一些研究成果。我们期望通过这些研究成果,促进 HSPF 模型在我国流域水资源、水环境研究中大力推广和普及。由于笔者水平有限,成书仓促,书中的缺点和错误在所难免,竭诚欢迎读者批评指正和学术争鸣。相关建议可通过电子邮件 hspf@163.com 与作者联系。

作　者

2013 年 8 月

目　录

第 1 章　绪　论

1.1　流域水文水质模型研究的重要性

1.1.1　模型研究的必要性

随着社会经济的迅速发展,水污染已成为人类当前面临的主要环境问题之一。水污染通常分为点源污染和非点源污染。点源污染(Point Source Pollution)主要是工业废水和城市生活污水通过固定排污口排向水体而产生的污染。非点源污染(或面源污染)是指溶解的或固体污染物从非特定的地点,在降水和径流的冲刷作用下,通过径流过程而汇入受纳水体(如河流、湖泊、水库、海湾等)所引起的水体污染(Novotny,Olem,1993),其主要来源包括水土流失、农业化学品过量施用、城市径流、畜禽养殖和农业与农村废弃物等(Mingteh et al.,2004)。大量的泥沙、氮磷污染物负荷进入江河、湖库,会引起水体悬浮物浓度升高、有毒有害物质增加、溶解氧减少、水体出现富营养化以及酸化趋势,不仅破坏水生生物的生存环境和水生生态系统平衡,还会影响人类的生产生活,威胁人体健康(Kevin et al.,2004)。非点源污染与点源污染相比,点源主要表现为工业与生活的排污口,相对容易标识,而非点源表现为污染物以广域的、分散的、微量的形式进入地表及地下水体。

近年来,许多国家由非点源污染所造成的水环境恶化问题日益突出。据美国、日本等国家的报道,即使点源污染得到全面控制以后,江河的水质达标率仅为65%,湖泊的水质达标率为42%,海域水质达标率为78%。研究指出,美国的非点源污染量占污染总量的2/3;荷兰农业非点源的总氮(TN)、总磷(TP)污染分别占水环境污染的60%和40%~50%;丹麦270条河流94%的氮负荷、52%的磷负荷由非点源污染引起。

我国目前也正处在污染构成快速转变时期,面源污染的负荷比重在逐步上升。据研究,非点源污染已成为太湖、巢湖、滇池等重要湖泊水质恶化的主要原因之一(金相灿,1995;陈吉宁等,2004)。在我国农村,氮、磷肥料,农药的投入仍然是粮食作物增产的有效措施之一。但是氮、磷的过量施用已带来了令人担忧的环境问题,近一二十年来的研究表明,氮、磷非点源污染负荷已占受纳水体的50%以上,并对受纳水体产生了严重影响。例如,我国湖泊达到富营养化水平的已占63.6%,一些农业发达地区的湖泊,如太湖、巢湖、滇池等总氮、总磷浓度是20世纪80年代的十几倍。除氮、磷等污染源外,泥沙也是我国常见的非点源污染源之一。在我国北方地区,由于受季风气候控制,汛期降雨集中,水土流失严重,河流水体中含沙量较大。例如,黄河中游河段,多年平均含沙量保持在25~30 kg/m^3。进入水体中的泥沙由于含有相当数量的黏土矿物和有机、无机胶体,本身就是一种污染物,除影响水体视觉感官、降低水体的透明度和复氧条件外,同时由于络合、吸附等作用,泥沙又成为许多污染物的载体。非点源对水环境污染的贡献越来越大,逐步成为水环境质量改善的首要问题,受到管理决策者和科研机构越来越多的关注。

对流域非点源污染的量化研究、影响评价以及污染治理,最为有效和直接的研究方法是建立流域水文水质模型即非点源模拟模型,进行时间和空间序列上的模拟。流域水文水质模型可通过对整个流域系统及其内部发生的复杂污染过程进行定量描述,帮助分析非点源污染产生的时间和空间特征,识别污染物的主要来源和迁移路径,预测污染负荷及其对水体的影响,并进一步评估土地利用的变化、不同的管理与技术措施等对非点源污染负荷和水质的影响,为流域管理和规划提供决策依据。

总之,流域水文水质的建模与模拟在解决流域水环境问题方面具有十分重要的现实意义,它通过对污染物在流域范围内(包括陆域与水域)迁移转化过程的模拟,查明污染物运移的时空分布规律,从而为流域水质预测、管理和规划决策提供有力的技术与方法支持。

1.1.2 模型研究的意义

为了缓解水资源面临的压力,适应现代水利发展的要求,传统的水管理观念与方法要转变和创新。21 世纪水资源管理的目标是确保人类系统、社会经济系统和生态系统可持续发展,因此研究和提出新的高效用水管理模式,实现水资源的可持续利用是摆在我们面前的一项急需解决的重要课题。

流域内实行水质与水量的统一管理是流域管理的一项重要内容。水量与水质模拟技术是可持续水资源管理量化研究的基础,为流域水资源管理和调度提供技术支撑与保障。水量与水质模拟的研究主要是通过两个途径,一是借助于分布式物理水文模型,实现河道水质模拟计算;二是利用国外现成的软件,比如 SWMM、HEC - HMS 和 SWAT 等软件实现水量和水质的模拟。分布式物理水文模型是一项复杂而又技术性很高的工作。分布式物理水文模型是从流域水循环的动力学机制来描述流域水文问题,能够分析流域下垫面变化后的产汇流变化规律,并为其他专业应用模型提供水的流场情报。目前,国内分布式物理水文模型主要针对研究流域对象的特点自主研发,需要处理大量复杂的专业基础数据,存在大量重复性劳动,且容易出现差错。现有的软件也存在着模拟功能的不足,如 HEC - HMS软件只能模拟水量;SWMM 主要适用于城市水网的模拟,对城市以外地区的应用不太令人满意。

为解决这一问题,需要一个统一的界面、功能完备、便于操作使用的计算机仿真平台,通过这个平台提供水量与水质的模拟,以实现水资源管理的信息化、现代化和科学化,为流域水资源管理和决策提供有力的技术支撑。从这个意义上说,开展这个项目,不仅有利于推动我国流域特别是水环境污染严重的地区的管理和建设,也有利于国内科技人员了解、学习、吸收、跟踪国外先进技术。

本书以 HSPF 模型为例,介绍流域水文水质模型的原理与模拟应用。HSPF(Hydrological Simulation Program - Fortran)模型由美国环保署(USEPA)开发,并集成于 BASINS4.0 系统。BASINS(Better Assessment Science Integrating Point and Non - point Sources)系统于 1988 年由美国环保署开发完成,是一套能够模拟点源与非点源污染的功能强大的软件,该系统是一套基于 GIS 技术的整合式平台,内嵌了 HSPF、SWAT、PLOAD、

AGWA 等水文模型和 WDMUtil、GenScn 等辅助工具。HSPF 模型成功地捆绑于拥有众多插件、功能强大的 BASINS 系统中，从而为该模型所需的地形、地貌、土地利用/覆被、土壤、流域等数据的自动生成和叠加处理提供了更加方便、精准的手段，同时延长了数据处理、模拟预测的时间序列长度。

1.2 国内外相关研究现状

1.2.1 国外流域水文水质研究进展

20 世纪 60 年代，大量的调查研究使人们逐渐认识到，单纯的点源控制无法从根本上改善水质，促使人们转向非点源污染的定量化研究，即基于水文水质耦合的流域水文水质研究。1972 年美国水污染控制法修正案的制定，标志着流域水文水质研究的重大转折。这项法律明确规定，在制订水污染防治规划时，必须同时包括点源与非点源污染防治规划。该方案极大地促进美国非点源污染调查与研究，重点放在湖泊富营养化的非点源污染研究上，提出了一些有影响的流域水文水质模型用于模拟非点源污染。1972 年，美国开始进行全国水体富营养化的调查，选择了近千个典型的非点源污染流域，详细研究了流域土地利用状况，力图探索全国范围内的土地利用 - 营养负荷 - 富营养化之间的关系，从而建立一种利用流域特征来估算水体营养水平的定量化方法。美国和加拿大还联合开展了土地利用与五大湖水质污染关系的项目，研究了各种单一土地利用类型的单位面积污染负荷，探讨了多种因子（地形、土地利用程度、肥料、农药、气象条件等）对污染负荷的影响。从这个阶段的研究发展，我们可以看出，这一阶段的流域水文水质研究，侧重点在于水质方面，在流域水文循环机制方面则考虑较少。

20 世纪 70 年代中期是流域水文水质模型大发展时期。随着对非点源污染物理化学过程研究的深入和对非点源过程的广泛监测，从流域循环的机制角度出发研究非点源模型成为新的发展方向，其中有著名的模拟城市暴雨径流污染的 STORM、SWMM（Novotny），模拟农业污染的 ARM，以及本研究要介绍的 HSPF 模型等。HSPF 模型模拟了陆地表面、亚地面和地下水的水文路线以及污染物的输移，主要分为两部分：PERLND 模块和 RCHRES 模块。PERLND 模块模拟了发生坡面水流、壤中流、地下水流和水质水量的变化过程；RCHRES 模块模拟了径流汇入水渠或湖泊的过程。

这个时期流域水文水质的研究取得了两个方面的重要进展：一是从简单的经验统计分析提高到复杂的水文水质耦合机制模型；二是从长期平均负荷输出或单场暴雨分析上升到连续的时间序列响应分析。但是这个时期的模型机制复杂，模型通用性不强，对计算机、数据、用户素质要求很高，大多数模型通常只适用于很小的集水流域，不能适用于非点源污染的广泛性，从而限制模型的推广和应用。

20 世纪 70 年代后期，特别是 20 世纪 80 年代以来，流域水文水质模型的研究开始转向如何将模型应用于流域管理规划当中，开发新的实用模型；研究与广泛实施非点源污染控制与管理措施，并注意经济效益的分析。这一时期比较有代表性的有美国农业部农业研究所开发的 CREAMS（USDA，1980），这个模型的发展具有里程碑的意义，它首次成功地对非点源污染的水文、侵蚀和污染物迁移转化过程进行系统的耦合。ANSWERS 模型采用概念模型模拟水文,用泥沙连续方程模拟侵蚀,用方形网格划分研究区域,可供水质规划者或其他用户模拟土地利用方式对水文和侵蚀响应的影响。

20 世纪 90 年代以来,随着计算机信息技术、GIS 和遥感等技术的快速发展,流域水文水质模型也得到了迅猛发展,使得大尺度流域的流域水文水质模拟分析成为可能。这主要表现在以下几个方面:

(1)GIS 在水循环过程模拟中的应用。

1993 年 Stuart 和 Stocks 将一组普通的模拟工具与 GIS 软件组合在一起,开发出半分布式水文模型。他们用 GIS 宏语言将一组解释地表水饱和状态的方程嵌入 GIS 软件中,这些方程所需要的信息,如地表坡度、降雨强度及土壤空隙度等均以 GIS 图层的格式存储。通过 GIS 可视化界面与所需方程的结合,调用数据图层计算某个区域地表水饱和状态的空间分布。

(2)GIS 在估测土壤侵蚀率和侵蚀量中的应用。

1992 年 Blaszcynki 将修正后的土壤通用流失方程(RUSLE)与 GIS 结合,成功地用于估测和评价土壤侵蚀对环境的影响。Blaszcynki 研究证明,GIS 所估测的土壤侵蚀量与传统人工计算方法非常一致,但所需投入的资金和时间可大大减少。基于 GIS 的土壤侵蚀量估测方法具有更强的适应性,只要根据当地的实际情况,对系统内有关数据调整后,就能较精确地估计土壤侵蚀率和侵蚀量。

(3)GIS 与水文水质模型结合应用。

进入 20 世纪 90 年代以来,GIS 与水文水质模型结合应用的发展速度非常快。比较有代表性的并为国人熟知的是 SWAT 模型。SWAT 模型是美国农业部(USDA)开发的模拟流域水文水质的模型,广泛地应用于非点源污染模拟方面。SWAT 模型是流域尺度的模型,可用于模拟地表水和地下水水质与水量,长期预测土地管理措施对于具有多种土壤、土地利用和管理条件下的大面积复杂流域的水文、泥沙和农业化学物质对水质的影响。SWAT 模型在进行目标模拟时,将流域划分为多个子流域同时进行计算,加入了地下回流部分,增加了天气模拟模块以提供更长期的模拟和时空上更具代表性的天气数据。此外,SWAT 模型还改进了预测峰值径流量的方法。

1.2.2 国内流域产汇污研究进展

国内水文水质研究起步较晚,但是发展速度较快。最早模型起源于 20 世纪 60 年代,这个期间模型主要侧重于水文循环,而且是集总式的。我国在这方面最具代表性而且应用极广的水文模型是河海大学赵人俊研发的新安江模型。最初的新安江模型为两水源,即地表径流和地下径流。到 20 世纪 80 年代初期,模型研制者将萨克拉门托模型与 Tank 模型中的线性水库函数划分水源的概念引入新安江模型,提出了三水源新安江模型,即地表径流、壤中流和地下径流。在 1984 ~ 1986 年,赵人俊又提出了四水源新安江模型,即地表径流、壤中流、快速地下径流和慢速地下径流。

当流域面积较小时,新安江采用集总模型,当流域面积较大时,采用松散式分布式模型。近些年随着 GIS 技术和计算机技术的发展,一些研究者已将新安江模型与 DEM 技术结合起来，建立流域分布式模型，取得了一定的进展。如河海大学李家致等构建了基于DEM栅格和地形的分布式水文模型，并运用于黄河支流的洪水模拟。

20世纪90年代以前，水文模型大体属于集总式的，虽然后期模型有分布式的理念，但从模型机制上讲，仍属于集总式的。90年代以后，特别是进入2000年以后，国内学者已从集总式方向转向分布式物理模型，分布式物理模型是以水动力学为基础，模型中所涉及的植物截流、蒸散发、坡面水流、河道水流、土壤水运动、地下水流、融雪径流等物理过程均由基于质量守恒和能量守恒的偏微分方程组来描述，并用有限差分格式进行求解。分布式物理模型从理论上来说，就是尽可能客观反映降雨、参数、下垫面条件和模型结构的空间变化对流域径流形成过程的影响。国内最具代表性的模型就是中国水利水电科学研究院水资源研究所研发的WEP模型。WEP模型已成功应用于国家"十五"科技攻关重点项目"黑河流域水资源调配和信息管理系统"，将分布式水文模型成功地应用于流域水循环实践当中。WEP模型具备河川径流预报、动态水资源评价等功能，为黑河流域水资源的合理调配和水量实时调度提供科学依据、为流域工程规划和生态环境建设提供评价分析工具。

随着资源环境的日益恶化，全球气候的暖化，人们越来越关注环境和生态问题。譬如，珠江流域一直以来是我国水资源最为丰沛的地区之一，但是由于近年来珠江流域上游贵州、云南、广西等地社会经济的快速发展，需水量日益增加，从而造成径流下泄量减少，与此同时，全球变暖引发海平面上升，这两种因素共同作用造成珠江三角洲在枯水期的咸潮上溯入侵问题。咸潮上溯引发了珠三角地区特别是澳门、珠海的供水安全问题。为此，水利部珠江水利委员会从2005年12月开始连续几年实施调水压咸的战略，通过上游骨干水库的联合调度，加大上游径流下泄量，抵御咸潮的危害。由此可见，环境问题是制约社会经济可持续发展的最重要因素，解决环境问题也将是人类在21世纪面临的最重要的挑战。为了应对这种挑战，掌握水文循环模拟和与此伴生的水质模拟的方法与原理则是理解环境问题的一把最重要的钥匙，特别是更大尺度的流域水文水质的模拟。在这个大背景下，国内的相关学者开始关注流域水文水质的模拟，从流域水循环与水质的伴生机制来描述流域水文水质的迁移转化机制。中国水科院牛存稳、贾仰文等在WEP模型的基础上，增加相关水质模块，建立了流域水量水质综合模拟模型，提出了基于综合模拟模型的水量水质联合评价方法，并首次从"断面水"和"片水"两方面综合评价流域水资源的数量与质量。与此同时，国内许多单位引进国外的SWAT模型、HSPF模型、MIKE SHE模型等运用于滇池、太湖、海河等流域的管理与规划，模拟非点源污染，取得了较好的效果。

总体上说，国内流域水文水质模型研究主要呈现两个特点，一是应用国外现有的模型，如SWAT模型和HSPF模型，开发的较少，具有自主知识产权的产品则更少。二是开发简易的非点源估算模型。这类模型一般是运用相关分析法或单位线法估算非点源负荷。这类模型简洁实用，但对流域水文水质的迁移转化规律、污染物传输的空间分布描述不足。

1.2.3 水文水质研究进展及发展趋势

随着社会经济的快速发展和人民群众对生活质量标准要求的提高，当前水环境面临的问题将越来越受到人们的重视,因此水文水质的研究将会是今后很长一段时间的研究热点和趋势。展望未来水文水质研究进展及发展趋势,笔者认为,主要有以下几个方面:

(1)半分布式流域模型是今后发展的重点。流域分布式水文物理模型经过这几年的发展,许多关键的技术都陆续得到解决和突破,但是遇到的最大瓶颈就是资料的问题。纯粹的物理水文模型应用需要大量空间信息资料,包括地形、地貌、地质、土壤、植被、污染监测资料和人类活动影响等,这些资料在一般流域或机构都难以得到满足。资料的问题限制纯粹的物理水文模型的推广与普及。另外,纯粹的物理水文模型结构和解法非常复杂,许多水文工作者和工程师对此了解不深,这也限制其推广应用。因此,水文水质模拟的方向应是分布式模拟与传统集总式模拟相互结合,研发实用的半分布式流域模型。

(2)水文与水质耦合是今后流域水文模型发展的趋势。流域的管理与规划不仅仅局限于水资源的配置与调度,还要考虑流域环境容量的管理规划,因此流域模型应是水文与水质耦合下的水文水质模型,能够模拟流域点源与非点源污染,为流域点源与非点源污染控制措施提供决策支持,服务于流域社会、经济、环境和生态的可持续发展。

(3)需要在大量引进消化国外先进技术的基础上,二次创新开发,研发出具有中国知识产权的水文水质模拟软件。引进国外先进的模拟软件技术,不仅有助于提升国内科研整体实力,更有助于我国的水利科技创新。在充分消化国外先进技术的基础上,研发出具有中国特色的新型模型技术,是今后的科技发展潮流。

第2章　HSPF模型介绍

水文模型是水文学发展到一定阶段的产物，是描述和反映自然界中复杂水文现象的一个手段，是定量模拟水文现象特征量及其过程变化的一种有效工具。它既是水文科学研究中的一种比较实用的方法，又是当前水文科学研究和应用的重点、难点与热点之一，不仅丰富了水文学的研究体系和研究手段，而且随着水文学、计算机科学的发展而发展，促进了水文学的总体发展。

从模型构建的机制上分类，流域水文模型可分为物理模型、概念型模型和黑箱模型。若一个模型的每个关系式均是严格地以物理定律为基础，则该模型为物理模型；若一个模型的结构、参数都具有物理意义，但其结构不是严格地以物理定律为基础，则该模型是概念型模型；若一个模型的关系式无任何物理意义，则该模型是黑箱模型。

从对流域水文过程描述的离散程度分类，流域水文模型可分为集总式模型、分布式模型和半分布式模型三类。集总式模型最基本的特征是将流域作为一个整体来描述或模拟降雨径流形成过程。分布式模型最基本的特征是按流域各处气候（如降雨）信息和下垫面特性（如地形、土壤、植被、土地利用）要素信息的不同，将流域划分为若干个小单元，在每一个小单元上用一组参数反映其流域特征，具有从物理机制上考虑降雨和下垫面条件时空分布不均匀对流域降雨径流形成影响的功能。半分布式模型也称松散耦合分布式模型，其主要特点是在每一个水文模拟的小单元上应用概念型集总式模型来计算净雨，再进行汇流演算，计算出流域出口断面的流量过程。

目前国内外流域水文模型很多，但应用最多、影响最大、发展最快的还是概念流域水文模型，如国内的新安江模型、日本的TANK模型和美国的斯坦福模型等。随着计算机技术和遥感技术的迅速发展，分布式模型方兴未艾，分布式模型的研制与开发已成为水文水资源研究领域的一个热点话题。由于流域模拟问题的高度复杂性，纯粹意义上的分布式物理水文模型则需要大量的水文、气象、土壤、水质等基础数据的支持，在实际当中不便于推行，即使用偏微分方程等数学工具描述水文现象，也面临着一些参数的经验处理，因此在实践当中半分布式水文模型更有广阔的应用前景和推广价值。一些国家已将其核心模型技术成功地进行软件打包，发展成为便于用户操作的应用软件，广泛地应用于流域管理与决策部门，如美国的SWAT（Soil Water and Assessment Tools）、HSPF（Hydrological Simulation Program – Fortran）和LSPC（Loading Simulation Program in C++）模型软件技术。本书重点介绍HSPF模型的应用。HSPF模型于1981年由Robert Carl Johanson（HSPF之父）提出，它起源于1966年SWM（Stanford Watershed Model）斯坦福模型，是将数学方法应用于水文计算和预报形成的流域水文模型。HSPF模型不仅能长时间模拟水文系列，也能模拟流域面源污染和点源污染，是海外应用非常广的流域水文水质模拟软件。HSPF模型功能虽然非常强大，但是在国内宣传甚少，使用者更是廖廖无几。不过笔者认为，使用者少不等于HSPF模型没有生命力。国内外尤其是国内，更多人关注物理机制的分布式水文模型，物理机制虽然更完善地描述水文过程，但是纯粹的物理模型却需要大量的基础数据和参数验证工作，人为假定等因素客观上使分布式物理模型模拟效果等有更多的经验因素在里面。因此半分布式水文模型比纯粹的物理模型更具有生命力和实践性。HSPF 模型就是半分布式水文模型中优秀的代表，它不仅可以描述水文过程，而且可以模拟非点源和点源污染演进过程，在国外尤其在美国应用非常广泛。HSPF 模型与 SWAT 模型一样，也是功能强大，并且拥有独立运行界面的点源与非点源污染模拟工具软件。

2.1 HSPF 模型简介

美国环保署(USEPA)多年来长期致力于研发关于流域污染方面的数学模型用于环境灾害预测，HSPF 模型大量应用于模拟人为因素影响下的自然水系统的水情和水质，并随着应用实践，模型逐步得到完善和发展，目前已发展成为比较成熟的 BASINS 4.0 系统。BASINS(Better Assessment Science Integrating Point and Non-point Sources)系统于 1988 年由美国环保署开发完成，该系统是一套基于 GIS 技术的整合式平台，内嵌了 HSPF、SWAT、PLOAD、AGWA 等水文模型和 WDMUtil、GenScn 等辅助工具。HSPF 模型成功地捆绑于拥有众多插件、功能强大的 BASINS 系统中，从而为该模型所需的地形、地貌、土地利用/覆被、土壤、流域等数据的自动生成和叠加处理提供了更加方便、精准的手段，同时延长了数据处理、模拟预测的时间序列长度。

此外，HSPF 模型结合了美国环保署多项非点源污染模型研究成果，集成了 HSP、ARM、NPS 等模块，其中 HSP 为集水区水文模式，水文仿真功能强大且精确度高，而 ARM 和 NPS 的功能在于针对农业区的非点源污染模拟。模型提供水解、氧化、光解、生物降解、挥发和吸收等 6 种沉积化学作用模式，并结合水动力学实现沙、粉沙和黏土三种沉积物以及 BOD、DO、氮、磷、农药等多种污染物的地表、壤中径流过程和蓄积、迁移、转化的综合模拟，是国际认可的模拟流域非点源污染效果最好的模型之一，在国际水旱灾害防治、水环境监测、水资源开发利用中得到了广泛的应用。受到该模型运行需要大量基础数据等方面的影响，关于 HSPF 模型的研究在我国处于起步阶段。本书中所采用的 Win HSPF12.0软件同样嵌入于 BASINS 4.0 系统，该软件是 HSPF 模型最新视窗交互式版本，它与 BASINS、GenScn、WDMUtil 共同构成了该项研究的模拟工具主体。

2.2 HSPF 模型组织结构

HSPF 模型内嵌于 BASINS 系统平台当中，BASINS 系统由四个重要部分组成：①GIS 集成分析工具(BASINS GIS)；②工具分析软件(WDMUtil、HSPFParm)；③流域水文模型(WinHSPF、SWAT、AGWA、PLOAD)；④决策支持分析工具(GenScn)。BASINS 4.0 系统总体结构见图 2-1。

2.2.1 BASINS GIS

BASINS 4.0 系统由美国环保署(USEPA)组织开发完成，该系统将 ArcView 提供的

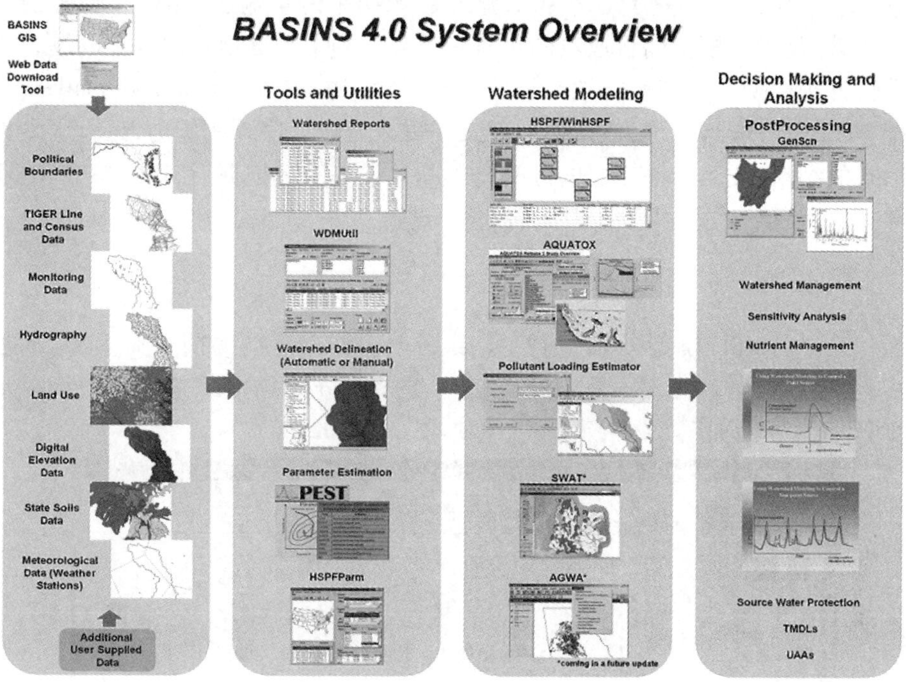

图 2-1　BASINS 4.0 系统总体结构

Dialog Desinger、Geopogressing、Spatial Analyst 等 GIS 核心插件与水文模型整合起来，自动叠加和处理 DEM、Soil、LUCC 数据，表征地形、地貌、覆被特性并设定参数，提取河段信息，完成水文响应单元准备，为系统内嵌的 SWAT、HSPF、PLOAD、AGWA 等 4 个水文模型提供完备的空间属性数据信息。

在完成 BASINS GIS 的前期数据准备和分析任务后，可以自动跳转到 WinHSPF、SWAT 或者 PLOAD 软件界面。

2.2.2　WDMUtil 工具

WDMUtil 程序由美国环保署科学技术所（USEPA's Office of Science and Technology）组织研发，主要用于时间序列文件的检验、运行以及 WDM 文件的生成。BASINS 与 WinHSPF 使用的时间序列数据结构为 WDM 格式（Watershed Data Management），WDMUtil 就是管理 WDM 数据的有效分析处理工具，可以分解与合成新的时间序列数据，也可以填补完善原有序列数据中缺失的数据。WDMUtil 工具是运行 HSPF 模型不可缺少的重要工具之一。

2.2.3　GenScn 工具

分析与管理流域模型大量复杂的输入和输出数据是一项艰巨的任务。一方面，HSPF 模型数据的传统方式为手动录入，通过运用 Word、Notebook 等文字编辑器构建数据输入序列来描述流域的物理机制和水文管理特性，即使流域背景不很复杂，也往往需要输入数千行，工序复杂，易错。另一方面，模拟数据和图像结果海量输出，如何加以辨别，如何分析并调整参数，是水文模拟能否成功的重点和难点。为了更好地解决以上问题，一项人机交互式数据处理模型——产生模拟情景分析模型 GenScn(Generation and analysis of model simulation scenarios)应运而生，该模型交互式提供改变输入序列的能力，运行水文模型，观察绘图形式的结果，便于结果输出的分析整理和数据的宏观把握，在模型参数调整时作为主要参考。

2.2.4 WinHSPF

前面三项为 HSPF 模型外部组件，主要用于 HSPF 模型的前处理和后处理工作。WinHSPF 则为内部组件主体，是 HSPF 模型与 Windows 结合产生的软件运行界面。WinHSPF 运行主界面如图 2-2 所示。

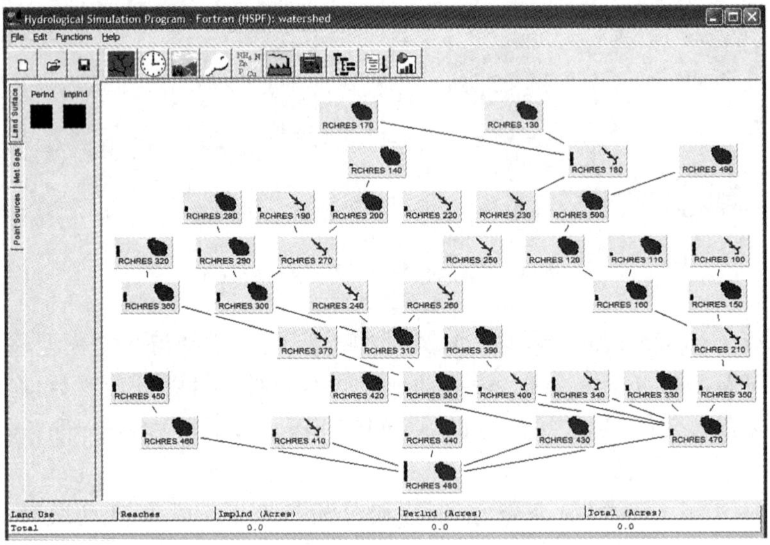

图 2-2 WinHSPF 运行主界面

WinHSPF 内核 HSPF 模型主要模块包括透水地段水文水质模拟模块(PERLND)、不透水地段水文水质模拟模块(IMPLND)以及地表水体模拟模块(RCHRES)。辅助模块由序列数据转换模块(COPY)、序列数据写入模块(PLTGEN)、序列数据运行模块(GENER)以及优化管理模块(BMP)构成。

(1)PERLND 模块。

PERLND(Pervious Land Segment)模拟模块适用于 HSPF 模型的子流域透水部分。径流通过坡面流或者其他方式汇入河流或水库中，从而实现该地段水、颗粒沉积物、化学污染物、有机物质的运移。该模块主要子模块包括 SNOW 积雪消融子模块、PWATER 水文子模块、SEDMNT 地表土壤侵蚀沉积物子模块、PQUAL 多种水质变化模拟子模块及一些农业化学子模块，而其他子模块则体现了一些辅助功能，如 ATEMP 空气温度设定和修正子模块不仅用于融雪和土壤温度计算，还生成了 PSTEMP 土壤温度子模块所需数据，而这些空气、土壤的温度数据是估算河川径流出口流量温度的关键参数，并且对于模拟水中不同化学物质反应速率、估算出口水含氧量、二氧化碳含量起着重要作用。PERLND 模块结构见图 2-3。

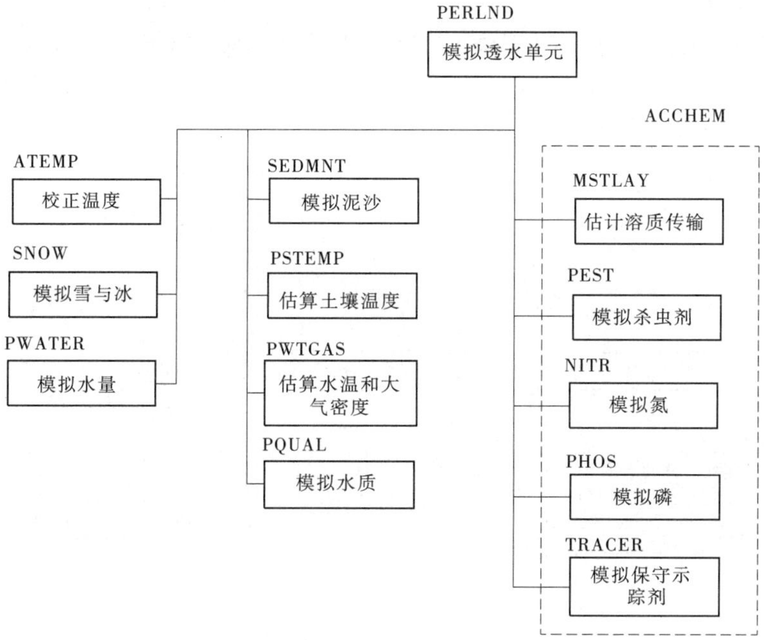

图 2-3　透水面积计算模块结构(PERLND)

(2)IMPLND 模块。

不透水地段即意味着很少有水分渗透,积雪虽会融水,降雨也能积水,但均只储存于地表面,并最终蒸发,或形成坡面流流出该地段;沉淀物、化学物沿坡面流向更低处汇集。IMPLND(Impervious Land Segment)模拟模块便应用于解决此类问题。IMPLND 模块结构见图 2-4。

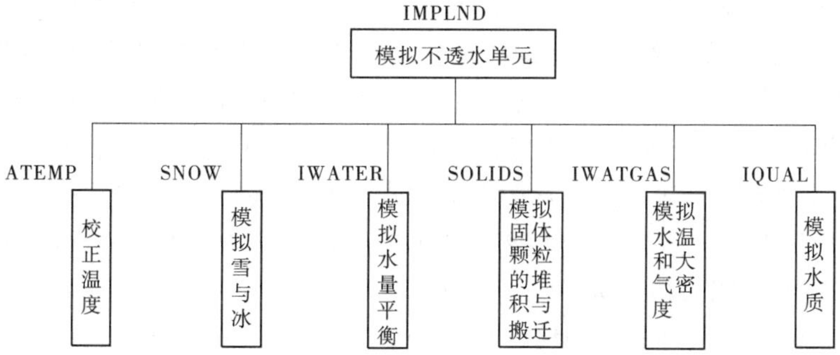

图 2-4　不透水面积计算模块结构(IMPLND)

(3)RCHRES 模块。

RCHRES(Free – flowing Reach or Mixed Reservoir)地表水体水文水质模拟模块用于模拟单一开放式河流、封闭式渠道或湖泊、水库等水体,通常也把模拟的河段或是水库叫作一个 RCHRES,这样的 RCHRES 是一个拥有入口、出口两点对象作为界限的区对象,这也是 BASINS 系统划分子流域所生成子区中的河流均为单一河段的原因之一。在 RCHRES 中,水流以及其他化学元素、杂质均为单向流动,入口物质一部分到达出口,余下的滞留;出口接纳的物质既包括入口水流携带的,也包括该子流域经溶解、冲刷重新加入的。该复杂过程充斥着全部 RCHRES,各 RCHRES 不仅相互作用,而且首尾连接成为一体,展现了整个流域特征。RCHRES 模块结构见图 2-5。

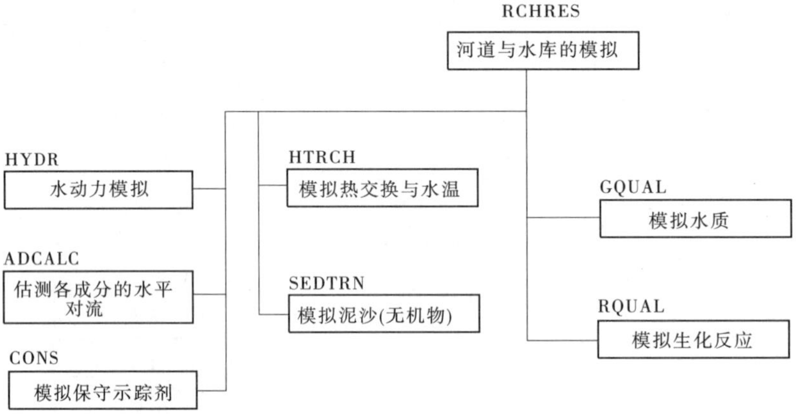

图 2-5　RCHRES 模块结构

(4)PWATER 子模块。

PWATER 子模块应用于水量计算和构成分析,是预报可渗透流域地段出口的河川径流总量的关键,是 PERLND 模块的运转基础,也是本次研究所采用的核心子模块。

PWATER 子模块中上土壤层和下土壤层的水蓄积只有名称区别,而无明显界限,水分子在两层中自由活动。该蓄积过程被赋予了平缓的过渡——模型中到达下土壤层的水被计算到土壤水分蒸发蒸腾损失总量中;有效的地下水流动则形成了基流(Baseflow),这部分水也可能被计算在土壤水分蒸发蒸腾损失总量中,但是更深层次的渗透被认为是模拟系统损失。水的蓄积同样造成土壤水分蒸发蒸腾损失总量的减少,后者将根据植物截流蓄积、上土壤层蓄积、下土壤层蓄积、有效地下水蓄积和基流进行模拟。

由外部侧流(Lateral extemal)的汇入形成的壤中流、上土壤层、下土壤层和有效的地下水蓄积过程也能够在 PWATER 子模块中实现。当上坡地段与相邻的下坡地段有着显著不同而被区分开,并且二者之间没有河槽相连接的时候,HSPF 模型将自动调用 PWATER子模块中的侧流机制来进行模拟。

PWATER 子模块嵌入包括 SURFAC、DISPOS、INTFLW、UZONE、LZONE、GWATER、EVAPT 等子程序,还链接了其他一些相关辅助子程序,它们共同构成了 PWATER 子模块(见表 2-1)。

HSPF 系统各部分相互作用,形成一个有机的整体。其中 WinHSPF(HSPF)是核心,其他各部分都是直接或间接地为 HSPF 服务。各部分相互作用的关系如图 2-6 所示。

表 2-1　PWATER 子模块的内嵌子程序

子程序名称	功能
ICEPT	植物及其他地表附着物对降水截留的过程模拟；
SURFAC	地表水下渗、蓄积、坡面漫流的过程模拟；
DISPOS	确定降水到达地面形成地表水滞留后水量的分配；
UZINF	源于地表水下渗的上土壤层滞留水形成壤中流的过程模拟；
PROUTE	未下渗的地表滞留水形成直接径流的过程模拟；
INTFLW	地表水下渗或侧流形成壤中流的过程模拟，特别是薄壤区的暴雨过程；
UZONE	上土壤层滞留水向更深层下渗的水量计算；
LZONE	滞后下渗至下土壤层的水量计算；
ETUZON	上土壤层滞留水蓄积的水量计算；
GWATER	确定地下水滞留形成地下水流、蓄积以及向更深层下渗损失的水量分配；
EVAPT	所有层面水蒸散发的过程模拟以及水损失量的计算

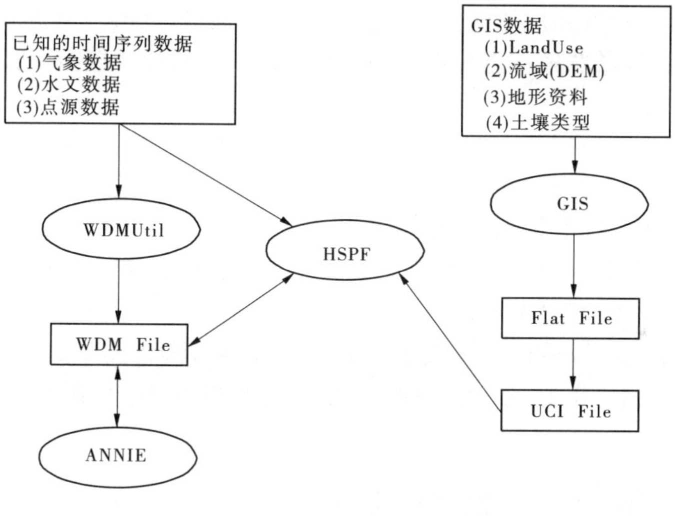

图 2-6　HSPF 系统相互作用关系

2.3　HSPF 模型功能特点

2.3.1　HSPF 模型推广应用价值

为了缓解水资源面临的压力，适应现代水利发展的要求，传统的水管理观念与方法要转变和创新。21 世纪水资源管理的目标是确保人类系统、社会经济系统和生态系统可持续发展，因此研究和提出新的高效用水管理模式，实现水资源的可持续利用是摆在我们面前的一项急需解决的重要课题。流域内实行水质与水量的统一管理是流域管理的一项重要内容。水量与水质的模拟技术是可持续水资源管理量化研究的基础，为流域水资源管理和调度提供技术支撑与保障。

为解决这一问题，需要一个统一的界面、功能完备、便于操作使用的计算机仿真平台，通过这个平台提供水量与水质的模拟，以实现水资源管理的信息化、现代化和科学化，为流域水资源管理和决策提供有力的技术支撑。从这个意义上说，开展这个项目，不仅有利于推动我国流域特别是水环境污染严重地区的管理和建设，也有利于国内科技人员了解、学习、吸收、跟踪国外先进技术。水量与水质模拟研究主要是通过两个途径，一是借助于分布式物理水文模型，实现河道水质模拟计算；二是利用国外现成的软件，比如 SWMM、HSPF 和 SWAT 等软件实现水量和水质的模拟。

HSPF 模型从特征上分类，属于集总式水文模型，但不同于传统的集总式模型，它结合了分布式水文模型和其他非流域模型的一些优点，主要表现在以下几方面：

第一，该模型的新版本（BASINS 4.0）程序集成于 BASINS 系统平台，既可以利用 DEM 数字高程技术完成地形自动提取、子流域切割和河道水系的生成，又能实现土壤、土地利用/覆盖等数据的叠加分析，取代以往的手动录入。

第二，它可以根据实际情况，调整水文响应单元大小，以满足科研和应用的不同需求，并以此在重视流域内部差异性的前提下，一定程度减小运算负担。

第三，每个子流域虽然独立进行水文响应单元构建以及径流模拟运算，但相互间彼此联系而具有承接关系。

第四，HSPF 模型能模拟一个动态连续的降水径流过程，按某一尺度进行空间划分，每一小区域均在模拟具有方向性的静态和连续的降水、下渗等运动，这样避免了类似分布式的结构假定函数与实际不符而造成的错误。

第五，HSPF 模型相较 SWAT 而言，能模拟时间尺度为小时的产汇流分析，因而可运用于洪水分析，而 SWAT 模拟的时间最小尺度为天。

第六，GenScn 的应用降低了数据输出对比和模型参数调整操作的烦琐度。

总结以上，推广与应用 HSPF 模型对于流域管理与规划、实现流域的可持续发展具有十分重要的意义。

2.3.2 HSPF 模型与 SWAT 模型对比

这里参考国外的相关文献数据，对 HSPT 模型与 SWAT 模型进行分析和对比。

(1) 水文模拟（Hydrology Simulation）对比。

表2-2 表示在某一个流域的水文模拟的结果对比。从表中数据看，在校准期 HSPF 模型与 SWAT 模型计算的数据差不多，没有显著的优劣性。以子流域 QPE 为例，HSPF 模型的相对误差为3.4%，而 SWAT 模型的相对误差为2.1%。HSPF 模型月径流相关系数的范围在0.87～0.89，比 SWAT 模型略好一些（0.81～0.84）。在验证期，HSPF 模拟子流域 QPE 的相对误差在1.7%～14.7%，SWAT 模型的相对误差在10.7%～24.4%。图2-7 表示在校准期，子流域 QPE 的月径流对比情况。

根据表2-2 和图2-7 的对比情况看，SWAT 模型和 HSPF 模型模拟的情况都还不错，而且模拟的精度都很接近，没有孰优孰劣之分。

表 2-2　各个子流域径流模拟对比分析

子流域名称	年径流总量(mm/a)			相对误差(%)		相关系数	
	观测值	HSPF	SWAT	HSPF	SWAT	HSPF	SWAT
(a)校准期(1996-09～2000-06)							
QPB	332	333	334	0.3	0.6	0.87	0.81
QPD	389	339	388	-12.8	-0.2	0.86	0.84
QPE	381	394	373	3.4	-2.1	0.89	0.84
(b)验证期(1994-10～1995-12)							
QPB	178	175	197	-1.7	10.7	0.83	0.73
QPD	164	179	204	9.1	24.4	0.89	0.67
QPE	211	180	183	-14.7	-13.3	0.94	0.73

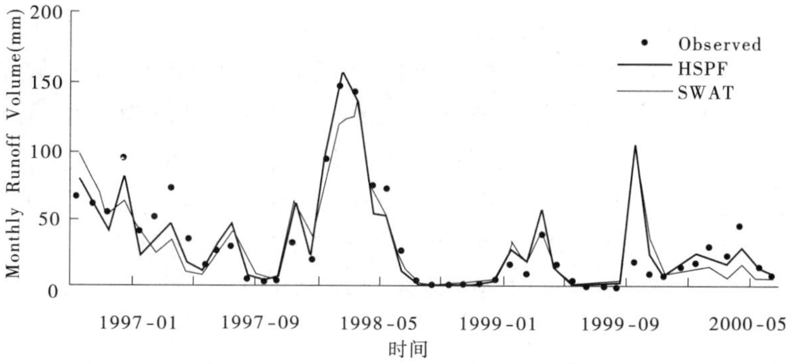

图 2-7　子流域 QPE 处月径流量模拟对比

(2)泥沙模拟(Sediment Simulation)对比。

从表 2-3 可以看到,在校准期,对于 QPB 和 QPE 子流域来说,泥沙的模拟相当理想,QPB 的误差为 8.1%,QPE 的误差为 0.4%。除 QPD 子流域外,在校准期模拟的效果非常

表 2-3　各个子流域泥沙模拟对比分析

子流域名称	年泥沙总量(kg/(hm^2·a))			相对误差(%)		相关系数	
	观测值	HSPF	SWAT	HSPF	SWAT	HSPF	SWAT
(a)校准期(1996-09～2000-06)							
QPB	327.5	301.0	58.0	-8.1	-82.3	0.06	0.32
QPD	64.8	307.1	73.8	373.9	13.9	0.74	0.81
QPE	214.4	215.3	132.6	0.4	-38.1	0.42	0.39
(b)验证期(1994-10～1995-12)							
QPB	56.0	72.4	27.0	29.3	-51.8	0.41	0.71
QPD	29.5	54.5	61.9	84.7	109.8	0.72	0.64
QPE	43.5	51.3	116.5	17.9	167.8	0.87	0.71

好,模拟值非常接近于观测值,这一点比 SWAT 模拟的效果要好;SWAT 模拟的误差在 13.9% ~82.3%。校准期,HSPF 与 SWAT 模型模拟结果对比见图 2-8。

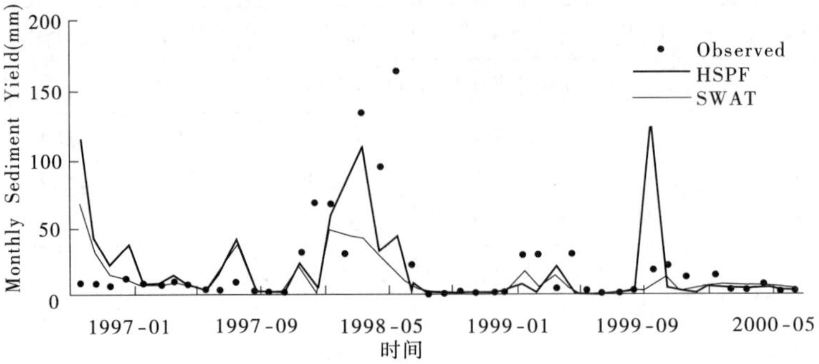

图 2-8　子流域 QPE 处月泥沙模拟对比

在验证期,HSPF 模拟泥沙的相对误差,QPE 为 17.9%;SWAT 模拟的相关系数 QPB 为 0.71,QPD 为 0.64,QPE 为 0.71。

(3)氮模拟(Nitrogen Simulation)对比。

从表 2-4 可以看出,在校准期,对于 QPE 子流域来说,HSPF 模拟的结果为 0.92 kg/(hm^2·a),SWAT 模拟的结果为 0.95 kg/(hm^2·a),而观测值为 3.05 kg/(hm^2·a)。对三个子流域来说,HSPF 模拟的结果都比观测值偏低,SWAT 模拟的结果除 QPB 外,其他子流域的模拟值也比观测值小。在校准期,HSPF 的相关系数为 0.28 ~0.63,SWAT 的相关系数为 0.20 ~0.49。校准期间 QPE 的总氮月模拟过程见图 2-9。

表 2-4　各个子流域氮模拟对比分析

子流域名称	年度总氮(kg/(hm^2·a))			相对误差(%)		相关系数	
	观测值	HSPF	SWAT	HSPF	SWAT	HSPF	SWAT
(a)校准期(1996-09 ~2000-06)							
QPB	1.65	1.02	3.10	-38.2	87.9	0.36	0.33
QPD	1.90	1.04	0.69	-45.3	-65.7	0.63	0.49
QPE	3.05	0.92	0.95	-69.8	-68.8	0.28	0.20
(b)验证期(1994-10 ~1995-12)							
QPB	0.78	0.73	1.99	-6.4	155.1	0.28	0.19
QPD	1.00	0.52	0.70	-48.0	-30.0	0.71	0.18
QPE	1.35	0.60	0.74	-55.5	-45.2	0.62	0.41

在验证期,HSPF 模拟的相对误差区间在 6.4% ~55.5%,SWAT 模拟的相对误差区间在 30.0% ~155.1%。在相关系数方面,HSPF 为 0.28 ~0.71,SWAT 为 0.18 ~0.41。

(4)磷模拟(Phosphorous Simulation)对比。

从表 2-5 可以看出,在校准期,对于 QPE 子流域来说,HSPF 与 SWAT 模型模拟的结果都比观测值要大。HSPF 模拟 QPB 和 QPD 效果比较好,相对误差分别为 18.7% 和

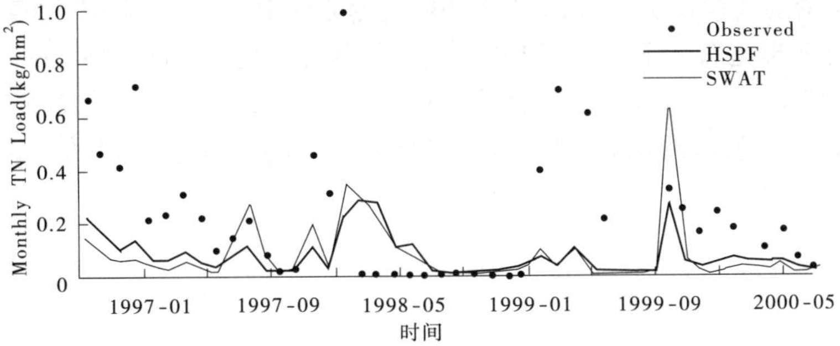

图 2-9　子流域 QPE 处月氮模拟对比

11.8%。图 2-10 反映的是磷的月观测值与模拟值对比。在验证期，QPE 的相关系数分别为 0.65、0.36。

表 2-5　各个子流域磷模拟对比分析

子流域名称	年度总磷(kg/hm^2·a)			相对误差(%)		相关系数	
	观测值	HSPF	SWAT	HSPF	SWAT	HSPF	SWAT
(a)校准期(1996-09～2000-06)							
QPB	0.16	0.19	0.59	18.7	268.7	0.14	0.18
QPD	0.17	0.19	0.06	11.8	-64.7	0.01	0.03
QPE	0.89	0.17	0.16	-80.9	-82.0	0.09	0.15
(b)验证期(1994-10～1995-12)							
QPB	0.07	0.11	0.41	57.1	485.7	0.17	0.20
QPD	0.07	0.08	0.06	14.3	-14.3	0.44	0.04
QPE	0.24	0.10	0.14	-58.3	-41.7	0.65	0.36

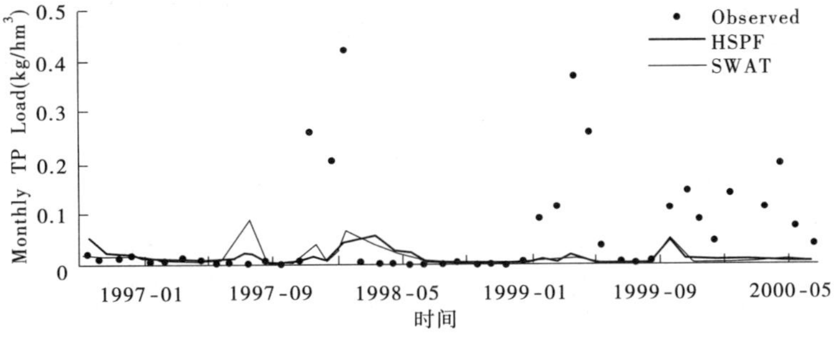

图 2-10　子流域 QPE 处月磷模拟对比

从以上水文模拟、泥沙模拟、总氮模拟和总磷模拟四种情况对比分析，可以有以下基本的概念：

(1)从年度的径流总量模拟来看，HSPF 模型与 SWAT 模型模拟的结果都与观测值趋于一致，效果比较理想。从河道水流模拟看，HSPF 模型略好于 SWAT 模型。

(2)从泥沙模拟的情况来看，在子流域 QPB 的出口，SWAT 模拟的结果更接近于观测值，其他两个流域，无论是在校准期还是在验证期，HSPF、SWAT 模拟效果都差不多。

(3)从氮与磷的模拟情况来看,除了 QPB 子流域外,HSPF 和 SWAT 计算的总氮量都低于观测值。不过从总体上看,HSPF 模拟氮、磷的情况要比 SWAT 略好一些。

总之,通过以上对 HSPF、SWAT 模型详细的分析与讨论对比,可以发现,两模型各有千秋、各有侧重,很难说孰优孰劣。用户可以根据自己所掌握的资料以及对软件的熟练程度,灵活选用模型。

第3章　流域污染物迁移转化模拟基本原理

对流域非点源污染源进行量化研究、影响评价以及污染治理时，最为有效和直接的方法是建立流域水文水质耦合模型即非点源模型，进行时间和空间序列上的模拟与预测。本章对整个流域系统及其内部发生的复杂污染过程进行概况性描述，分析非点源污染的主要类型、水文过程、土壤侵蚀与产沙过程，识别主要污染物（氮、磷等）的主要来源和迁移转化规律。

3.1　非点源污染概述

非点源污染物排放及污染途径的不确定性导致了非点源污染对农业生产、水资源、流域水文过程和水生生物栖息环境形成的危害越来越严重。非点源污染造成大量泥沙、氮磷等营养物质、有毒有害物质进入江河湖库，引起水体悬浮物浓度升高，有毒有害物质含量增加，溶解氧减少，水体出现富营养化和酸化趋势，不仅直接破坏水生生物的生存环境，导致水生生态系统失衡，而且还影响人类的生产和生活，威胁人类健康。非点源对水环境造成的污染主要有两个方面：一为营养型污染物污染，二为毒害型污染物污染。营养型污染物主要为氮、磷。水体中氮、磷等营养元素的富集，导致某些特征性藻类（主要是蓝藻、绿藻）异常增殖，致使水体透明度下降，溶解氧降低，水生物相继死亡，水味变得腥臭难闻。

由于非点源污染具有随机性、广泛性、滞后性，污染物排放及污染途径具有不确定性，污染负荷具有时空差异性，因而长期以来非点源污染形成的机制及其控制途径一直是困扰科学家的首要问题。非点源污染的产生一方面与地表污染物质来源、数量及赋存特征，如化肥和农药的使用、垃圾的堆放有关；另一方面与地表景观的性质，如流域土壤特征、土地利用/覆盖类型及其空间分布特征有关，同时还受土壤侵蚀过程、降雨过程、灌溉过程、地表和地下水文过程的影响（见图3-1）。概括地说，流域内非点源污染的产生可以分为随水文产流过程而形成的产污过程和随水文过程而形成的入河过程，因此流域产污汇污模型就是对非点源负荷进行的模拟，水文过程是整个非点源污染过程的驱动因子。

非点源污染物主要有泥沙、营养物（如氮、磷等）、病原微生物（如大肠杆菌）、有毒物质（如农药、重金属等）。

泥沙包含矿物质和有机物，是重金属、铵离子、磷酸盐以及其他有毒有害物质的主要携带者，受土壤侵蚀作用，呈悬浮状态被输移或沉降在水体底部。不同性质来源的泥沙吸附的污染物数量和种类差异很大。表层的泥沙具有较高的污染潜力。粗大的土壤颗粒更易从土壤表面分离，而细小颗粒具有更大的吸附能力，不易被分离。黏土矿物和有机物流动速度很慢，能保持较长的时间。这种选择性的土壤侵蚀能增加泥沙对污染物的迁移能力，因此被侵蚀的泥沙中一般含有较高的污染物。

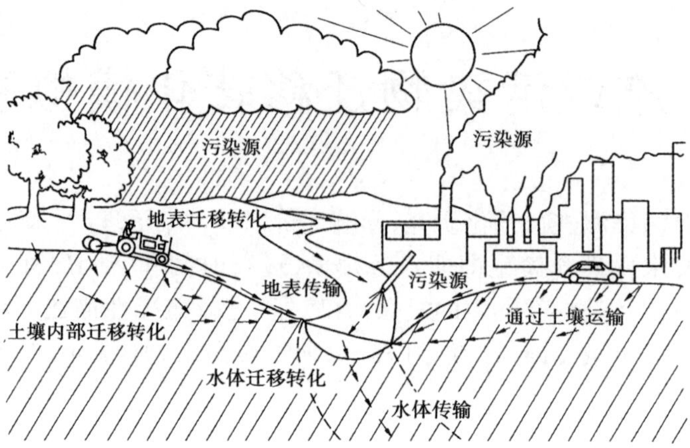

图 3-1　非点源负荷产生过程示意图

氮、磷是恶化水质和引发水体富营养化的两种主要的营养物，主要来源于农业化肥施用、庄稼残茬、灌溉水、畜禽养殖过程以及粪便处理、城市居民生活废水或工业废水、废渣、大气沉降等。水体中的氮主要有两种形态：一种是以溶解态形式存在的无机氮、氨氮、硝酸盐氮和亚硝酸盐氮；另一种是以吸附态形式存在的氮，以可交换的氨氮和有机氮为主。磷相对简单，主要有磷灰石的正灰酸盐，非磷灰石的无机磷、有机磷，溶解态正磷酸盐。径流中磷的形态主要有可溶性磷、生物可利用磷和泥沙结合态磷。磷通常集聚于土壤上表层数厘米的地方，尤其在少耕条件的土壤中更是如此。磷以颗粒态和溶解态两种形式损失，侵蚀过程控制颗粒态磷的移动，径流过程驱动溶解态磷的运移。

有毒物质主要为重金属、有机物和农药。重金属是城市径流中最主要的优先控制污染物，其毒性与土地利用类型有关。商业区与低密度住宅区相比，交通流量大，铅、银、铜和锌浓度含量大。城市径流中的有机物包括石油类碳氢化合物、多环芳烃等。农药的组成复杂，吸附、降解特征变化很大，对环境的毒害作用大，具有急性、慢性毒性和持久性等特征。

病原微生物是指进入水体的病菌、病毒和动物寄生物，主要来源于生活污水和牲畜饲养产生的畜禽粪便。与水体相关疾病相关联的病菌可分为三类：细菌、原生动物和病毒。

我国《地表水环境质量标准》（GB 3838—2002）和《地下水质量标准》（GB/T 14848—93）中氮、磷指标浓度标准限值见表 3-1。

表 3-1　《地表水环境质量标准》和《地下水质量标准》中氮、磷指标浓度标准限值

标准	项目		分类（mg/L）				
			Ⅰ	Ⅱ	Ⅲ	Ⅳ	Ⅴ
《地表水环境质量标准》（GB 3838—2002）	氨氮（NH_3^-－N）		≤0.15	≤0.5	≤1.0	≤1.5	≤2.0
	总磷（以 P 计）	河流	≤0.02	≤0.1	≤0.2	≤0.3	≤0.4
		湖、库	≤0.01	≤0.025	≤0.05	≤0.1	≤0.2
	总氮（湖、库，以 N 计）		≤0.2	≤0.5	≤1.0	≤1.5	≤2.0

续表 3-1

标准	项目	分类(mg/L)				
		Ⅰ	Ⅱ	Ⅲ	Ⅳ	Ⅴ
《地下水质量标准》(GB/T 14848—93)	硝酸盐(以N计)	≤2.0	≤5.0	≤20	≤30	>30
	亚硝酸盐(以N计)	≤0.001	≤0.01	≤0.02	≤0.1	>0.1
	氨氮($NH_3^- - N$)	≤0.02	≤0.02	≤0.2	≤0.5	>0.5
	阴离子合成洗涤剂	不得检出	≤0.1	≤0.3	≤0.3	>0.3

3.2 流域水文过程模拟

流域水文过程是非点源污染负荷传输的动力因素。流域水文模型构建是流域产污汇污模型构建的基础和关键。

流域水文模型是对流域内发生的水文过程进行的数学模拟计算。按空间尺度划分，流域水文模型可分为集总式模型与分布式流域水文模型。集总式水文模型与分布式水文模型相比，集总式水文模型忽略了各部分流域特征参数在空间上的变化，将流域作为一个整体来描述或模拟降雨径流形成过程。传统的概念式水文模型大多数是集总式水文模型。分布式水文模型类似力学中有限元的概念，将一个流域按土地利用类型、土壤类型和降雨气象条件的空间异质性进行离散，空间离散后的计算单元可称之为水文响应单元(HRU，Hydrologic Response Unit)。分布式水文模型首先在各个水文响应单元上进行水文模拟计算，然后在全流域上通过径流演算将每一部分模拟结果进行汇总而得到全流域的总输出。在当前的条件下，特别是对于大、中流域，由于数据和计算能力的限制，纯粹的物理式分布式水文模型遇到了发展的瓶颈。从实用性角度看，半分布式水文模型是今后水文模型的主要发展方向。

3.2.1 流域概化及水文响应单元的划分

流域概化是将整个研究流域按一定的控制阈值，通过ArcGIS相关工具将其划分为若干个子流域(sub - basins)，在子流域上进一步按土地利用和土壤面积阈值划分水文响应单元HRU，并应用概念性模型来估算HRU上的净雨量、计算产流量和泥沙、污染物质产生量，然后进行河道汇流演算，最后求得出口断面流量、泥沙和污染负荷。

3.2.1.1 流域的空间离散

一个流域可以看作是由无限多个点组成的系统。在每一个点上，下渗、蒸散发和径流组成了水量平衡的各个通量。流域空间离散的目的是反映水文要素的空间差异，为分布式水文模型提供每一个相对均一的“点”上的水文输入和参数，以进行水文过程模拟。对千变万化的水循环过程的空间形态进行概化，并以适当的方式体现在模型中，是建立水文模型的重要内容。不同的流域空间离散方法通常可对应着不同的模型结构。

流域空间离散是一个十分复杂的问题，必须考虑以下三个方面的问题，即水文单元的大小、形状及单元之间的空间拓扑关系。流域空间离散中最为复杂也是讨论最多的一个问题是划分水文单元的大小问题，也就是水文过程模拟的空间离散分辨率问题。

1. 空间离散的分辨率

流域空间总是异质性的，但是这种空间上的差异对于不同的水文响应过程而言又只具有相对的意义。对于每一个宏观的水文问题，我们往往忽略微观尺度上的差异，而着重于问题的主要矛盾，求同存异进行分析和研究。在微观的层面上（如下渗），小尺度的空间差异导致的不同过程和结果则可能是研究的焦点。

流域空间离散本质上是对流域空间的一种概化，即用相对均一的“点阵”来表征流域的空间异质性。在进行流域空间离散的时候，一个首先必须考虑的问题是应该在多大的尺度上来反映流域的空间异质性，或者说什么样的分辨率可以充分反映流域水文输入和参数的空间异质性。

空间异质性的强度是确定分辨率的一个重要因素。当空间异质性表现强烈时，我们需要更高的分辨率；而如果水文参数或输入在空间上变化不大，那么任何的分辨率都是可以考虑的。分辨率越小，计算的数据量越大，计算存储空间的消耗也大。根据流域大小的不同，对于某个水文过程，准确反映空间异质性的数据分辨率可以是几十米，也可以是几百米。对于很大的流域，分辨率可能更低。

显然，水文输入和参数的分辨率直接影响水文模拟的结果。理论上讲，分辨率越高，流域的空间异质性就得到越充分的体现，水文模拟的精度就可能越高。但是，从另一个角度，分辨率越高，模型所需的数据量越大，计算消耗的存储空间越大、计算时间越长，而且更为重要的是，过高的分辨率可能并不适用于一些大尺度的模型，或者说大尺度模型赖以建立的理论基础，在微观的尺度上可能并不合理。因此，概括地讲，流域空间离散时对水文单元空间分辨的确定除了考虑模拟的精度外，还必须综合考虑模型面向的水文过程的尺度、数据的可获得性以及计算量等方面的问题。

2. 流域空间离散的方式

在流域的空间离散中，水文单元可以是规则的（如网格），也可以是不规则的（如子流域）。水文单元之间可以是有严格的空间拓扑关系，也可以是相当概化的空间关系。从当前的研究情况看，较常用的有以下几种划分方法：网格（Grid）、山坡（hillslope）、子流域（subwatershed）和水文响应单元（HRU）等。下面简要介绍几种常见的划分方法。

（1）基于网格的划分。

视研究区的不同，该方法可分为两类：一类是对于较小的试验场或小流域（如几百平方千米以内），直接用 DEM 网格划分。每个网格的大小一般为 30 m×30 m、50 m×50 m。这种做法在一些分布式水文物理模型（如 SHE 模型）比较流行。另一类是针对几十万到几百万平方千米的大流域，通常将研究区域划分为 1 km×1 km 或更大的网格。每个网格根据模型精度要求，又可分为第二级更小的网格。

（2）基于山坡的划分。

将分布式水文模型的最小计算单元落脚于一个矩形坡面，是分布式水文模型中关于流域离散的又一种常用方法。该方法首先根据 DEM 进行河网和子流域的提取；然后基于等流时线的概念，将子流域分为若干条汇流网带。在每一个汇流网带上，围绕河道划分出若干个矩形坡面。

(3)基于子流域的划分。

子流域的划分是根据流域内的地形特征,按分水线的形状对流域进行空间离散。在每一个子流域内部有相应的河道,这个河道可能是流域的支流,也可能是流域干流的一部分(见图3-2)。基于子流域的空间离散方法,各个子流域之间有清晰的空间拓扑关系,这种拓扑关系由流域的河网结构得以充分表现。

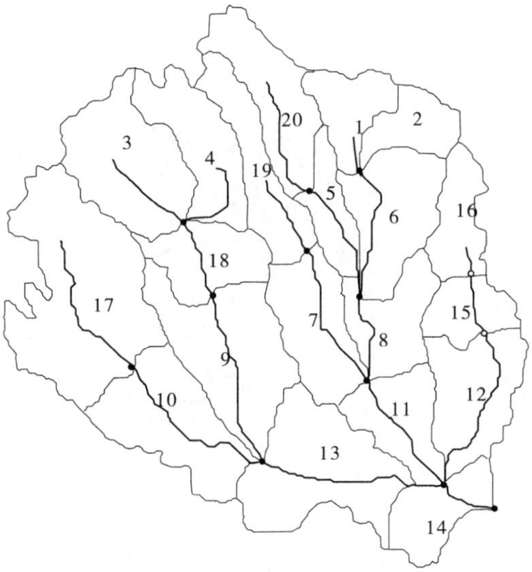

图3-2 子流域划分示意图

需要指出的是,流域空间离散不仅可以是上述各种方式中的一种,也可以是几种不同离散方式的组合。也就是说,一个流域可以首先按某种方式离散为一级水文单元,在每一个一级水文单元下还可能嵌套某种形式的次一级单元,以反映水文变量和参数的空间分异性对所研究尺度的水文过程的影响。如在SWAT模型,在子流域离散的基础上,每个子流域内部又划分为若干个水文响应单元(HRU)。

目前国外HSPF模型与SWAT模型就是遵循上述划分准则,在子流域划分的基础上,根据研究区域内的气象资料或者物理特性的变异性(空间分布特点)来划分响应单元(Segment)。这种根据气象资料的变异性划分流域单元的方法也被业界称为"meteorological segments"或者"met segments"。

3.2.1.2 以气象分布变异划分水文响应单元

用HSPF模型划分为例,说明以气象分布变异划分水文响应单元,见图3-3。

图3-3所示的流域包含着三个子流域(subwatersheds)。应注意到,整个流域附近共有两个气象站(Met Station)。如果不考虑气象分布变异,则所有子流域的每种土地利用上建立单一PERLND/IMPLND计算模块,如图3-4所示。

在研究的流域集水区域范围内,我们可以看到有两个气象站,因此从实际情况上看,有必要再创建一个水文响应单元,这样更符合实际情况。根据Met Station A创建水文响

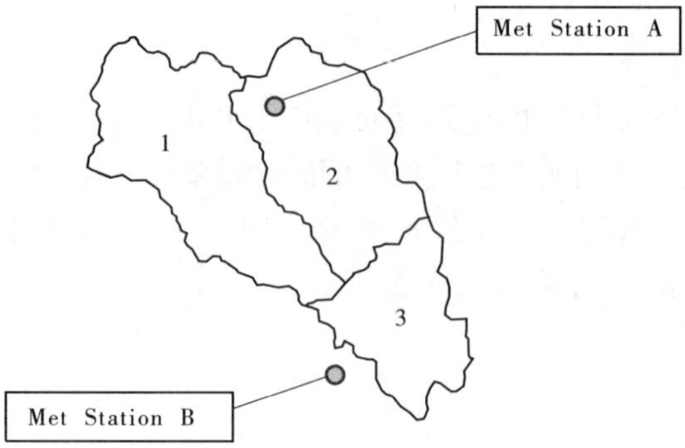

图 3-3　子流域示意图

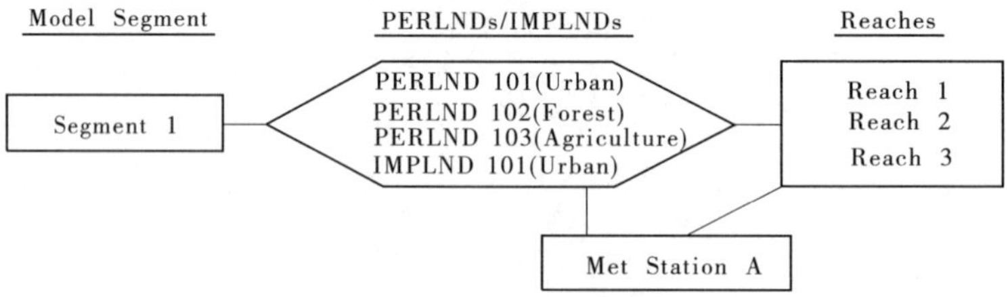

图 3-4　空间离散划分(一个响应单元)

应单元Ⅰ,水文响应单元Ⅰ包括子流域1和子流域2;根据 Met Station B 创建水文响应单元Ⅱ,水文响应单元Ⅱ包括子流域3。图形显示如图3-5所示。

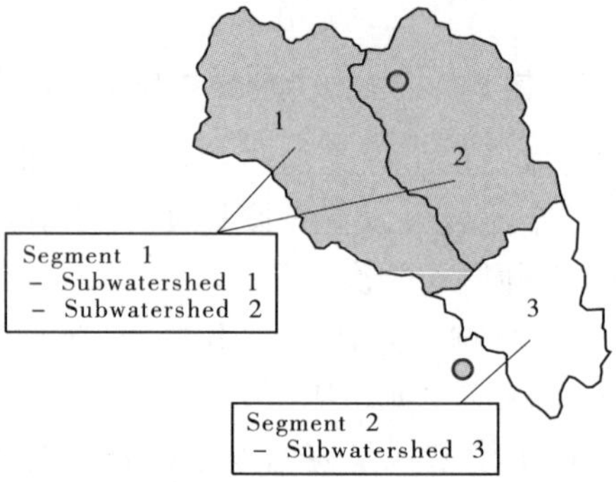

图 3-5　子流域示意图(两个气象站)

因为有两个水文响应单元,因此有两种 PERLND/IMPLND 计算模块。图3-6显示当增加一个水文单元后,每一种水文响应单元(Met Segments)与 PERLND/IMPLND 计算模块的关系。

划分两个水文响应单元后,所有与 Met Station A 有关的时间序列将应用于 PERLND 101－103, IMPLND 101 和 Reach1－2,同样,与 Met Station B 有关的时间序列将应用于 PERLND 201－203,IMPLND 201 和 Reach3。

3.2.1.3　以物理特性变异划分水文响应单元

物理特性也是空间异质性的一项重要内容。因此,两个不同的水文响应单元可以使

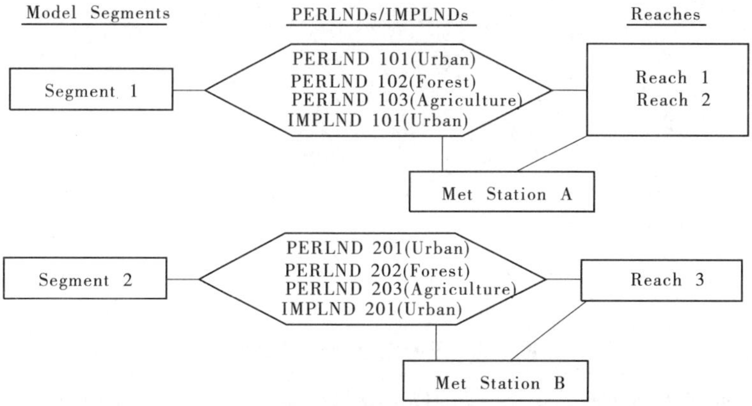

图 3-6　空间离散划分(两个响应单元)

用相同的气象站资料,或者说是水文响应单元按 Met Station 划分,但是不一定具备同样的单元物理特性。在上一节介绍例子的基础上,水文响应单元的划分除了考虑气象条件的异质性外,现在还要考虑物理特性异质化。为了说明原理,我们不妨假设子流域 1 为以黏土(Clay)为主要土壤类型的农田,子流域 2、3 为以粉沙土(Silty-loam)为主要土壤类型的农田(见图 3-7)。

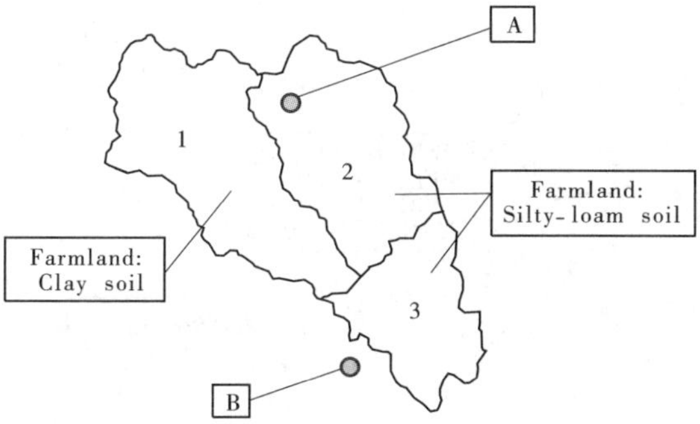

图 3-7　子流域划分(包含土壤物理特性)

虽然三个子流域中有一部分面积的土地利用(Land Use)类型是相同的,但是由于三个子流域中占主要土地利用类型的黏土和粉沙土的物理特性差别甚大,这种差异将直接会影响下渗、表层糙率和表层蓄水容量等,因此有必要考虑这种物理特性的异质化(见图 3-8)。

在前面工作的基础上,我们将 Met Segment Ⅰ 再分成两个水文响应单元,这样就分成三个水文响应单元。这三个水文响应单元的关系图如图 3-9 所示。

图 3-9 告诉我们,Segment Ⅰ 和 Segment Ⅱ 使用相同的气象资料,但是输入参数却不同;Segment Ⅱ 和 Segment Ⅲ 使用不同的气象资料,但是输入参数却相同。

3.2.1.4　流域分配与水文响应划分的关系

如何将气象资料合理分配到各个子流域,一个最普遍的办法就是利用泰森多边形(Thiessen Polygon)方法。泰森多边形方法又称垂直平均线法。首先用直线连接相邻气象

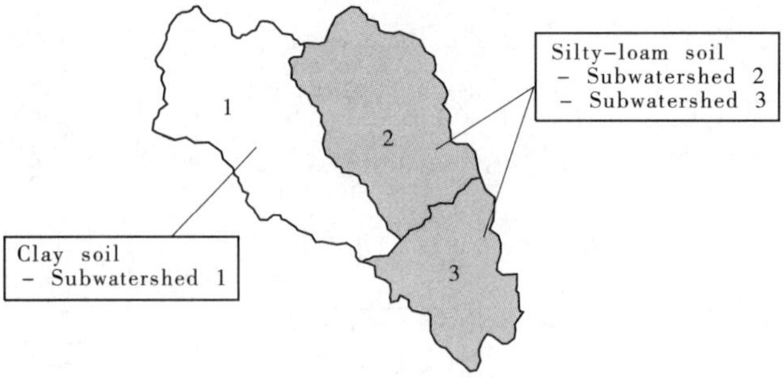

图 3-8　子流域空间分割划分

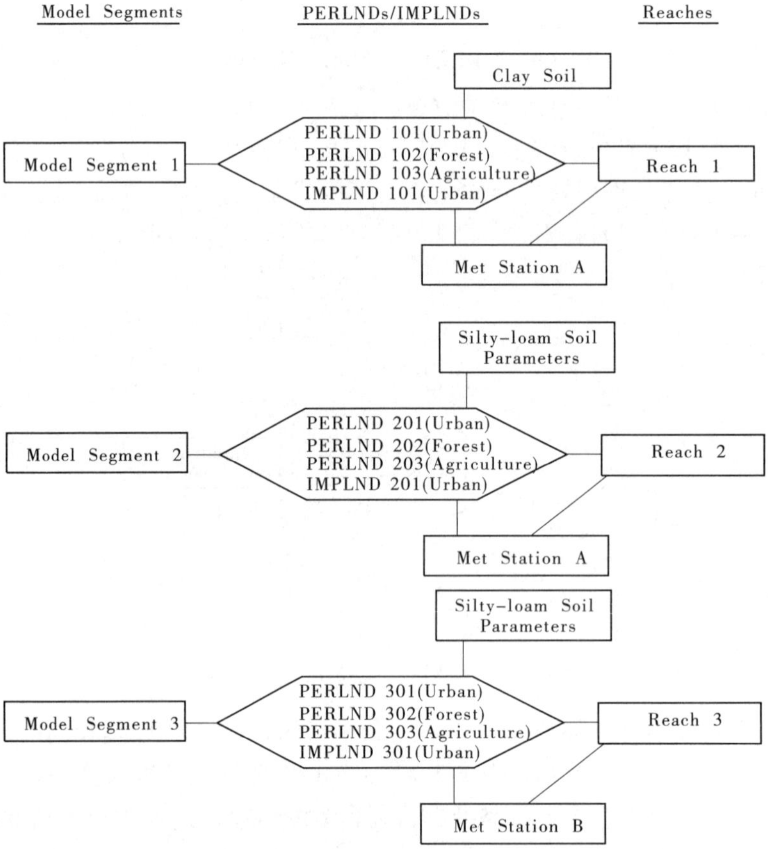

图 3-9　空间离散划分(三个单元)

站组成三角形(锐角),如果是两个站的话,就只是一条直线了,如本例;对每个三角形(直线)分别作垂直平分线。

在本例中,泰森多边形直线以上的子流域指定为 Met Station A,以下的子流域指定为 Met Station B(见图 3-10)。

子流域 1 和子流域 2 能否完全被指定为 Met Station A,以 Met Station A 划分水文响应单元,还要看 Met Station A 能不能完全代表这两个子流域。因此,模型设计者需要根据实

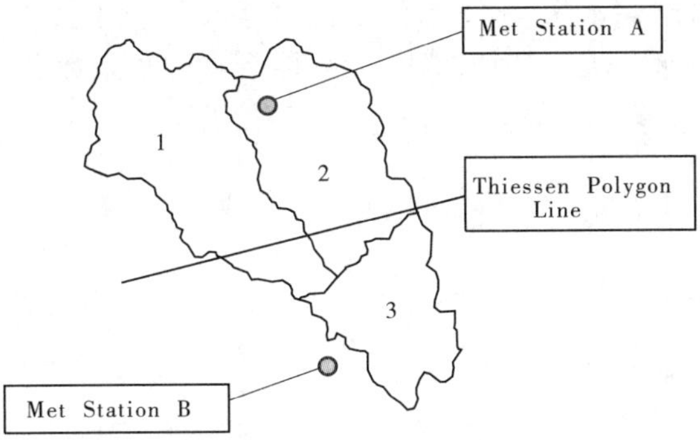

图 3-10　泰森多边形在流域单元划分中的应用

际情况进行具体分析。如果一旦最具代表性的气象站被选定，为了使模型设计更加合理，设计者可将子流域1、2进一步划分，再增加两个子流域4、5。如图3-11所示。

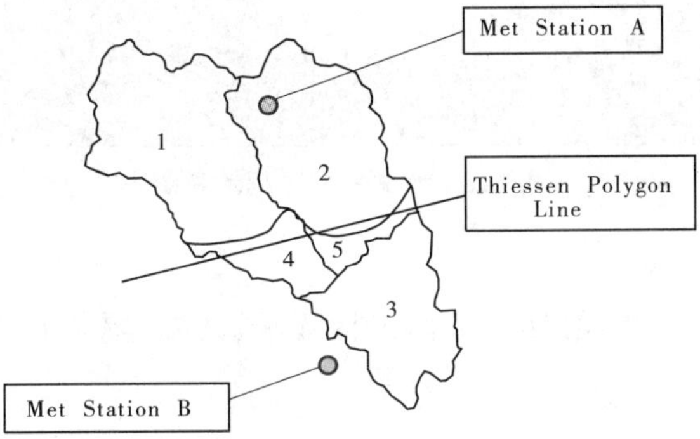

图 3-11　泰森多边形分配法

Met Station B被指定给子流域3、4、5，面积缩小的子流域1、2被指定给Met Station A。

从以上的操作可以看出，流域分配常常是一个不断反复的过程，需要根据空间异质性的特点不断修正以达到完善，从而使模型设计更加符合现实实际情况。

3.2.2　水文响应单元结构

目前描述水文过程的模型主要有两种，一种是概念模型，另一种是物理模型。概念模型用白箱或黑箱的原理描述水文过程，物理模型用数学物理方程来描述水文过程，如入渗过程采用Richards方程，地下水运动过程采用Boussinesq方程。概念模型相对物理模型来说，涉及参数较少，率定过程简单，开发成本和周期较短，在目前的生产实践过程当中，应用比物理模型广泛；物理模型涉及参数较多，需要支持的数据量较大，模型机制复杂，但是与概念模型相比，能较好地模拟水文过程中的每一个环节和过程，随着“3S”计算的迅猛发展，构建分布式物理模型是今后的发展方向。

3.2.2.1　模型基本结构

单元铅直方向从上到下包括植被或建筑物截留层、地表洼地储留层、土壤表层、过渡带层、浅层地下水层和深层地下水层等。状态变量包括植被截留量、洼地储留量、土壤含水率、地表温度、过渡带层储水量、地下水位及河道水位等。主要参数包括植被最大截留深、土壤渗透系数、土壤水分吸力特征曲线参数、地下水透水系数和产水系数、河床的透水系数和坡面、河道的糙率等。水文物理过程如图 3-12 所示。

图 3-12　水文物理过程示意图

3.2.2.2　模型前处理工作

流域分布式水文模型的前处理工作包括降水、气温、辐射和土壤、植被(下垫面因素)。

1. 降水分布模型

降水分布模型邻近的三个雨量站信息通过空间插值来获得单元模型的降水数据。计算公式为:

$$
\left.\begin{aligned}
S_1 &= 0.5 \times \begin{vmatrix} x & y & 1 \\ x_2 & y_2 & 1 \\ x_3 & y_3 & 1 \end{vmatrix} \\
S_2 &= 0.5 \times \begin{vmatrix} x_1 & y_1 & 1 \\ x & y & 1 \\ x_3 & y_3 & 1 \end{vmatrix} \\
S_3 &= 0.5 \times \begin{vmatrix} x_1 & y_1 & 1 \\ x_2 & y_2 & 1 \\ x & y & 1 \end{vmatrix} \\
p &= \frac{p_1 \times S_1 + p_2 \times S_2 + p_3 \times S_3}{S_1 + S_2 + S_3}
\end{aligned}\right\} \tag{3-1}
$$

式中:p_1、p_2、p_3 为三个雨量站的降水量;p 为单元的降水量。

2. 气温分布模型

气温分布模型根据测站的情况进行计算。具体计算公式为:

(1)只有 1 个测站时

$$T(Z) = -0.0065(Z - Z_1) + T_1 \tag{3-2}$$

(2)只有 2 个测站时

$$T(Z) = (T_2 - T_1)\frac{Z - Z_1}{Z_2 - Z_1} + T_1 \tag{3-3}$$

(3)多于 2 个测站时

$$T(Z) = (a_T Z) + b_T \tag{3-4}$$

以上各式中:T 为气温;Z 为高程;a_T、b_T 分别为回归系数。

3. 太阳辐射模型

太阳辐射模型由宇宙太阳辐射、云层衰减、冠层衰减三部分组成,计算公式为:

$$I = I_0 \times Z_\alpha^{\sec Z} \times \cos B \times (0.8 - 0.34 \times C - 0.46C^2) \times e^{-\gamma \times LAI/\cos Z} \tag{3-5}$$

式中:I 为单元坡面地表接收的太阳辐射;I_0 为太阳常数;Z_α 为大气混浊性;C 为云量覆盖因子系数;γ 为冠层衰减系数;B 为地表反射率。

3.2.2.3 单元模拟过程

1. 植物冠层截留模型

1)冠层水量平衡计算

冠层的水量平衡方程为:

$$W_{c1}(t) = W_{c0}(t) + I_{vA}(t) - ET_w(t) \tag{3-6}$$

式中:$W_{c0}(t)$、$W_{c1}(t)$分别为 t 时段初和时段末冠层蓄水量,mm;$I_{vA}(t)$为 t 时段冠层截留量,mm;$ET_w(t)$为时段叶面截留蒸发量,mm。

2)冠层截留计算

冠层截留计算公式为:

$$I_{vA}(t) = \frac{I_{vm} \times d_c \times LAI(t)}{LAI_m} \tag{3-7}$$

式中:I_{vm}为一年中植被最大冠层截留量,mm;$LAI(t)$为 t 时段植被的叶面系数;LAI_m 为一年中植被最大的叶面指数。

3)冠层蒸发计算

冠层蒸发能力一般情况下需要根据实际资料来定,最常用的是 Penman 公式:

$$ET_0 = \frac{\Delta(R_n - G) + \dfrac{86.7\rho D}{\gamma_\alpha}}{L(\Delta + \lambda)} \tag{3-8}$$

式中:ET_0 为蒸散能力,mm;Δ 为饱和水汽压斜率,kPa/℃;R_n 为净辐射量;G 为土壤热通量;ρ 为空气密度;D 为饱和水汽压差;γ_α 为边界层阻力;λ 为温度计常数。

2. 地表水模型

1)下渗

下渗不仅直接决定地面径流量的大小,也影响土壤水分的增长。计算公式常常采用修正的 Horton 公式:

$$f_p(i,t) = f_c(i) + [f_0(i) - f_c(i)]e^{-kT_h(i,t)}$$

$$T_h(i,t) = \frac{-\ln[1-\theta_r(i,t)]}{\alpha} \tag{3-9}$$

式中：$f_p(i,t)$为下渗能力；$f_c(i)$为土壤饱和时最小的下渗率；$f_0(i)$为初始最大下渗率；$T_h(i,t)$为等价时间；$\theta_r(i,t)$为土壤相对温度；α为经验参数。

2）土壤表层蒸发

土壤表层的蒸发要考虑两部分，即地表水的蒸发和表层土壤蒸发。具体计算公式为：

$$\left.\begin{aligned} ET_{sw}(i,t) &= ET_0(t,LAI) \\ ET_{gs}(i,t) &= \frac{ET_0(t,LAI) \times C_{gs} \times \theta(i,t)}{p_s} \end{aligned}\right\} \tag{3-10}$$

式中：$ET_0(t,LAI)$为冠层下面自由水的潜在蒸发率；C_{gs}为比例系数；$\theta(i,t)$为土壤含水率；p_s为土壤孔隙率。

3）地表径流计算

流域表面径流可以用圣维南方程组来模拟降水产生的地面径流。计算公式为：

$$\left.\begin{aligned} &\frac{\partial h}{\partial t} + \frac{\partial q}{\partial l} = r \\ &S_f = S_0 \\ &v = \frac{S_f^{1/2} h^{2/3}}{n} \\ &h = \left(\frac{n}{\sqrt{S_0}}\right)^{3/5} q^{3/5} = \alpha q^{\beta} \end{aligned}\right\} \tag{3-11}$$

式中：h为地面水平均深度；q为单宽流量；r为净入流量；l为坡面长度；S_f为摩阻坡度；S_0为地表坡度；v为地表径流速度；n为糙率系数。

3. 土壤水模型

土壤水模型主要用于模拟包气带中土壤水分的运动。关于非饱和土壤水运动的模拟可以采用基于 Richards 方程组的复杂方法，也可以采用简单的水量平衡方法。

4. 地下水模型

地下径流一般作为河流的基流而存在，对于地下径流的模拟可以利用圣维南连续方程和达西定律完成，计算公式为：

$$\left.\begin{aligned} &\frac{\partial h}{\partial t} + \frac{\partial q}{\partial l} = r_g \\ &f_g = D\frac{\partial H}{\partial l} = D\left(S_0 + \frac{\partial h}{\partial l}\right) \\ &q = p_s f_g h \\ &S_b = S_0 + \frac{d_1 - d_2}{\Delta l} \end{aligned}\right\} \tag{3-12}$$

式中：h为地下水深度；q为单宽流量；r_g为垂直净入流量；l为坡面长度；D为非饱和土壤水力传导率；f_g为土壤水分通量；p_s为土壤孔隙率；S_b为基岩的坡度；S_0为地表坡度。

3.3 流域水污染物迁移转化模拟

3.3.1 污染物陆面迁移过程

流域水污染物的陆面迁移主要是指污染物随径流在陆域范围内进行移动的过程。流域的非点源污染物往往伴随着降雨—径流过程产生，与暴雨过程关系密切。降雨前期地表条件、降雨的强度和历时、径流的发生过程和发生量是影响非点源污染负荷的主要因素。从污染物陆面迁移的角度来看，降雨对地面的冲击和径流对地表的冲刷是污染物脱离土壤、进入水体的主要动力，而径流量和流速则是污染物挟带能力的主要决定因素。因此，径流是影响流域水污染物陆面迁移的主要因素之一。通常不同的水文路径对污染物迁移作用的机制有所不同。地表径流通过碰撞、剪切、挟带等机械作用，使部分地表土壤剥离地面，随径流运动。径流量越大，所具有的能量就越大，对土壤的侵蚀作用就越强，挟带泥沙的能力也越强。因此，地表径流对非点源污染负荷及污染物迁移的贡献最大。壤中流和地下径流不能产生如地表径流那样强烈的机械作用，它们主要是通过溶解作用，使溶解性污染物脱离土壤，随土壤水运动进入地下和地表水体中，这种作用也被称作淋失。一般壤中流是在土壤含水量达到饱和之后发生的土壤中水分的运动，往往挟带着从土壤溶出的污染物。而地下水对地表水的补给速度最慢，挟带的污染物相对较少。非点源污染来源与形成见图 3-13 和图 3-14。

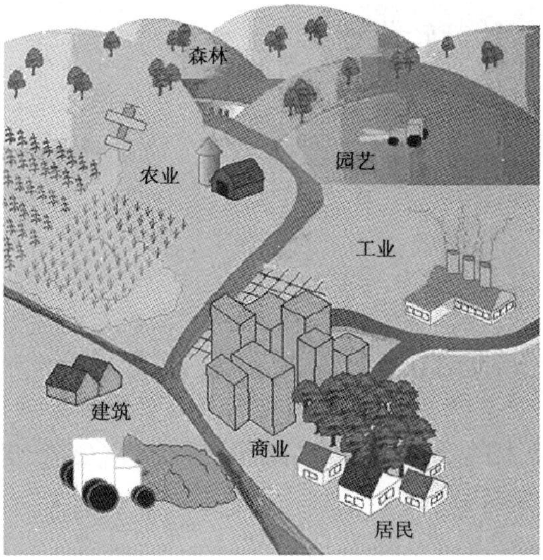

图 3-13　非点源污染来源示意图

在污染物的传输形式上，一般非点源污染物以溶解态和吸附态两种形式传输。但由于污染物的淋洗过程非常复杂，影响因素众多，如降雨特性、产污流及污染物特性等，尤其是产流前雨滴冲击污染物时的分离过程一直是非点源污染产污机制研究的难点。此外，在泥沙传输过程中，颗粒级配的变化如细粒泥沙的比例，对污染物的传输形式有着非常明

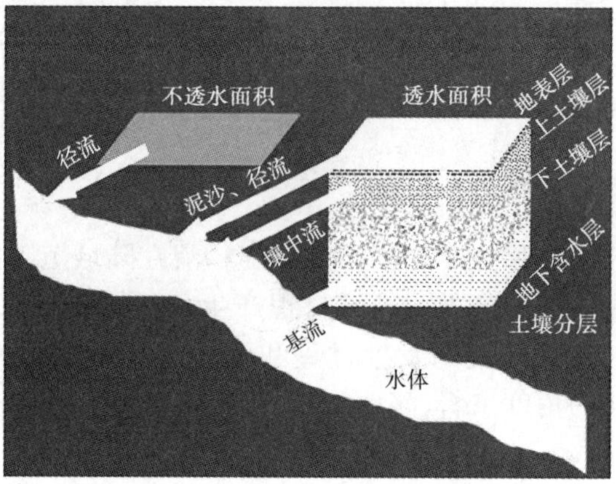

图 3-14　非点源污染形成示意图

显的影响。因此,在多种因素的影响作用下,污染物传输形式的确定成为目前有待研究的重要课题。

污染物的传输路径与污染物的物理化学形态有密切的关系。非溶解态污染物只能通过地表径流传输,溶解态污染物的传输路径则视化学成分的不同而有所区别。譬如,对于营养盐来说,由于土壤对磷具有极强的吸附作用,因此溶解性磷几乎不可能出现在深层的壤中流中;而氨氮和硝酸盐氮都能够通过壤中流和地下径流传输,特别是硝酸盐,在地下径流中有着极强的运动能力。

3.3.2　污染物水体迁移与转化过程

污染物进入水体后,随着水的迁移运动、污染物的分散运动以及污染物质的衰减转化运动,在水体中得到稀释和扩散,起着一种重要的水体物理净化作用,从而降低了污染物在水体中的浓度。

3.3.2.1　污染物水体迁移过程

污染物在水体中的迁移过程主要包括推流迁移和分散稀释两个过程。

1. 推流迁移

推流迁移是污染物在水流作用下在 X、Y、Z 三个方向上水平移动产生的迁移作用。推流作用只改变水流中污染物的位置,并不能降低污染物的浓度。通常在推流作用下,污染物在 X、Y、Z 三个方向上的迁移通量分别等于在 X、Y、Z 三个方向上水流的速度分量与污染物在河流水体中的浓度之积。

2. 分散稀释

污染物在河流水体中的分散作用有三种方式:分子扩散、湍流扩散和弥散。对于湖泊、水库等静水体,在没有风生流、异重流、行船等产生的紊动作用时,分散稀释的主要方式是分子扩散;而流动水体的分散方式主要是湍流扩散与弥散。分散稀释是所有类型污染物在水体中运动的一种基本形式,也是最简单的一种运动形式。

1) 分子扩散

分子扩散是由分子扩散的随机运动引起的质点分散现象,其过程服从费克第一定律,即在静水中的污染物由于分子扩散作用，在单位时间内按一定方向通过一定面积扩散输送的污染物质量与该方向的浓度梯度成正比。根据定律可知，分子扩散主要发生在静水条件下，而在非静水情况下，则其并不是主要的扩散方式。

2）湍流扩散

湍流扩散是在河流水体的湍流场中质点的各种状态（流速、压力、浓度等）的瞬时值相对于其平均值的随机脉动而导致的分散现象。当水体质点的紊流瞬时脉动速度为稳定的随机变量时，湍流扩散规律可以用费克第一定律来表达。在实际计算中，一般要引入湍流扩散系数，其值较分子扩散系数大得多，在河流中的量级一般为 $10^{-2} \sim 100\ m^2/s$。

3）弥散

弥散作用可以定义为由空间各点湍流流速时平均值与流速时平均值的空间平均值的系统差别所产生的分散现象。由于实际水流具有黏滞性，水流边界对水流往往形成阻滞作用，使水流具有流速梯度和剪切力。一般把具有流速梯度的流动称为剪切流。而剪切流时速分布的不均匀是引起污染物发生弥散的主要条件。同样，弥散作用所导致的质量通量也可以通过费克第一定律来表达，但与前两种分散类型不同的是，弥散作用大多发生在河流中，弥散系数的数量级一般较大，为 $10 \sim 10^4\ m^2/s$。

3.3.2.2 污染物水体转化过程

污染物在水体中的转化过程是指污染物在悬浮物颗粒上的吸附或解吸，污染物颗粒的凝结、沉淀和再悬浮，也包括底泥中污染物随底泥沉积物运移以及热污染的传导和散失等。一般不同状态的污染物在水体中的转化会有所不同：水体中的重金属若以颗粒态、胶体、溶于水的离子和分子形式存在，它将随水流从上游迁移至下游；溶解态的金属可通过物理化学和生物作用转入底泥，进入水生生物和底栖生物体内，再由食物链迁移至鱼体、鸟类和人体中。水体中的钠、钾、氯等离子可以看成是持久性污染物，它们只随水流迁移，而不会发生转化和衰减作用。

水体中的有机物还会在好氧或厌氧条件下发生衰减。有机物在水体中迁移的同时，还会发生衰减变化。大量有机物排入水体，在水体中氧化分解，使水中的溶解氧不断消耗而缺氧，造成鱼类甚至原生动物死亡，细菌大量繁殖，生态循环遭到破坏。当水中没有溶解氧时，有机物受到厌氧细菌的还原作用而生成甲烷，同时水中存在的硫酸根离子将在硫酸还原菌的作用下变成硫化氢，从而引起水体发臭。

3.3.2.3 重点污染物迁移转化过程模拟

1. 侵蚀产沙模拟

土壤侵蚀产沙模型作为定量评价土壤流失的工具，是开展水土保持和综合治理的有效工具。一般而言，土壤侵蚀产沙模型可分为经验模型、概念模型和物理模型。下面着重介绍经验模型。

1）Musgrave 方程

Musgrave 方程是最早成功应用于侵蚀控制的方程之一，方程将土壤侵蚀与土壤可蚀性、植被、坡度、坡长和雨强的关系表示为：

$$A = C \cdot R \cdot S^{1.35} \cdot L^{0.35} \cdot P_{30}^{1.75} \tag{3-13}$$

式中：A 为长期平均沟蚀和片蚀损失值；C 为土壤侵蚀因子；R 为相对土壤覆盖因子（作物

管理系数)；S 为坡度因子；L 为坡长因子；P_{30}为重现期为两年的 30 min 降雨量。

2) USLE

常用的土壤侵蚀经验模型主要以通用土壤流失方程 USLE(Universal Soil Loss Equation)和修正的通用土壤流失方程 RUSLE(Reversed Universal Soil Loss Equation)以及 MUSLE(Modified Universal Soil Loss Equation)为代表。

1965 年，Wischmeie 和 Smith 等在大量小区观测和人工模拟降雨试验资料的基础上建立了经验性的通用土壤流失方程(ULSE)：

$$A = R \cdot K \cdot L \cdot S \cdot C \cdot P \tag{3-14}$$

式中：A 为单位面积上土壤流失量；R 为降雨侵蚀力因子；K 为土壤可蚀性因子；L 为坡长因子；S 为坡度因子；C 为作物覆盖和管理因子；P 为水土保持措施因子。

USLE 的提出促进了土壤侵蚀学科的发展，使其由定性分析发展到定量研究阶段。自 USLE 以后，不断有新的土壤侵蚀模型出现，但是因 USLE 结构简单、运行方便，在长达 40 年的时间内，其在美国和世界应用范围之广，是其他土壤侵蚀模型无法比拟的。但是随着时代的发展，USLE 的局限性也不断显现。首先，USLE 是经验模型，不能描述土壤侵蚀的物理过程，缺乏对侵蚀过程及其机制的深入剖析，只考虑了降雨侵蚀力因子，而未考虑与侵蚀密切相关的径流因子，坡长与降雨、坡度与降雨等有关因子交互作用也被忽略。同时，USLE 只能用于长期负荷的估算，对单独的降雨事件无能为力。另外，USLE 主要用于模拟平缓坡地的土壤侵蚀，难以模拟陡坡地的土壤侵蚀，也不能及时反映一些重要的农事活动(如施用化肥、喷洒农药)的影响。

3) MUSLE 和 RUSLE

随着人工降雨试验技术的发展和土壤侵蚀过程研究的深入，人们对侵蚀过程概念模型有了更为深刻的认识。为此，20 世纪 90 年代以来，结合 GIS 的 MUSLE 和 RUSLE 相继出现，并大有取代 USLE 的趋势。其中，MUSLE 表示为：

$$A = R \cdot (V_Q \cdot Q_P)^{0.56} \cdot K \cdot L \cdot S \cdot C \cdot P \tag{3-15}$$

式中：V_Q 为径流量；Q_P 为洪峰流量；其他符号含义同式(3-14)。

1985 年，美国水土保持局开始对 USLE 进行修正，研发了 RUSLE。USLE 和 RUSLE 都是基于缓坡的侵蚀预报模型，USLE 可以用来预测一定坡度条件下小面积土地的年土壤流失量，改进后的 RUSLE 基本保持了 USLE 原来的结果和特点，也是基于年降雨的侵蚀产沙模型，但其在高强度次降雨居于侵蚀主导地位的地区运用受到限制。

2. 氮元素模拟

氮在水土界面的迁移和转化是一个复杂的生物化学过程，硝化和反硝化作用是水土界面氮迁移和交换的主要形式。水土界面的硝化和反硝化应是垂向分层进行的，硝化和反硝化反应只在沉积物顶部厚度仅几厘米的薄层内发生。

在富氧条件下，沉积物中的有机氮化物经矿化作用，生成 NH_4^+、NO_3^- 等无机离子扩散进入上覆水体中，提高了水体氮浓度和营养水平；而上覆水体中的 NO_3^- 等也能扩散进入沉积物中的厌氧层中，经反硝化还原成 N_2O、N_2 等，最终散逸进入大气。这种脱氮过程是清除水体氮负荷的最彻底的、唯一的有效机制，通过反硝化作用去除的内源氮负荷，可达外源性氮输入总量的一半以上。

反硝化强度与水土界面的微环境有关。沉积物对水体的 NO_3^- 等呈释放性，即降低上覆水体的 NO_3^- 浓度。当水体中 NO_3^- 浓度增加时，沉积物厌氧层的反硝化作用加剧，较多的 NO_3^- 进入沉积物厌氧层，水体 NO_3^- 浓度下降；而当上覆水体中 NO_3^- 浓度变低时，沉积物厌氧层的反硝化作用减缓，上覆水体中 NO_3^- 扩散进入沉积物的数量减少，从而对水体生态系统营养水平起调节作用。

3. 磷元素模拟

沉积物与水体之间磷的交换过程十分复杂，包括磷的生物循环、含磷颗粒的沉降与再悬浮、溶解态磷的吸附与解吸、磷酸盐的沉淀与溶解等物理、化学、生物过程及其相互作用。

沉积物磷的释放是指磷的输入通量和输出通量之间的差值。一些湖泊中，外源性磷的降低并不一定立即导致湖泊内生物量的降低和营养状态的改善，可能是底泥中营养元素的溶出以及某些湖水水体中磷的浓度超过了藻类生长的阈值所致。在湖泊富营养化发展时期，沉积物的磷输入大于输出，不存在绝对的磷释放；在湖泊治理过程中，只有当湖水中磷含量显著降低后，才有可能发生磷的释放；而在底泥比较稳定、沉积物表面被有机碎絮层覆盖的情况下，即使湖水中磷含量有一定程度的下降，沉积物也不一定释放磷。沉积物是湖泊中磷的源和汇：在大多数湖泊中，存在磷的静沉降，沉积物作为水体中磷的“汇”；在某些高营养水平的湖泊中，在短时间内，磷从沉积物释放可能超过磷的沉降，使得水体中的磷的浓度保持较高的水平，沉积物便成为磷的“源”。沉积物与水体的物质交换主要通过扩散来实现，交换的程度主要取决于沉积物间隙水中的营养物质浓度梯度。

沉积物中磷的释放主要取决于沉积物的组成结构、结合态磷向游离态磷的转化、沉积物与上覆水界面的磷交换等三个环节。影响沉积物磷释放的因素主要有沉积物组成、沉积物间隙水中的磷浓度、氮氧化物浓度、氧化还原电位、温度、pH、光照、生物扰动、水体扰动等。沉积物的组成、氨氮和溶解性反应磷的浓度断面是量化湖泊沉积物释放的依据，生物、微生物过程对磷在水土界面的迁移转化有重要的影响。

沉积物一直是营养物质和其他污染物累积与间歇性再生的场所。在缺氧条件下，沉积物磷的释放加剧，大量的氨氮和磷会从沉积物中释放出来。在藻类和沉积物共存时，沉积物磷的释放量明显增加。较低的温度不利于内源磷的释放，环境温度提高，微生物活性增强，耗氧增大，溶解氧减少，氧化还原电位下降，促进沉积物磷的释放。水体 pH 对不同沉积物的影响不同，有机物质含量高的沉积物受温度影响较小，当 pH 为 5.0～8.0 时，底泥内源磷释放量较小，当 pH 升至 11.0 时，底泥磷的释放量显著增加。在一定限度内，光照度大时，底泥磷的释放量稍有增加，氮氧化物 NO_3^-、NO_2^- 的浓度高时，对磷的释放有抑制作用，而且受 NO_3^- 是否持续攻击、NO_3^- 消耗速率及环境条件的影响。微生物及底栖动物等生物扰动对沉积物磷释放具有较大影响，在微生物的作用下，底泥内源磷的释放具有明显增加的趋势。沉积物类型制约磷的释放程度，一般温度对钙质沉积物的影响较大，还原作用对非钙质沉积物影响较大。

4. 农药非点源污染模拟

据统计，全世界有 50% 的粮食因为病虫害而受到损失，化学农药使用以后，从病虫害损失的粮食中能夺回 15% 的粮食，尚有 35% 的粮食因遭病虫害而受到损失，因此化学农药防治病虫害的作用是不容忽视的，农药的使用给我们带来了增产粮食的有益影响，但也产生了一些不良的后果。农田里的农药随雨水、灌溉水而流入河道，最后汇入海洋。

各种水体的污染程度差异很大，日本曾做过农药对水体污染的调查，其结果表明，雨水、河水(包括湖水、江水、塘水)的污染最为严重，海水要轻得多，自来水因经过活性炭处理，地下水因经过土层的多次过滤、吸附，污染就更轻了。由于长效有机氯农药在发达国家已被淘汰，取而代之的是有机磷和氨基甲酸酯类农药。据测定，施在作物上的杀虫剂，56%进入土壤当中，这当然与农药的剂型有关，一般地说，粉剂流失量较大，乳化剂流失量较小。

农药对土壤的污染一方面取决于施药量、农药的化学性质，另一方面与作物种类、栽培情况有关，并与土壤层的厚度有关，在一般情况下残留农药的污染80%在0～20 cm的表土层，随着土层深度增加，残留农药浓度降低，到50 cm以下时，几乎检测不到残留农药了。而且还与污染物和土壤本身的性质有关，含腐殖质高的土壤，吸附农药能力强，污染较为严重。因此，农药所产生的非点源污染一方面是通过径流直接带入水体，另一方面是污染土壤，影响下垫面的污染类型，以更加复杂的形式产生非点源污染。

第 4 章　HSPF 模型关键技术

流域水循环是一个高度复杂的非线性系统，水文模型则是描述水文循环的有效手段。关于流域水循环模拟的方法，到目前为止见诸文献的方法虽然很多，但不外乎两种计算类型，一种是基于物理机制的模型，另一种是概念模型。物理机制模型在每一个计算单元内对地表径流和地下径流过程作了细致的刻画，不过迫于客观条件，仍作了一些简化处理，如忽略大孔隙中的优先流（因为没在单元尺度内描述其物理方程），把坡面径流粗略地简化为深度和流速均匀的层流来处理，忽略土壤水分特性曲线的滞后作用等。尽管物理机制模型存在一定的局限性，但近年来也得到了一些应用，如国外的 MIKE SHE 模型和国内的 WEP 模型，为项目实施提供了一定的决策依据。

基于概念的半分布式模型也保存了流域响应的分布式描述，但实现方式要简单得多。它不像 SHE 模型那样包含详细的过程描述，而是应用分布函数描述流域产流的空间变异性。半分布式水文模型在国外得到了空前的发展，而且有成熟的软件问世，如 SWAT 模型、HSPF 模型。这些模型都很重视流域响应的空间变异性，虽然在某一场降雨中确定流域中哪些地方在发生产流的确非常困难，但是，若把目标定为流域尺度上正确模拟响应，半分布式模型则是相较物理模型更可行的途径，即追求整体模型的近似正确。这类模型的优势在于可以把流域下垫面中的某些影响水文响应的关键因子（如土壤蓄水容量、地形等）的空间变异性在分布式函数中反映出来，但不必像全分布式模型那样引入那么多的参数，且模型参数也相对简单。

SWMⅣ模型中设计了 5 个固定蓄水层以控制垂向水分传输和水量平衡状态，这 5 个固定蓄水层分别是植被截流蓄积、上土壤层蓄积、下土壤层蓄积、地下水（浅层）蓄积和深层地下水蓄积。此外，还有两个临时性蓄积，即壤中流蓄积和坡面流蓄积。这两个临时蓄积与上土壤层蓄积特性密切相关，控制着坡面漫流与壤中流的发生和发展。

模型中河川径流的来源有：①不透水面积上的直接径流；②坡面漫流；③壤中流；④浅层地下径流。它们从不同途径进入河槽，形成河槽总入流，总入流经过河槽调蓄演算，得到出口断面的流量过程线。

模型中，实际蒸散发的来源包括截流蓄积、上土壤层蓄积、下土壤层蓄积和地下水蓄积等。模型的基本结构见图 4-1。

4.1　流域水循环部分

4.1.1　植被截流

有植被覆盖的区域，冠层是陆地生态系统与大气接触的第一个层面，它主要执行截流和蒸发的功能。植被截流的计算是模型中很重要的环节。本部分水量平衡部分先不考虑

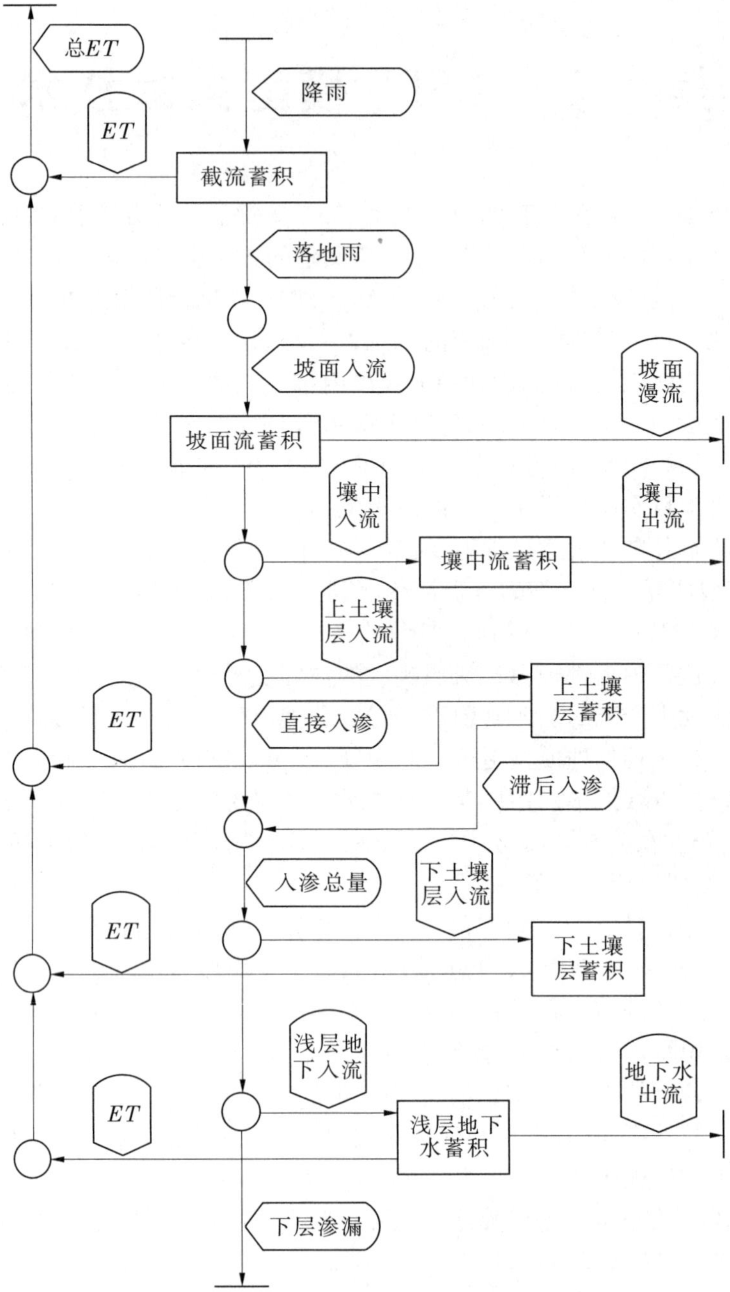

图 4-1　斯坦福模型水文模型概化结构图(SWMⅣ)

蒸发量,只从截流容量、截流蓄积量和降雨补充量三者之间建立水量平衡关系。落地雨计算环节在后面的蒸发部分讨论。

4.1.1.1　截流层的水量平衡关系

截流层的水量平衡关系可用下式表示:

$$W_{c1}(t) = W_{c0}(t) + P(t) \tag{4-1}$$

式中：$W_{c0}(t)$、$W_{c1}(t)$ 分别为计算时段初和时段末植被冠层截流蓄积量，mm；$P(t)$ 为计算时段内降雨量或其他降雨补充量，mm。

4.1.1.2　**准落地雨量计算**

由于还没考虑蒸发，因此称植被截流后净剩的水量为准落地雨量。准落地雨量计算公式为：

当 $W_{c1}(t) > I_M$

$$NP(t) = W_{c1}(t) - I_M \tag{4-2}$$

当 $W_{c1}(t) \leqslant I_M$

$$NP(t) = 0 \tag{4-3}$$

式中：$NP(t)$ 表示准落地雨量，mm；I_M 表示冠层截流容量，mm。

4.1.1.3　**截流容量计算**

截流容量也称截流能力。截流容量可用下式来计算：

$$I_M = K_c \cdot d_c \cdot LAI \tag{4-4}$$

式中：K_c 为冠层截流系数，mm；d_c 为计算单元植被覆被率；LAI 为叶面指数。

4.1.2　积雪融化

融雪所形成的径流在水资源利用中扮演着极其重要的角色。雪约占地球表面全部降水的5%，由于其蒸发损耗小于雨水，实际对河流补给的贡献远大于5%。对于中纬度干旱和半干旱山区，融雪径流对河流的补给量在春季甚至可达到75%以上。融雪径流模拟和预测在全世界已经得到广泛的重视，计算积雪融化的方法通常有能量平衡法（Energy Blance）和温度指标法（Temperature - index approach）。能量平衡法对积雪过程的描述提供了很好的物理基础，但由于求解能量平衡方程所需参数及数据多，如能量平衡法至少需要降雨、大气温度、太阳辐射、露点温度、风速，而温度指标法只需要降雨，因此在实践中常用简单实用的温度指标法，HSPF 模型就是采用温度指标法来计算积雪融雪的日变化过程。

$$\left.\begin{aligned} SM &= M_f(T_a - T_0) \\ \frac{\mathrm{d}S}{\mathrm{d}t} &= SW - SM - E \end{aligned}\right\} \tag{4-5}$$

式中：SM 为融雪量，mm/d；M_f 为融化系数或称度日因子，mm/(℃ · d)；T_a 为气温指标，℃；T_0 为融化临界温度，℃；S 为积雪当量，mm；SW 为降雪水当量，mm；E 为积雪升华量，mm。

度日因子既随海拔和季节变化，又随下垫面条件变化，常作模型调度参数对待，一般情况下在 1 mm/(℃ · d) 和 7 mm/(℃ · d) 之间，且裸地高于草地，草地高于森林。气温指标通常取日平均气温。融化临界温度在 -3 ℃和 0 ℃之间。另外，为将降雪和降雨分离，还需要雨雪临界参数（通常在 0 ℃和 3 ℃之间）。

4.1.3　产流成分划分机制

落地雨在进入地面后，会根据土壤的渗透特性，产生不同的流量成分，各种不同的流量成分走向也各自不同。SWMⅣ模型巧妙地设计了不同产流成分的划分机制，这种划分机制目的是确定不同产流成分的一个基本量和走向，不同产流成分再依据其基本特点，进行下一步的水文演进和发展。各部分的产流过程机制如图 4-2 所示。

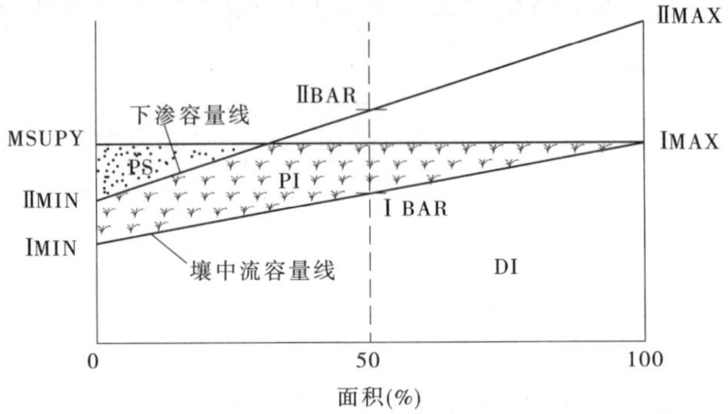

图 4-2　斯坦福模型水文模型产流划分机制

图 4-2 为模拟的某透水地段，参数 X 表示某一落地雨强度，是经植物截流后单位时刻地表降水，也是区内下渗和壤中流的直接水源。横轴表示达到 X 的区域占地段总面积的比例，纵轴用距离来指示下渗、落地雨和壤中流的强度。参数Ⅰ表示直接下渗至下土壤层水的最大下渗容量，以 mm/时段表示，参数Ⅱ表示下渗水量总和。为了考虑区内土壤下渗和成流能力的空间异质特性，SWMⅣ模型将参数Ⅰ和Ⅱ用线性关系表示（与面积），并在 0% 和 100% 达到极值。若将水平线 X 与横轴间的矩形看作总水量，则 PS（Potential Surface Runoff）表示地表滞蓄增量，PI（Potential Interflow Inflow）表示壤中流滞蓄增量，DI 表示直接下渗量。PS 部分形成坡面漫流，部分补充上土壤层蓄积；PI 部分形成壤中流，部分向下土壤层渗透。SWMⅣ模型与国内新安江模型一样，考虑了下渗、壤中流和坡面漫流在流域面积上分布的不均匀性。新安江模型采用的是流域蓄水容量曲线，SWMⅣ模型采用的是线性曲线。

4.1.3.1　参数Ⅰ和Ⅱ的确定

参数Ⅰ和Ⅱ需要通过以下几个公式来确定：

$$\left.\begin{aligned} IBAR &= INFFAC \cdot \frac{INFILT}{(LZS/LZSN)^{INFEXP}} \\ IMAX &= INFILD \cdot IBAR \\ IMIN &= IBAR - (IMAX - IBAR) \\ RATIO &= INTFW \cdot 2^{LZS/LZSN} \end{aligned}\right\} \tag{4-6}$$

式中：$IBAR$ 代表地段平均下渗能力；$INFILT$ 代表下渗水量；LZS 代表该地段下土壤层水蓄积当前深度；$LZSN$ 代表该地段下土壤层水蓄积额定深度；$INFEXP$ 代表大于 1 的特征系数；$INFFAC$ 代表冻土计算因子，一定条件下参与计算；$IMAX$ 代表该地段下土壤层最大下渗速率；$IMIN$ 代表该地段下土壤层最小下渗速率；$INFILD$ 代表该地段土壤最大下渗速率与平均下渗速率的比值；$RATIO$ 代表最大下渗曲线与最小下渗曲线斜率的比值；$INTFW$ 代表壤中流入流参数。

4.1.3.2 **划分量计算**

对于任意一条斜直线来说,斜直线以下部分定义为 *UNDER*,斜直线以上部分定义为 *OVER*。不同斜直线对应部分则分别定义为 *UNDER*(Ⅰ、Ⅱ)和 *OVER*(Ⅰ、Ⅱ)。

当 $MSUPY \leqslant MIN$ 时

$$\left.\begin{aligned} UNDER &= MSUPY \\ OVER &= 0 \end{aligned}\right\} \tag{4-7}$$

当 $MSUPY > MIN$ 时

$$\left.\begin{aligned} &UNDER = \frac{MIN + MAX}{2} \\ &OVER = MSUPY - UNDER \end{aligned}\quad MSUPY > MAX \atop \begin{aligned} &OVER = \frac{(MSUPY - MIN)^2}{2(MAX - MIN)} \\ &UNDER = MSUPY - OVER \end{aligned}\quad MSUPY \leqslant MAX \right\} \tag{4-8}$$

式中:*MSUPY* 表示落地雨强度。

需要指出的是,以上各个参数变量是与时段有关系的,此部分在模型中作为专门子程序考虑,因此上述参数变量没有表达出与时段的关系。

4.1.4 产流成分计算

根据模型设计原理和产流成分划分机制,各部分的计算分述如下。

4.1.4.1 **直接下渗量 *INFIL* 确定**

直接下渗到下土壤层蓄积的渗透量为:

$$INFIL(t) = UNDER1 \tag{4-9}$$

4.1.4.2 **进入上土壤层蓄积量 *UZI* 确定**

地表滞蓄增量 *PS* 进入上土壤层蓄积的百分数是一个与 *UZS/UZSN* 有关的函数表达式,图形显示如图 4-3 所示。

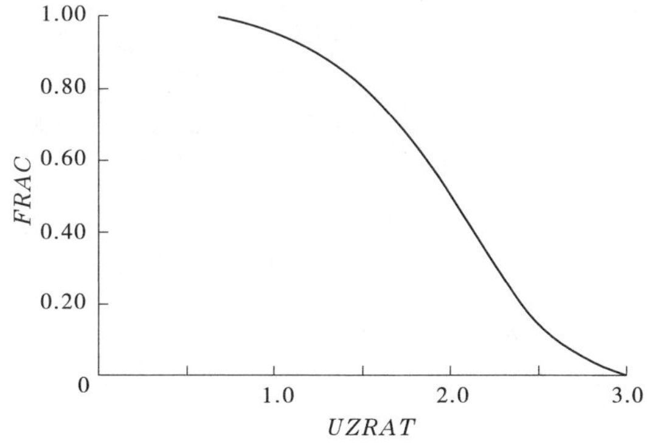

图 4-3 进入上土壤层的百分数与 *UZRAT* 的函数关系

数学表达式表示为:

当 $UZRAT \leqslant 2$ 时

$$FRAC = 1 - \frac{UZRAT}{2}\left(\frac{1}{4 - UZRAT}\right)^{3-UZRAT} \tag{4-10}$$

当 $UZRAT > 2$ 时

$$FRAC = \left(\frac{0.5}{UZRAT - 1}\right)^{(2UZRAT-3)} \tag{4-11}$$

于是,进入上土壤层的量即为:

$$UZI(t) = FRAC \cdot OVER1 \tag{4-12}$$

一般情况下, $UZI < OVER1$,如果 $UZI > OVER1$,则表明全部生成 UZI 量,没有壤中流和坡面漫流产生。

4.1.4.3 进入地表蓄积层量 *PSUR* 确定

进入地表蓄积层的水量为:

$$PSUR(t) = OVER2 \cdot (1 - FRAC) \tag{4-13}$$

4.1.4.4 进入壤中流蓄积层量 *IFWI* 确定

进入壤中流蓄积层的水量为:

$$\begin{aligned} IFWI(t) &= (OVER1 - OVER2)\left[1 - \frac{UZI(t)}{OVER1}\right] \\ &= (OVER1 - OVER2)(1 - FRAC) \end{aligned} \tag{4-14}$$

4.1.4.5 坡面漫流出流量 *SURO* 确定

坡面出流的计算示意图如图 4-4 所示。

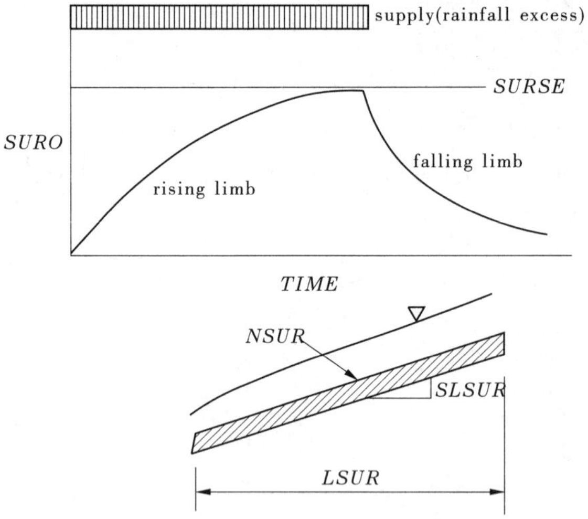

图 4-4 坡面出流计算示意图

坡面出流的计算公式为:

当 $SURSM < SURSE$ 时

$$SURO(t) = SRC \cdot \left\{SURSM \cdot \left[1.0 + 0.6\left(\frac{SURSM}{SURSE}\right)^3\right]\right\}^{1.67} \tag{4-15}$$

当 $SURSM \geq SURSE$ 时

$$SURO(t) = SRC \cdot (SURSM \cdot 1.6)^{1.67} \tag{4-16}$$

其中：

$$SRC = 1\ 020 \cdot \frac{\sqrt{SLSUR}}{NSUR/LSUR}$$

$$SURSM = (SURS + PSUR)/2 \tag{4-17}$$

式(4-15)和式(4-16)中：*SURO* 表示出流量；*SURSM* 表示时段初的地表滞蓄量的平均值；*SURSE* 表示稳定的坡面滞蓄量；*NSUR* 为漫流坡面的糙率系数；*LSUR* 为漫流坡面长度；*SLSUR* 为漫流坡面坡度。

4.1.4.6 壤中流出流量 *IFWO* 确定

壤中流出流量采用线性水库的办法进行计算，其计算公式为：

$$\left.\begin{aligned} &IFWO(t) = IFWK1 \cdot IFWI + IFWK2 \cdot IFWS \\ &IFWK2 = 1.0 - e^{(-KIFW)} \\ &IFWK1 = 1.0 - (IFWK2/KIFW) \\ &KIFW = -\ln(IRC)^{dt/24} \end{aligned}\right\} \tag{4-18}$$

4.1.4.7 壤中流蓄积层水量平衡计算

壤中流蓄积层水量平衡计算公式如下：

$$\left.\begin{aligned} &\text{产流之前} \quad VALUE(t) = INFLO(t) + IFWS(t) \\ &\text{产流之后} \quad IFWS(t) = VALUE(t) - IFWO(t) \end{aligned}\right\} \tag{4-19}$$

式(4-18)和式(4-19)中：*IFWO* 表示壤中流出流量；*IRC* 表示壤中流退水系数；*IFWI* 含义前面已介绍；*IFWS* 表示壤中流初始蓄积量；*VALUE* 表示当前总的壤中流蓄积量。

4.1.4.8 上土壤层蓄积量水量平衡计算

上土壤层蓄积量的计算主要考虑的是上土壤层水量的渗漏问题。当 $UZRAT > LZRAT$ 时，上土壤层水量渗漏计算公式为：

$$PERC(t) = 0.1 \cdot INFILT(t) \cdot INFFAC \cdot UZSN \cdot (UZRAT - LZRAT)^3 \tag{4-20}$$

式中：*INFILT* 表示渗透系数；*INFFAC* 表示冻土因子；*UZSN* 表示上土壤层额定容量；$UZRAT = UZS(t)/UZSN(t)$；$LZRAT = LZS(t)/LZSN(t)$。

当 $PERC(t) > UZS(t)$ 时，$PERC(t) = UZS(t)$，$UZS(t) = 0$；

当 $PERC(t) \leqslant UZS(t)$ 时，$UZS(t) = UZS(t) - PERC(t)$。

4.1.4.9 下土壤层蓄积量水量平衡计算

下土壤层蓄积(*LZS*)不产生出流，但它却是控制下渗和壤中流的重要因素。下土壤层蓄积的进水有直接下渗量(*INFIL*)和滞后下渗量(*PERC*)，控制下土壤层水量的变化由下面的经验曲线来完成(见图4-5)。

当 $LZRAT < 1.0$ 时

$$\left.\begin{aligned} &INDEX = 2.5 - 1.5 \cdot LZRAT \\ &LZFRAC = 1.0 - LZRAT \cdot \left(\frac{1.0}{1.0 + INDEX}\right)^{INDEX} \end{aligned}\right\} \tag{4-21}$$

当 $LZRAT \geqslant 1.0$

$$\left.\begin{aligned} &INDEX = 1.5 \cdot LZRAT - 0.5 \\ &LZFRAC = \left(\frac{1.0}{1.0 + INDEX}\right)^{INDEX} \end{aligned}\right\} \tag{4-22}$$

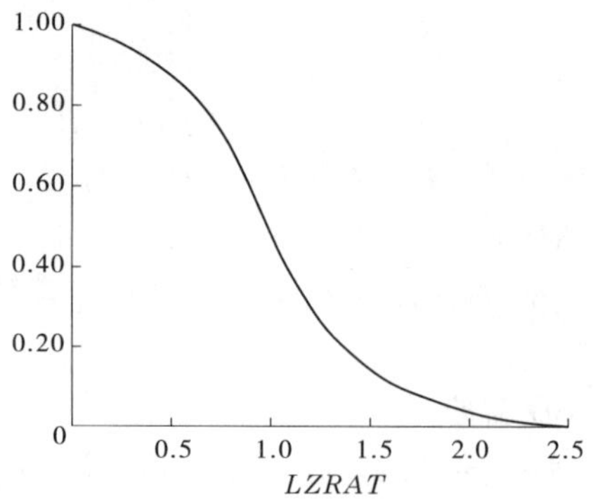

图 4-5　进入下土壤层蓄积百分比与 *LZS/LZSN* 曲线关系

确定了 *LZFRAC* 后，则就确定了进入下土壤层的量：

$$\left.\begin{aligned} LZI(t) &= LZFRAC \cdot (INFIL + PERC) \\ LZS(t) &= LZS(t) + LZI(t) \end{aligned}\right\} \tag{4-23}$$

4.1.4.10　地下含水层的水量平衡计算

1. 地下水蓄积量部分的划分

进入深层和浅层地下水的水量计算公式如下：

$$\left.\begin{aligned} IGWI(t) &= DEEPFR \cdot GWI(t) \\ AGWI(t) &= GWI(t) - IGWI(t) \end{aligned}\right\} \tag{4-24}$$

式中：*GWI* 为当前地下水蓄积量；*DEEPFR* 表示进入深层地下水的分配系数；*IGWI* 表示进入深层地下水的量；*AGWI* 表示进入浅层地下水的量。

2. 地下水出流计算

地下水出流计算公式如下：

$$AGWO(t) = KGW \cdot (1.0 + KVARY \cdot GWVS) \cdot AGWS(t) \tag{4-25}$$

式中：*AGWO* 表示浅层地下水出流；*KGW* 表示地下水蓄泄系数；*KVARY* 表示地下水退水率；*GWVS* 表示地下水坡度指标；*AGWS* 表示浅层地下水蓄积(Active groundwater)。

4.1.5　蒸散发计算和蒸发后的水量平衡计算

4.1.5.1　蒸发能力计算

蒸散发是水循环的重要环节，陆地上年降水量的 66% 通过蒸散发返回大气。关于蒸散发的计算公式很多，主要有经验公式法、微气象学方法(如能量平衡法、空气动力学法、能量平衡 - 空气动力学法和涡度相关技术等)和遥感法。本模型采用 Penman - Montieth 公式计算蒸发能力(或潜在蒸发)。

Penman - Montieth 公式(Montieth，1965)需要输入的资料为辐射、气温、风速和相对温度。

$$ET_0 = \frac{\Delta(R_n - G) + \dfrac{86.7\rho D}{r_\alpha}}{L(\Delta + \gamma)} \tag{4-26}$$

式中：ET_0 为蒸散发能力，mm；Δ 为饱和水汽压斜率，kPa/℃；R_n 为净辐射量，MJ/m^2；G 为土壤热通量，MJ/m^2；ρ 为空气密度，g/m^3；D 为饱和水汽压差，kPa；r_α 为边界层阻力，s/m；L 为汽化潜热，MJ/kg；γ 为温度计常数。

空气密度 ρ 的计算：

$$\rho = \frac{0.012\,76PB}{1 + 0.036\,7T} \tag{4-27}$$

式中：T 为气温，℃；PB 为大气压力，kPa。

$$PB = 101 - 0.015\,5ELEV + 5.44 \times 10^{-7} ELEV^2 \tag{4-28}$$

式中：$ELEV$ 为计算点高程，m。

边界层阻力 r_α 的计算：

$$r_\alpha = \frac{6.25\left[\ln\left(\frac{10 - z_d}{z_0}\right)\right]^2}{V} \tag{4-29}$$

式中：z_d 为零平面位移高度，m，且满足 $z_d = 0.702H^{0.979}$；H 为冠层高度，m；z_0 为蒸散发粗糙程度，m，且满足 $z_0 = 0.131H^{0.979}$；V 为日均风速，m/s。

4.1.5.2 蒸发量计算

1. 深层地下水蒸发量计算

(1) 当 $BASETP > 0$ 时，此时地下水部分存在着潜在的蒸发量：

$$BASPET(t) = BASETP \cdot REMPET(t) \tag{4-30}$$

式中：$BASPTP$ 表示地下水部分潜在蒸发量。

当地下水部分潜在蒸发量超过地下水出流的计算量时，地下水出流量则全部用于蒸发，地下水部分实际蒸发量用式(4-31)表示：

$$\left.\begin{aligned} BASET(t) &= AGWO(t) \\ AGWO(t) &= 0 \end{aligned}\right\} \tag{4-31}$$

当地下水部分潜在蒸发量不超过地下水出流的计算量时，此时地下水部分实际蒸发量计算公式为：

$$\left.\begin{aligned} BASET(t) &= BASPET(t) \\ AGWO(t) &= AGWO(t) - BASET(t) \end{aligned}\right\} \tag{4-32}$$

(2) 当 $BASETP(t) \leq 0$ 时，深层地下水部分不存在着潜在的蒸发量，即 $BASET(t) = 0$。

(3) 蒸发能力更新。

每一部分的蒸发量计算完后，参数 $REMPET$ 都要自动更新，即扣除当前蒸发计算量。以下类同。

$$REMPET(t) = REMPET(t) - BASET(t) \tag{4-33}$$

2. 截流蓄积层蒸发量计算

截流蓄积层蒸发量计算按蒸散发能力进行。当截流蓄积的数量较少，不能满足蒸散发能力时，就有多少蒸多少。其计算方法如下。

(1) 当截流容量 $I_M \leq 0$ 时，此时截流容量为 0，很显然截流蓄积的蒸发量为 0，即

$$CEPE(t) = 0 \tag{4-34}$$

(2)当截流容量 $I_M > 0$ 时，分成两种情况考虑。

第一，当 $REMPET > I_M$ 时，这时流域的蒸发能力大于截流容量。

$$\left.\begin{aligned} CEPE(t) &= W_{c1}(t) \\ W_{c1}(t) &= 0 \end{aligned}\right\} \tag{4-35}$$

第二，当 $REMPET(t) \leqslant W_{c1}(t)$ 时

$$\left.\begin{aligned} CEPE(t) &= REMPET(t) \\ W_{c1}(t) &= W_{c1}(t) - REMPET(t) \end{aligned}\right\} \tag{4-36}$$

(3)蒸发能力更新。

每一部分的蒸发量计算完后，参数 $REMPET$ 都要自动更新，即扣除当前蒸发计算量。以下类同。

$$REMPET(t) = REMPET(t) - CEPE(t) \tag{4-37}$$

3. 上土壤层的蒸发量计算

上土壤层的蒸发量计算通过 $UZS/UZSN$ 比值来进行控制。

(1)计算上土壤层潜在的蒸发能力。

$$\left.\begin{aligned} UZPET(t) &= REMPET(t) & UZS(t)/UZSN &> 2 \\ UZPET(t) &= 0.5 \cdot UZS(t)/UZSN \cdot REMPET(t) & UZS(t)/UZSN &\leqslant 2 \end{aligned}\right\} \tag{4-38}$$

(2)计算上土壤层实际蒸发量。

当 $UZPET(t) > UZS(t)$ 时

$$\left.\begin{aligned} UZET(t) &= UZS(t) \\ UZS(t) &= 0 \end{aligned}\right\} \tag{4-39}$$

当 $UZPET(t) \leqslant UZS(t)$ 时

$$\left.\begin{aligned} UZET(t) &= UZPET(t) \\ UZS(t) &= UZS(t) - UZET(t) \end{aligned}\right\} \tag{4-40}$$

(3)蒸发能力更新。

每一部分的蒸发量计算完后，参数 $REMPET$ 都要自动更新，即扣除当前蒸发计算量。以下类同。

$$REMPET(t) = REMPET(t) - UZET(t) \tag{4-41}$$

4. 浅层地下水的蒸发量计算

(1)当 $AGWTP > 0$ 时

$$GWPET(t) = AGWETP \cdot REMPET(t) \tag{4-42}$$

此时分成两种情况考虑：

第一，当 $GWPET(t) > AGWS(t)$ 时，浅层地下水蒸发量受浅层地下水蓄积制约，浅层地下水蓄积将会耗尽。

$$\left.\begin{aligned} AGWET(t) &= AGWS(t) \\ AGWS(t) &= 0 \end{aligned}\right\} \tag{4-43}$$

第二，$GWPET(t) \leqslant AGWS(t)$ 时

$$\left.\begin{aligned} AGWET(t) &= GWPET(t) \\ AGWS(t) &= AGWS(t) - AGWET(t) \end{aligned}\right\} \tag{4-44}$$

(2)当 $AGWTP \leqslant 0$ 时,浅层地下水部分不存在着潜在的蒸发量,即 $AGWET(t) = 0$。

(3)蒸发能力更新。

$$REMPET(t) = REMPET(t) - AGWET(t) \tag{4-45}$$

5. 下土壤层的蒸发量计算(*ETLZON*)

下土壤层是最后计算的水量蓄积区域。下土壤层的蒸发涉及并影响到其他部分蓄积量的蒸散发。下土壤层的蒸发取决于植物蒸腾,会根据植物的种类类型、覆盖面积和深度等因素而发生变化。

下土壤层的蒸发专门有一个参数 *LZETP*,这个参数将上述各种因素综合集成起来,反映下土壤层的蒸发情况。考虑流域空间的异质性,模型假定蒸发机会在流域上呈线性分布,这种方法与前面所述的处理渗透办法类似,见图 4-6。

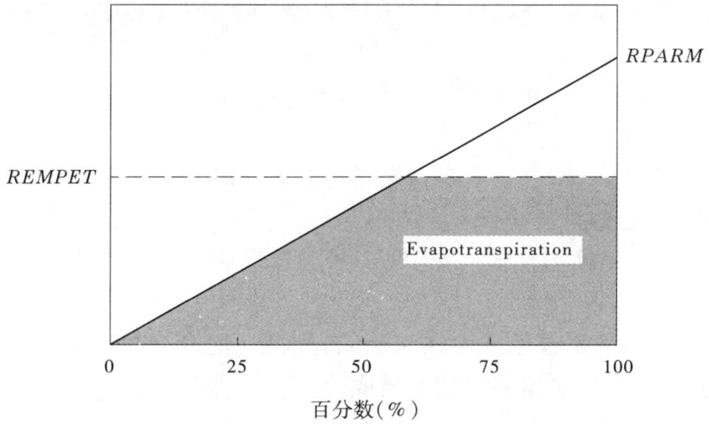

图 4-6　蒸发机会等于及小于指定数值的百分数

(1)先计算下土壤层潜在的蒸发能力 *RPARM*(最大值)。

当 $LZETP \leqslant 0.99999$ 时

$$RPARM(t) = \frac{0.25}{1.0 - LZETP} \frac{LZS(t)}{LZSN} \frac{\mathrm{d}t}{24} \tag{4-46}$$

当 $LZETP > 0.99999$ 时

$$RPARM(t) = 1.0\mathrm{E}10 \tag{4-47}$$

(2)再计算下土壤层潜在的蒸发能力。

根据图 4-6,从下土壤层蒸发的损失量计算如下:

当 $REMPET(t) > RPARM(t)$ 时

$$LZPET(t) = 0.5RPARM(t) \tag{4-48}$$

当 $REMPET(t) \leqslant RPARM(t)$ 时

$$LZPET(t) = REMPET(t) \cdot \left(1 - \frac{REMPET(t)}{2RPARM}\right) \tag{4-49}$$

当 $LZETP < 0.5$ 时

$$LZPET(t) = LZPET(t) \cdot LZETP \cdot 2.0 \tag{4-50}$$

(3)计算下土壤层的蒸发量。

计算完下土壤层的潜在的蒸发能力,根据下土壤层的蓄积量(*LZS*),计算下土壤层的

蒸发量。其计算过程如下:

当 $LZPET(t) < LZS(t) - 0.02$ 时

$$LZET(t) = LZPET(t) \tag{4-51}$$

当 $LZPET(t) \geq LZS(t) - 0.02$ 时

$$LZET(t) = LZS(t) - 0.02 \tag{4-52}$$

4.1.6 河段径流演算

HSPF 的模块 RCHRES 用于模拟河道或者河湖。能运用于 HSPF 模拟一般遵循两个假定条件:

(1)水体流动的单向性(Unidirectional flow)。

假定水体流动的单向性,在这种假定条件下,运用线性波的原理(Linear Wave)模拟水体的运动。

(2)完全混合的水体(Completely mixed reach)。

假定水体是完全混合的,单层。

在这两个假定条件下,渠道径流演算通过建立 FTABLE 函数关系表,运用 FTABLE 表模拟水深—体积与河道出流量的关系。

另外在 HSPF 模型中模拟水流时,还假定降雨与蒸发相互抵消,因此降雨与蒸发不再作为影响因子单独考虑。

渠道径流演算的目的是模拟发生在河流或者水库(混合)的水力过程,这个过程包括模拟洪水演算、水库调节和水体溶解的水质成分。

4.1.6.1 河段和水库的概化

河段和水库概化为如图 4-7 所示。水体的入流成分是降雨,出流部分包括灌溉用水、发电用水、其他抽取的水量(Pumping)。

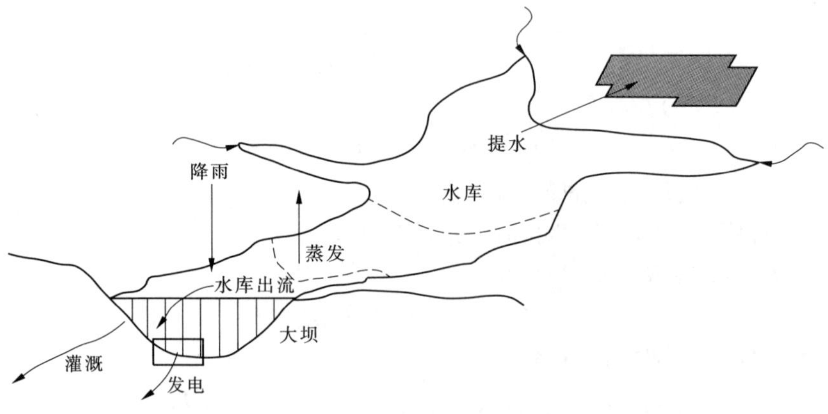

图 4-7 RCHRES 概化图

HSPF 模型假设只有 1 个水量入口(INFLO),出流可以通过若干个出口流出(OFLO)。HSPF 模型规定 1 个 RCHRES 最多有 5 个 OFLO。降雨与蒸发也影响到 RCHRES 的模拟过程,但不经过这几个出口。

4.1.6.2　HSPF 径流演算模型

前面已述,HSPF 模型中所有进入 RCHRES 的入流需要通过唯一的入口 INFLO,从入口 INFLO 进入的水量称之为 IVOL。

RCHRES 的出流可以通过出口 OFLO(N),相应出口通过的水量称之为 OVOL(N)。出口通过的水量之和称之为 ROVOL。

径流演算模型如图 4-8 所示。

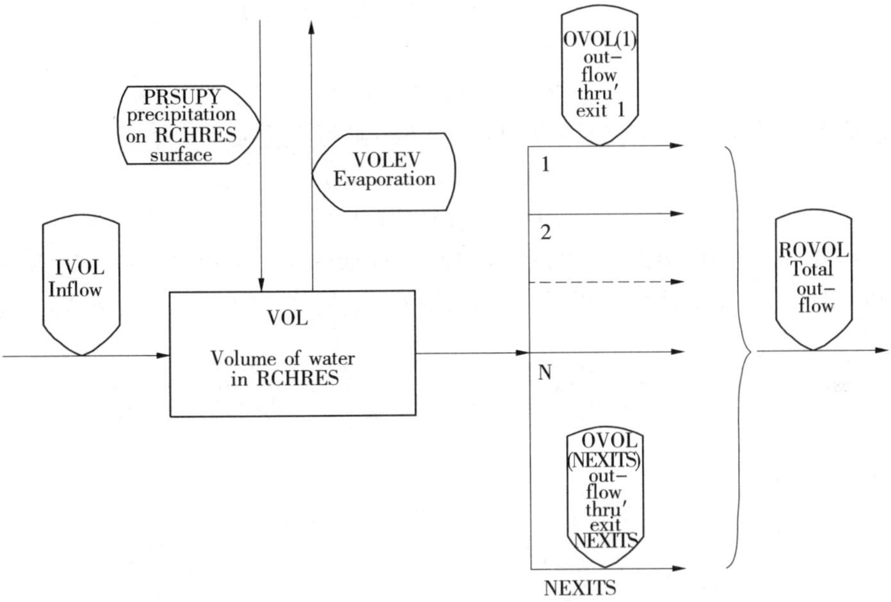

图 4-8　RCHRES 径流演算模型示意图

径流演算模型的基本方程为:

$$VOL - VOLS = IVOL + PRSUPY - VOLEV - ROVOL \tag{4-53}$$

式中:VOL 为计算时段末的 RCHRES 水量;$VOLS$ 为时段初的 RCHRES 水量;$PRSUPY$ 为河段水体表面的降雨量;$VOLEV$ 为河段水体表面的蒸发量。

式(4-53)可以简化为:

$$VOL = VOLT - ROVOL \tag{4-54}$$

式中　$VOLT = IVOL + PRSUPY - VOLEV + VOLS$

因此计算出 $ROVOL$ 后,就可以计算出时段末的 VOL 。

计算各个出口的出流量和 VOL 。当水体量足够时,采用线性关系的表达式,计算出流量 $ROVOL$:

$$ROVOL = (KS \cdot ROS + COKS \cdot ROD) \cdot \mathrm{d}T \tag{4-55}$$

式中:KS 为权重因子;$COKS = 1.0 - KS$;ROS 为计算起始时段的出流量;ROD 为计算末时段的待求出流量;$\mathrm{d}T$ 指时间隔。

KS 的范围一般在 $0 \leqslant KS \leqslant 1$,建议不要超过 0.5。

联立式(4-54)与式(4-55),则有

$$VOL = VOLT - (KS \cdot ROS + COKS \cdot ROD) \cdot \mathrm{d}T \tag{4-56}$$

式(4-56)中有两个未知量,一个是 VOL,另一个是 ROD,因此需要另外增加一个函数关系表达式来完成上述方程的求解。每个出口的流量与体积的函数关系表示如下:

$$\left.\begin{aligned} OD(1) &= f1(VOL,t) \\ OD(2) &= f2(VOL,t) \\ &\vdots \\ OD(NEXITS) &= fNEXITS(VOL,t) \end{aligned}\right\} \tag{4-57}$$

ROD 与 VOL 的函数关系方式表示为:

$$ROD = funct(VOL,t) \tag{4-58}$$

如果不考虑时间因素,则式(4-57)和式(4-58)则可简化成:

$$OD(N) = fN(VOL) \tag{4-59}$$

$$ROD = funct(VOL) \tag{4-60}$$

式(4-57)、式(4-59)和式(4-60)联合求解过程如图 4-9 所示。式(4-56)和式(4-60)交点为 RO 和 VOL,相应地可求得各个出口的待求流量值 $O(1)$、$O(2)$、$O(N)$ 。

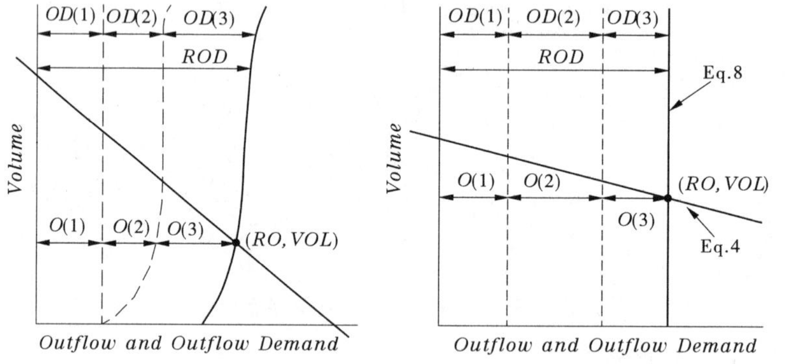

(a)至少有一个 $fN(VOL)$ 成分　(b)没有一个 $fN(VOL)$ 成分

图 4-9　图形求解示意图(1)

HSPF 模型对河道断面形状并没有要求,但是需要有下面的假设:

(1)水深、水面面积以及水体体积之间有对应的关系(在 FTABLE 中列出,采用插值法求得各个水位对应的水面面积和水体体积)。见图 4-10。

(2)$ROD = funct(VOL)$ 的方程是不随时间而改变的。

上述假设可以避免水在河道中倒流。

4.1.6.3　径流演算模型求解

1. ROUTE 方法

ROUTE 方法是计算至少有一个以上 $fN(VOL)$ 成分的水体流速和的体积。式(4-60)可以用下式来替代:

$$(VOL - V1)/(ROD - ROD1) = (V2 - V1)/(ROD2 - ROD1) \tag{4-61}$$

求解过程中的第一步首先是计算出式(4-56)在纵坐标轴上的截距,即

$$VOLINT = VOLT - KS \cdot ROS \cdot \mathrm{d}T \tag{4-62}$$

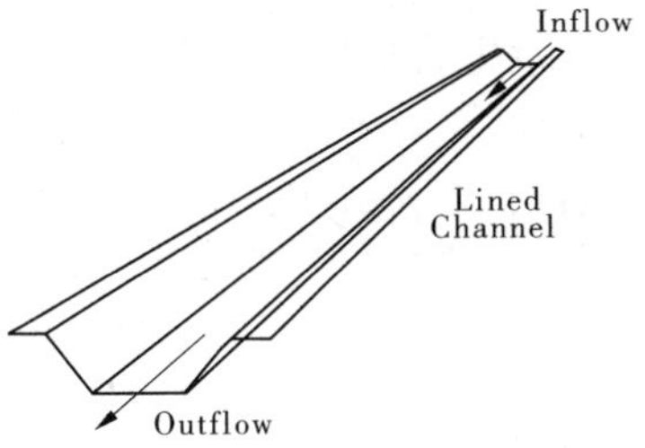

Col	1	2	3	4	5	6	7
Row#	Depth	Surface area	Volume	F1(vol)	F2(vol)	F3(vol)	F4(vol)
1	0	0	0	0	0	0	0
2	1.5	1	8	12	6	10	0
3	10	15	80	12	18	10	0
4	50	100	2500	12	36	20	20

RCHTAB

图 4-10 用户指定的河段特性

当 *VOLINT* <0 时，方程无解(Case3)。也就是说这个时候 *VOL* 是个负值，从物理意义上讲，就是即使时段末出流量为 0，但因初始时段水量太小，以至于不能满足初始需求。此时计算原则为：

$$\left.\begin{aligned} VOL &= 0 \\ RO &= 0 \\ O(*) &= 0 \\ ROVOL &= VOLT \end{aligned}\right\} \tag{4-63}$$

当 *VOLINT* ≥0，方程有解，如图 4-11 所示的 Case1 和 Case2，此时的横坐标轴的截距为：

$$OINT = VOLNT/(\mathrm{d}T \cdot COKS) \tag{4-64}$$

当 *OINT* ≤ *RODZ* 时，式(4-56)和式(4-60)则不可以联合求解(Case2)，或者说无解，即为图 4-11 所示的 Case2。从物理意义上讲，当 *OINT* 等于 *RODZ* 时，意味着河道水体容量在时段末会变为 0 值，相应地总出流量等于方程(4-60)在 *Volume* 轴的截点，所有的水根据优先权满足出口流量需求，部分流量需求得不到满足。

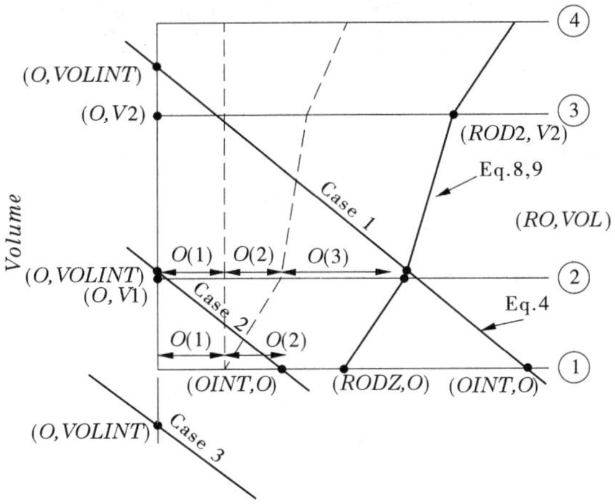

Outflows and Outflow Demands

图 4-11 图形求解示意图(2)

当 *OINT* > *RODZ* 时，式(4-56)和式(4-60)可以联合求解(Case1)。

在下面着重介绍第一种情况的求解过程。

在第一种情况下，式(4-56)和式(4-60)可以写成：

$$A1 \cdot VOL + B1 \cdot ROD = C1$$
$$A2 \cdot VOL + B2 \cdot ROD = C2 \tag{4-65}$$

式中：

$$A1 = 1.0/(COKS \cdot \mathrm{d}T)$$
$$A2 = ROD1 - ROD2$$
$$B1 = 1.0$$
$$B2 = V2 - V1$$
$$C1 = OINT$$
$$C2 = V2 \cdot ROD1 - V1 \cdot ROD2$$

式(4-65)的解为：

$$VOL = \frac{OINT \cdot B2 - C2}{A1 \cdot B2 - A2}$$
$$RO = \frac{A1 \cdot C2 - A2 \cdot OINT}{A1 \cdot B2 - A2} \tag{4-66}$$

2. NOROUTE 方法

NOROUTE 方法是计算没有一个 $fN(VOL)$ 成分的水体流速和的体积。相比较 ROUTE 方法来说，计算过程要简单一些。

NOROUTE 计算示意图如图 4-12 所示。

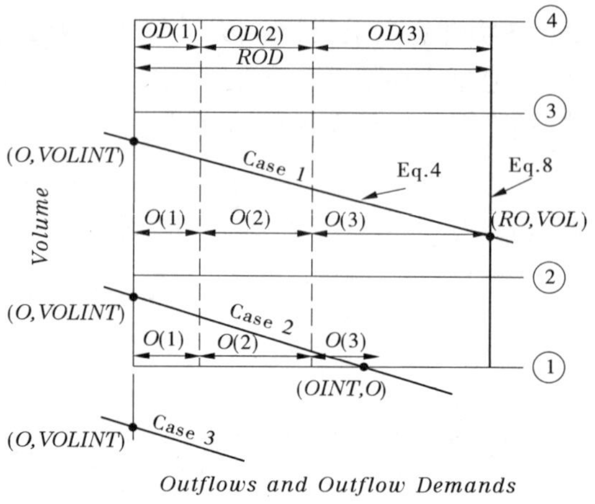

图 4-12　图形求解示意图(3)

当 $VOLINT \geqslant 0$ 时，求解过程如 Case1 或者 Case2。无论是哪一种情况，第一步首先是计算出流量：

$$\left.\begin{aligned} FG &= ODGFG(N) \\ OD(N) &= OUTGT(FG) \\ ROD &= OD(1) + OD(2) + \cdots + OD(NEXITS) \end{aligned}\right\} \tag{4-67}$$

当 $OINT > ROD$ 时，情况(Case1)的求解为：

$$\left.\begin{aligned} &RO = ROD \\ &O(*) = OD(*) \\ &VOL = VOLNT - COKS \cdot RO \cdot \mathrm{d}T \end{aligned}\right\} \tag{4-68}$$

当 $OINT \leqslant ROD$ 时，情况(Case2)无解。

4.2 流域产污汇污部分

研究表明，随着农业的发展，过量施用的化肥、农药随降水和灌溉流入水域，造成非点源污染比重逐年增加，成为水体污染的主要来源之一。如何有效地开展非点源管理措施是一项重要的工作，而建立管理措施的关键正是水质评价。水质评价是一项既昂贵又费时的过程，只有极少数能够通过实地监测去完成，牛志明等提出在进行非点源污染量化、影响评价研究和污染治理时，最为有效的方法是建立模型，进行时间和空间上的模拟。

非点源模型可分为机制型过程模型和统计型经验模型两类。机制型过程模型例如DRAINMOD NII 模型应用一维对流弥散反应方程，最小模拟间隔为日，形式如下：

$$\frac{\partial}{\partial t}(\theta_a C_a + \theta_g C_g + \rho_b C_s) = \frac{\partial}{\partial Z}(\theta_a D_a \frac{\partial C_a}{\partial Z} + \theta_g d_g \frac{\partial C_g}{\partial Z}) - \frac{\partial(v_a C_a)}{\partial Z} + S \tag{4-69}$$

式中：C_a 为某种氮形式液态浓度，M/L^3；C_g 为某种氮形式气态浓度，M/L^3；C_s 为某种氮形式固态浓度，M/M；θ_a 为土壤液相体积分数，L^3/ L^3；θ_g 为土壤气相体积分数，L^3/L^3；ρ_b 为土壤固相的干容重，M/L^3；v_a 为液相的体积通量，L/T；D_a 为水动力弥散系数，L^2/ T；d_g 为分子扩散系数，L^2/ T；S 为源汇项，考虑大气沉降、化肥施用、氮的矿化与固持，L。

统计型经验模型例如 SWAT 模型，模拟间隔为日，能追踪流域内集中形式的氮、磷运动和转化，在土壤中氮从一种形式转化到另一种形式由氮循环控制，磷也如此，径流、层间流和渗流中的硝态氮用水量和平均浓度来估算，利用 McElroy 等开发、Williams 和 Hann 改进的荷载函数应用于单次径流来估算有机氮的径流损失，依靠 Leonard 和 Wauchope 所描述的将农药分成溶解和沉积阶段的概念来估算地表径流中的磷损失。

HSPF 模型属于统计型经验模型，考虑氮、磷农药在土壤和水体的迁移转化，同时考虑水体中 BOD—DO 的转化。最小模拟间隔为小时，基于氮、磷和农药循环过程，以质量守恒为基础进行流域产污汇污计算。

4.2.1 产污汇污过程需要的原理

4.2.1.1 FREUNDLICH 方程

吸附过程是复杂的物理化学过程，吸附剂与被吸附物质之间因分子间引力而引起的吸附，称为物理吸附；二者之间因化学作用生成化学键引起的吸附，称为化学吸附。物理吸附与化学吸附相生相伴，共同产生吸附作用。而 FREUNDLICH 方程作为目前水质计算中常用的方法被引入计算污染物的吸附与解吸附过程中。FREUNDLICH 方程等温吸附曲线如图 4-13 所示，其方程表达方式为：

$$X = KF \cdot C^N + XFIX \tag{4-70}$$

式中：X 为吸附达到平衡时泥沙的吸附浓度，μg/g；C 为溶液的浓度，μg/L；$XFIX$ 为单位土壤吸附的化学物质量；KF、N 为经验常数。

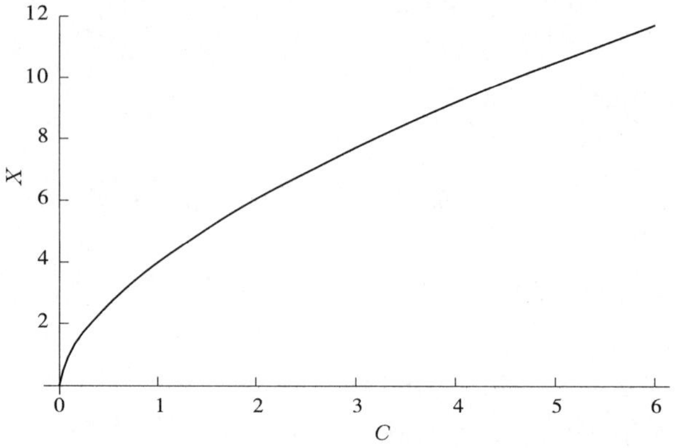

图 4-13　FREUNDLICH 方程等温吸附曲线

4.2.1.2　Michaelis－Menten　方程

Michaelis－Menten 方程称米氏方程或米曼氏动力学（Michaelis－Menten kinetics），是由 Leonor Michaelis 和 Maud Menten 在 1913 年提出的它是一个在酶学中极为重要的可以描述多种非变异构酶动力学现象的方程，主要研究酶促反应的速度以及其他因素，在计算无机态化合物转化为有机态化合物时应用此方程进行计算。其表达式为：

$$V_0 = V_{\max}\frac{[S]}{K_M + [S]} \tag{4-71}$$

式中：V_0 为酶促反应的起始速度；$V_{\max}$是底物饱和时的反应速度；$[S]$为底物浓度；K_M 为米氏常数，物理意义为反应达到 $1/2V_{\max}$时的底物浓度，mol/L。

由图 4-14 可以看出，在酶促反应中，在低浓度底物情况下，反应相对于底物是一级反应；而当底物浓度处于中间范围时，反应（相对于底物）是混合级反应；当底物浓度继续增加时，反应由一级反应向零级反应过渡。该式可通过非线性作图或 Lineweaver－Burk（双倒数作图），Eadie－Hofstee 等作图法变换为线性图进行分析。

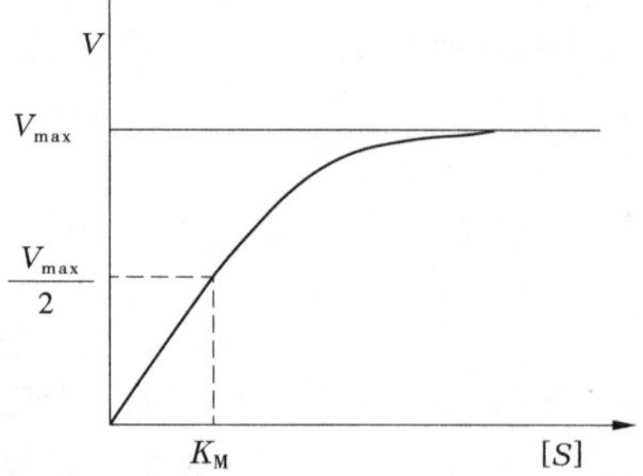

图 4-14　米氏方程酶促反应曲线示意图

4.2.1.3　修正的 ARRHENIUS 方程

ARRHENIUS 方程式是描述温度与反应速率系数之间定量关系的数学式。自然界中的许多过程,需要先供给它一定能量才能进行。每摩尔普通分子变成活化分子所需的能量即为活化能,如图 4-15 所示。例如化学反应的发生,需要有足够高能量的分子发生碰撞,才能引起旧键的断裂和新键的形成。所以,程序采用一阶速率计算污染物的化学反应时,当计算参数与温度有关并且实际温度 *TMP* 小于适宜温度 *T*0 时,采用修正的 ARRHENIUS 方程进行修正。计算式如下:

图 4-15 活化能 *Ea* 示意图

$$KK = K \cdot TH^{TMP-T0} \tag{4-72}$$

式中:*KK* 为一阶反应速率的温度修正值;*K* 为温度为适宜温度 *T*0 时最佳一阶反应速率;*TH* 为温度修正参数,缺省值为 1.06;*TMP* 为土层温度。

4.2.2 氮在土壤和水体中的迁移转化

模型分别模拟了无机氮、有机氮在土壤和水体中的迁移转化。模型垂向划分为 4 层:地表层(surface)、上土壤层(upper layer)、下土壤层(lower layer)和浅层地下水层(active groudwater),氮在土壤中的迁移转化过程主要考虑四种形式的氮:氨态氮、硝态氮、活性有机氮和非活性有机氮,包括:吸附/解吸附作用,硝化作用、反硝化作用,有机氮的矿化作用,无机氮的固持作用,活性有机氮与非活性有机氮的转化作用,气固氮,氨的挥发,植物对硝氮、氨氮的吸收;植物固氮、作物氮回收等过程。氮循环过程如图 4-16 所示。对土壤表层和上层氮的输入包括两个主要部分:大气沉降和农业施肥。这两种输入可以用两种方法来模拟:一是作为氮储量的改变在 SPEC - ACTIONS 模块中输入;二是作为大气沉降进行输入。

4.2.2.1 侧渗量

分别计算每层中侧渗的溶解态化学物质量。式中 $I = 1 \sim 5$ 分别代表地表层、上土壤层、壤中流、下土壤层和浅层地下水层。

侧向流入氨态氮量

$$LI_{AMS}(I) = PAD(LIAMSX(I) + IVL1) \tag{4-73}$$

侧向流入的硝态氮量

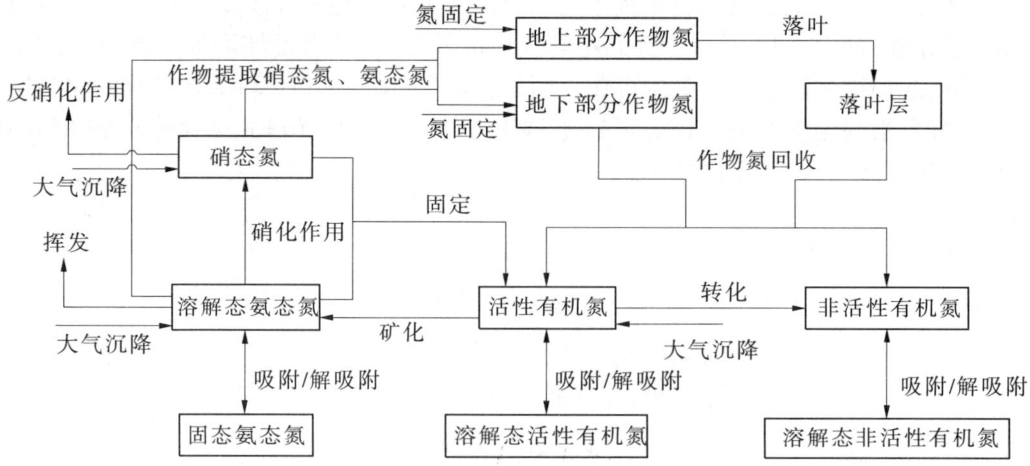

图 4-16　氮的各种反应示意图

注：地上部分作物氮和落叶层氮的回收量仅发生在地表层和上土壤层。

$$LI_{NO3}(I) = PAD(LINO3X(I) + IVL1) \tag{4-74}$$

侧向流入的活性有机氮

$$LI_{SLN}(I) = PAD(LISLNX(I) + IVL1) \tag{4-75}$$

侧向流入的非活性有机氮

$$LI_{SRN}(I) = PAD(LISRNX(I) + IVL1) \tag{4-76}$$

侧向渗漏过程中地表层和上土壤层有部分沉积物随水流运动导致化学物质的迁移，沉积物中考虑三种形态的氮，$J=1\sim3$，分别代表活性有机氮、氨态氮、非活性有机氮。由于土壤胶体一般带负电，与硝态氮相互排斥，因此硝态氮的运动能力较强，不易被土壤吸附。

$$LISEDN(J) = PAD(LISDNX(I) + IVL1) \tag{4-77}$$

4.2.2.2　大气沉降过程

大气沉降包括两部分：干沉降和湿沉降。不下雨时，大气中酸性物质可被植被吸附或重力沉降到地面叫干沉降；下雨时，高空雨滴吸收包含酸性物质继而降下时再冲刷酸性物质降到地面叫湿沉降。当输入时间间隔为月时，由线性插值得到每日沉降量。

$$NIEP(J,I) = NIDR(J,I) + PREC \cdot NICN(J,I) \tag{4-78}$$

式中：$NIEP$ 为总沉降量；$NIDR$ 为干沉降量；$PREC$ 为每层沉积物深度；$NICN$ 为降雨中氮的浓度。$J=1\sim3$ 代表化学物类型，1 为硝态氮沉降量、2 为氨态氮沉降量、3 为有机氮沉降量；$I=1\sim2$ 分别表示地表层和上土壤层。

4.2.2.3　表层土壤侵蚀量

土壤侵蚀是指土壤或成土母质在外力（水、风）作用下被破坏剥蚀、搬运和沉积的过程（见图 4-17）。计算表层土壤侵蚀过程采用一阶反应动力学，考虑三种形态的沉积物，$I=1\sim3$ 分别代表活性有机氮、氨态氮、非活性有机氮。

$$SEDN(I) = SN(I) \cdot F_{SD} \tag{4-79}$$

式中：F_{SD} 为表土层土壤侵蚀系数，$F_{SD} = S_{SD}/S_{LM}$，其值为 $0\sim1$，S_{SD} 为土壤沉积化学物质

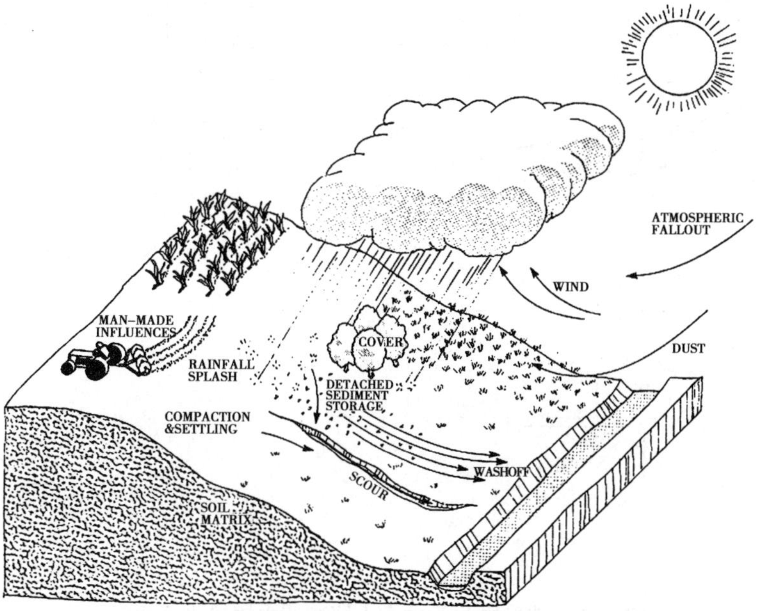

图 4-17　土壤侵蚀过程示意图

量，t/hm^2，S_{LM}为表土层能够提供的化学物质量，t/hm^2；$SN(I)$（$I=1\sim3$）分别表示地表沉积态活性有机氮、氨态氮、非活性有机氮的储存量。

4.2.2.4　**各种形态的氮随土壤溶液的迁移**

土壤纵向对流自上而下分别为地表径流（topsoil）、壤中流（inflow）、地下径流（subsurface）三种情况，并考虑四种形态的氮：硝态氮、氨态氮、活性有机氮、非活性有机氮，转化关系如图 4-18 所示。

表层土壤：

$$\left.\begin{aligned} SO_{CM} &= SN(3)\cdot F_{SO} \\ SP_{CM} &= SN(3)\cdot F_{SP} \end{aligned}\right\} \tag{4-80}$$

上土壤层：

$$\left.\begin{aligned} UP_{CM} &= (SN(4)+SP_{CM})\cdot F_{UP} \\ II_{CM} &= (SN(4)+SP_{CM})\cdot F_{II} \\ IO_{CM} &= (IS_{CM}+II_{CM})\cdot F_{IO} \end{aligned}\right\} \tag{4-81}$$

下土壤层：

$$\left.\begin{aligned} LP_{CM} &= (SN(6)+UP_{CM})\cdot F_{LP} \\ LDP_{CM} &= (SN(6)+UP_{CM})\cdot F_{LDP} \end{aligned}\right\} \tag{4-82}$$

浅层地下水层：

$$AO_{CM} = (SN(8)+LP_{CM})\cdot F_{AO} \tag{4-83}$$

式中：$SN(3)$、$SN(4)$、$SN(6)$、$SN(8)$分别代表表层、上土壤层、下土壤层和浅层地下水层溶解化合物质量；SP_{CM}为表层入渗到上土壤层的化学物质量；SO_{CM}为表层流出的化学物质量；UP_{CM}为上土壤层入渗到下土壤层化学物质量；IO_{CM}为壤中流流出的化学物质量；

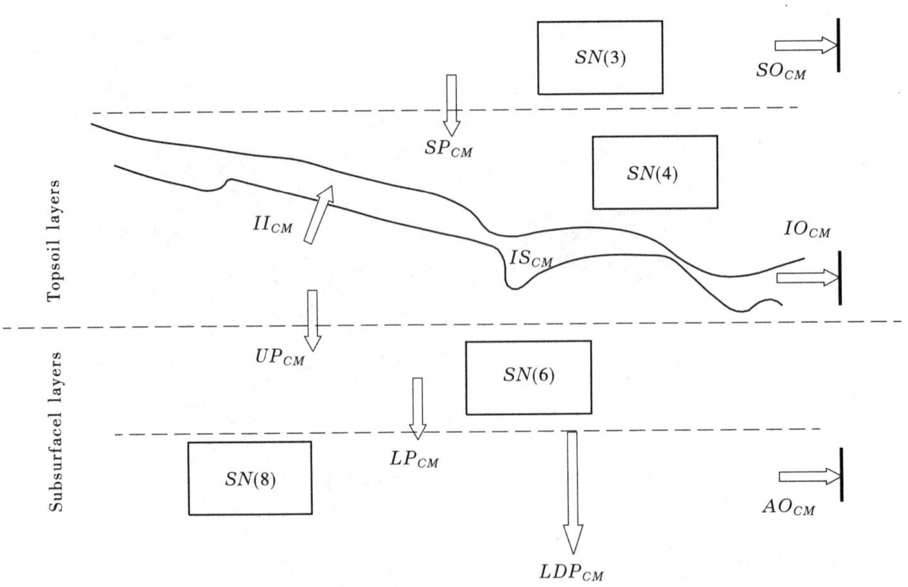

图 4-18　溶解态化学物在土壤溶液中的转化示意图

IS_{CM}为壤中流中化学物质量；II_{CM}为上土壤层进入壤中流的化学物质量；LP_{CM}为下土壤层渗入到浅层地下水中的化学物质量；LDP_{CM}为下土壤层渗入到深层地下水中的化学物质量；AO_{CM}为浅层地下水流出的化学物质量；F_{SO}为地表出流量分配系数；F_{SP}为地表入渗量分配系数；F_{UP}为上土壤层溶液入渗分配系数；F_{II}为壤中流分配系数；F_{IO}为壤中流出流分配系数；F_{LP}为下土壤层入渗到浅层地下水的分配系数；F_{LDP}为下土壤层渗漏到深层地下水的分配系数；F_{AO}为浅层地下水出流分配系数。

4.2.2.5　土壤中各种形态氮的反应过程

1. 氨态氮的吸附与解吸附过程

土壤吸附是发生在土壤固相和液相间界面的化学行为。吸附性好的土壤，除了容易保存养分而不易流失外，还对土壤酸碱性、缓冲性以及土壤其他物理性能都有制约作用。计算氨态氮的吸附与解吸附过程有两种方法。当 $FORPFG \neq 1$ 时，采用依赖温度的一阶反应动力学来计算吸附与解吸附量，采用 ARRHENIUS 方程对参数进行修正，适宜温度为 35°。

$$\left.\begin{aligned} ADSAM &= AMSU \cdot KADK \\ DESAM &= AMAD \cdot KDSK \end{aligned}\right\} \tag{4-84}$$

当 $FORPFG = 1$ 时，采用 FREUNDLICH 方程来计算，此时存在吸附项、溶解项和晶体项三部分，当吸附项饱和时，出现溶解项；当二者都达到最大，剩余的溶质视为晶体项。因为 FREUNDLICH 计算的为瞬时值，可达到动态平衡，所以 $ADSAM = 0$，$DESAM = 0$。

$$\left.\begin{aligned} AMAD &= (KF \cdot C^{NI} + XFIXAM) \cdot SOILM \cdot 10^{-6} \\ AMSU &= TNH4 - AMAD \\ AMAD &= AMAD + AMCY \end{aligned}\right\} \tag{4-85}$$

式中：$KADK$、$KDSK$ 为当前温度下的吸附速率、解吸附速率；$ADSAM$、$DESAM$ 为吸附、解吸附的氨态氮量;$AMSU$ 为溶解的氨态氮质量;$AMAD$ 为吸附的氨态氮质量;C 为土壤溶液中氨态氮的浓度,mg/L,有溶解项时,$C = (AMSU \times 10^6)/MOISTM$,没有溶解项时,$C = C_{max}$。

2. 氨挥发过程

影响氨挥发的主要因素有土壤温度、水分、pH、阳离子交换量 CEC、大气中氨的分压、风速等。氨挥发过程运用一阶反应动力学计算,同样用 ARRHENIUS 方程进行温度修正,适宜温度为 TR,常取 20°。程序假设:①CEC 的影响包含于一阶反应速率参数中;②风速足够发生氨挥发过程。

$$AMVO = AMSU \cdot KVOLK \tag{4-86}$$

3. 硝化作用

硝化作用是指氨在微生物作用下氧化为硝酸的过程。硝化细菌将氨氧化为硝酸的过程,通常发生在通气良好的土壤、厩肥、堆肥和活性污泥中。本程序利用一阶反应动力学计算硝化作用反应量。

$$NITRF = AMSU \cdot KNIK \tag{4-87}$$

4. 反硝化作用

$$DENI = NO3 \cdot KDNIK \cdot AMMIF \tag{4-88}$$

5. 有机氮氨化作用

$$AMMIF = PLON \cdot KAMK \tag{4-89}$$

6. 活性有机氮转化为非活性有机氮

$$RFON = PLON \cdot KONLRK \tag{4-90}$$

式(4-86)~式(4-90)中:$AMVO$、$NITRF$、$DENI$、$AMMIF$、$RFON$ 分别为响应反应的转化量;$KVOLK$、$KNIK$、$KDNIK$、$KAMK$、$KONLRK$ 分别为各反应 ARRHENIUS 方程修正后的系数;$AMSU$、$NO3$、$PLON$ 为参加反应的氨态氮、硝态氮、渗流中活性有机氮的总量。

7. 固氮作用

固氮作用是分子态氮被还原成氨和其他含氮化合物的过程。自然界中氮(N_2)的固定有两种方式:一种是非生物固氮,即通过闪电、高温放电等固氮,这样形成的氮化物很少;二是生物固氮,即分子态氮在生物体内还原为氨的过程。大气中 90% 以上的分子态氮都是通过固氮微生物的作用被还原为氨的。此处为非生物固氮量的计算。程序有两种计算方法可供选择,当 $NUPTFG = 1$ 或 0 时,利用一阶反应速率进行计算。

$$\left.\begin{aligned} IMMNI &= NO3 \cdot KIMNIK \\ IMMAM &= AMSU \cdot KIMAMK \end{aligned}\right\} \tag{4-91}$$

当 $NUPTFG = 2$ 或 -2 时,采用 Michaelis – Menten 方程进行计算。

$$\left.\begin{aligned} IMMNI &= KSINIK \cdot \frac{NI_C}{CSINI + NI_C} \cdot MOISTM \times 10^6 \\ IMMAM &= KSIAMK \cdot \frac{AM_C}{CSIAM + AM_C} \cdot MOISTM \times 10^6 \end{aligned}\right\} \tag{4-92}$$

式中:$IMMNI$、$IMMAM$ 分别为硝态氮固氮量、氨态氮固氮量;$KIMNIK$、$KSIAMK$ 分别为硝态氮和氨态氮固氮 ARRHENIUS 方程修正后的系数。$AM_C = AMSU/MOISTM \times 10^6$,$NI_C = NO3/MOISTM \times 10^6$ 分别为土壤溶液中氨态氮和硝态氮的浓度,mg/L。

8. 生物固氮

当作物为豆科植物(大豆)时存在生物固氮作用,程序考虑仅当土壤中的氮素不满足作物目标提取量的要求时,才发生生物固氮。

$$NFIX = UTNTOT - (UTNI + UTAM + UTNIA + UTAMA) \tag{4-93}$$

式中:$NFIX$ 为作物固氮量;$UTNTOT$ 为作物目标需氮量。

9. 作物提取量

作物提取过程发生在作物生长阶段,如果同一个月中同时有两种作物生长,总月提取量则会被分成两部分计算,分别计算每种作物在此月的生长天数,作物日提取量初始值为零,并且用梯形公式计算月提取量。

程序设置三种方法计算作物提取过程,当 $NUPTFG=0$ 时,按照一阶反应速率计算,作物提取过程在 4 层土壤中均被模拟。

$$\left.\begin{aligned} UTNI &= NO3 \cdot KPLNK \cdot NO3\ UTF \\ UTAM &= AMSU \cdot KPLNK \cdot NH4\ UTF \end{aligned}\right\} \tag{4-94}$$

当 $NUPTFG=1$ 时,若土壤湿度大于凋萎点,按照基于产量的作物提取量计算,此时由最大作物提取量与相应提取亏缺氮量的差值来计算总提取氮量,然后分配作物提取硝态氮量和氨态氮量,不需要进行温度调整。作物不仅模拟标准的地表以下土层情况,也模拟地表以上部分以及落叶层。

$$\left.\begin{aligned} UTNI &= (NUPTG + NDEFC) \cdot F_{NO3} \\ UTAM &= (NUPTG + NDEFC) \cdot F_{NH4} \end{aligned}\right\} \tag{4-95}$$

当 $NUPTFG=2$ 或 -2 时,采用 Michaelis - Menten 方程计算。

$$\left.\begin{aligned} UTNI &= KSUNIK \cdot \frac{NI_C}{CSUNI + NI_C} \cdot MOISTM \cdot 10^{-6} \\ UTAM &= KSUAMK \cdot \frac{AM_C}{CSUAM + AM_C} \cdot MOISTM \cdot 10^{-6} \end{aligned}\right\} \tag{4-96}$$

式(4-94)~式(4-96)中:$UTNI$ 为作物提取的硝态氮量;$UTAM$ 为作物提取的氨态氮量;F_{NO3}、F_{NH4}分别为硝态氮、氨态氮的作物提取系数,$F_{NO3}+F_{NH4}=1$;$KPLNK$ 为当前温度作物提取系数;$NUPTG$ 为作物提取氮最大速率;$NDEFC$ 为作物提取氮亏缺量;$KSUNIK$、$KSUAMK$ 为溶解态硝态氮和氨态氮最大提取速率参数;NI_C、AM_C 为土壤溶液中硝态氮和氨态氮浓度,mg/L;$CSUNI$、$CSUAM$ 为米氏方程硝态氮、氨态氮常数。

10. 作物亏缺量

在基于作物产量计算作物提取量时,当作物生长条件例如营养物、温度、土壤含水量不足的时候会导致作物吸收速率降低,从而产生作物亏缺量。当条件再次满足时,作物会适当增大作物正常的提取速率以弥补部分之前的作物亏缺量,作物亏缺量同时存在于每层土壤中。

$$\left.\begin{aligned} MONTGT &= TUPTGT \cdot UPTFM(M) \cdot UPTM(M) \cdot CRPFRC(M,IC) \\ NUPTG &= \left(NPUTG + CURDAY \cdot \frac{MONTGT - NPUTG \cdot CRPDAY(M,IC)}{SUMDAY(CRPDAY(M,IC))}\right) \cdot \frac{DELT60}{24} \\ NDEFC &= NUPTG - UTAM - UTNI - UTAMA - UTNIA - NFIX \end{aligned}\right\} \tag{4-97}$$

式中：$MONTGT$ 为当前作物的月提取目标；$TUPTGT$ 为整年的作物提取量；$UPTFM$ 为整年作物提取量应用到每个月的分数；$UPTM$ 为月目标提取量应用到每个土层的分数；$CRPFRC$为月目标提取量分配到每种作物的分数；$DELT60$ 为模拟时间间隔为小时的修正系数；$NUPTG$ 为当前间隔某一土层的作物目标提取量；$NPUTG$ 为某土层前月最后一天作物日提取量；$CRPDAY$ 为这个月作物生长的天数；$CURDAY$ 为生长季节这个月的当前天；IC 为作物代号；M 为一年中第几个月（闰年 $M=13$）；$NDEFC$ 为某一层的作物亏缺量（N 可为 S、U、L、A，分别表示地表层、上土壤层、下土壤层、浅层地下水层）。

11. 作物回收量

采用一阶反应计算作物回收量。

$$\left.\begin{aligned} PRETR &= PLTN \cdot KRET \cdot KRETF \\ PRETL &= PLTN \cdot KRET - PRETR \end{aligned}\right\} \tag{4-98}$$

式中：$PRETR$ 为作物非活性氮回收量；$PRETL$ 为作物活性氮回收量；$KRET$ 为作物氮回收系数；$KRETF$ 为非活性氮回收的比例。

采用一阶反应速率计算地上部分和作物落叶层的作物回收量。

$$\left.\begin{aligned} &RETAGN = K(1) \cdot AGPLTN \\ &RTLLN(3) = K(2) \cdot LITTRN \cdot (1 - K(4)) + K(3) \cdot LITTRN \cdot (1 - K(4)) \\ &RTRLN(3) = K(2) \cdot LITTRN \cdot K(4) + K(3) \cdot LITTRN \cdot K(4) \\ &RETLN = RTLLN(3) + RTRLN(3) \end{aligned}\right\} \tag{4-99}$$

式中：$RETAGN$ 为地上部分作物回收氮量；$RETLN$ 为落叶层回收的总有机氮量；$RTLLN$ 为作物落叶层回收活性有机氮量；$RTRLN$ 为作物落叶层回收的非活性有机氮量；$K(I)$，$I=1\sim4$分别为地上部分、地上落叶部分、上土壤层落叶和非活性有机氮回收系数；$LITTRN$ 为落叶层回收氮量；$AGPLTN$ 为地上部分氮存储量。

4.2.2.6 土壤中各种氮的汇总

1. 地面流侵蚀的总氮损失

地面流侵蚀的总氮损失用下式计算：

$$SOSEDN = SEDN(1) + SEDN(2) + SEDN(3) \tag{4-100}$$

式中：$SEDN(1)$、$SEDN(2)$、$SEDN(3)$分别为地表侵蚀的沉积物中含的活性有机氮、氨态氮、非活性有机氮。

2. 随土壤径流流出量汇总

$$\left.\begin{aligned} &PO_{NO3} = SO_{NO3} + IO_{NO3} + AO_{NO3} \\ &PO_{NH4} = SO_{AMS} + IO_{AMS} + AO_{AMS} + SEDN(2) \\ &PO_{ORN} = SO_{SLN} + IO_{SLN} + AO_{SLN} + SEDN(1) + SO_{SRN} + IO_{SRN} + AO_{SRN} + SEDN(3) \\ &PO_{TN} = PO_{NO3} + PO_{NH4} + PO_{ORN} \end{aligned}\right\} \tag{4-101}$$

式中：$SOCM$、$IOCM$、$AOCM$ 分别表示地表、壤中流、浅层地下水中流失的化学物质量；CM 包括 $NO3$、AMS、ORN、SRN 四种，分别为溶解态硝态氮、氨态氮、活性有机氮和非活性有机氮。

3. 土壤及作物中的总氮汇总

以整个土体为研究对象，将每层反应量汇总，计算式如式(4-102)～式(4-109)所示。汇总所有反应，得到土体中每种类型氮总量。

沉积态活性有机氮汇总：

$$\begin{aligned} TN(1) &= SN(1)+UN(1)+LN(1)+AN(1) \\ &= RTLLN(1)+RTLLN(2)+LISEDN(1)+ \\ &\quad NIEP(3,1)+NIEP(3,2)-\sum AMMIF+ \\ &\quad \sum(IMMAM+IMMNI+PRETL-RFON)-SEDN(1) \end{aligned} \tag{4-102}$$

沉积态氨态氮汇总：

$$\begin{aligned} TN(2) &= SN(2)+UN(2)+LN(2)+AN(2) \\ &= LISEDN(2)-\sum DESAM+\sum ADSAM-SEDN(2) \end{aligned} \tag{4-103}$$

溶解态氨态氮汇总：

$$\begin{aligned} TN(3) &= SN(3)+UN(3)+IN(1)+LN(3)+AN(3) \\ &= \sum LI_{AMS}(I)+NIEP(2,1)+NIEP(2,2)+\sum(DESAM+AMMIF)- \\ &\quad \sum(ADSAM+IMMAM+UTAM+UTAMA+NITRF+AMVO)+PO_{NH4} \end{aligned} \tag{4-104}$$

溶解态硝态氮汇总：

$$\begin{aligned} TN(4) &= SN(4)+UN(4)+IN(2)+LN(4)+AN(4) \\ &= \sum LI_{NO3}(I)+NIEP(1,1)+NIEP(1,2)+\sum NITRF- \\ &\quad \sum(IMMNI+DENI+UTNI+UTNIA)-PO_{NO3} \end{aligned} \tag{4-105}$$

作物中氮汇总：

$$\begin{aligned} TN(5) &= SN(5)+UN(5)+LN(5)+AN(5) \\ &= AGPLTN-RETAGN+LITTRN+ \\ &\quad \sum(UTAM+UTNI-PRETL-PRETR) \end{aligned} \tag{4-106}$$

溶解态活性有机氮汇总：

$$\begin{aligned} TN(6) &= SN(6)+UN(6)+IN(3)+LN(6)+AN(6) \\ &= \sum LI_{SLN}(I)-SO_{SLN}+IO_{SLN}+AO_{SLN} \end{aligned} \tag{4-107}$$

沉积态非活性有机氮汇总：

$$\begin{aligned} TN(7) &= SN(7)+UN(7)+LN(7)+AN(7) \\ &= RTRLN(1)+RTRLN(2)+LISEDN(3)+ \\ &\quad \sum(RFON+PRETR)-SEDN(3) \end{aligned} \tag{4-108}$$

溶解态非活性有机氮汇总：

$$TN(8) = SN(8) + UN(8) + IN(4) + LN(8) + AN(8)$$
$$= \sum LI_{SRN}(I) - SO_{SRN} + TS_{SRN} + AO_{SRN} \quad (4\text{-}109)$$

4. 总氮提取亏缺

$$TNDFC = SNDFC + UNDFC + LNDFC + ANDFC$$
$$= SUPTG + UUPTG + LUPTG + AUPTG - \sum [AMUPB(I) - NIIMB(I) - AMUPA(I) - NIUPA(I) - NFIXFX(I)] \quad (4\text{-}110)$$

$I=1 \sim 4$ 表示 4 个土层。

4.2.3 磷在土壤中的运移过程

HSPF 模型对无机磷和无机氮的模拟过程具有相似性。同样分别模拟了无机磷和有机磷在土壤与水体中的迁移转化过程。土壤中磷的模拟包括:磷酸盐的吸附、解吸,矿化作用,植物吸收,以及溶解态磷酸盐的纵向对流。对土壤表层和上层磷的输入包括两个主要部分:大气沉降和农业施肥。

和氨态氮不同的是,传统的磷酸盐部分不是依附在土壤颗粒上而是与阳离子相结合,因此磷酸盐更少的以离子形式溶解在土壤中。所以,精确地模拟对磷来说更加重要。和氮的反应相比,基于产量的作物提取计算同样适用于磷,饱和动力学方法计算作物提取量和固定作用并不适用于磷。另一个不同是作物吸收磷时仅以溶液部分吸收而作物固定部分将不被模拟。磷循环过程如图 4-19 所示。

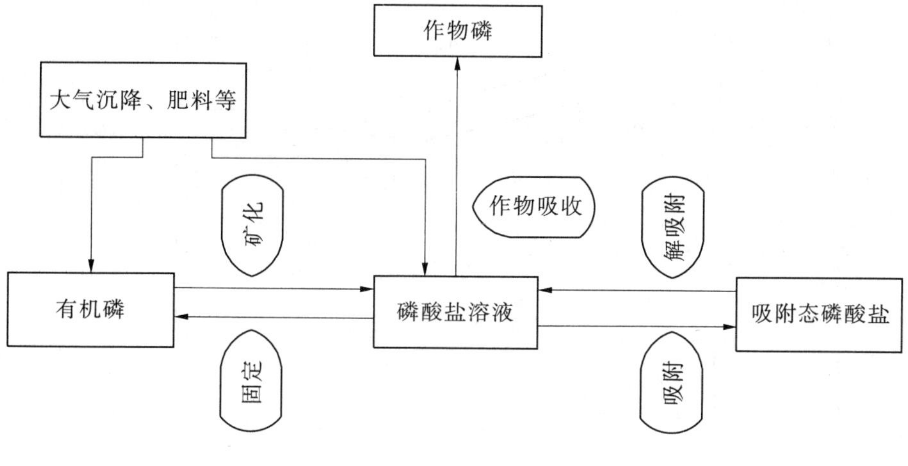

图 4-19 磷循环图

4.2.3.1 侧向流入量

分别计算每层侧渗中溶解态磷酸盐量。$I=1 \sim 5$ 分别代表地表层、上土壤层、壤中流、下土壤层和浅层地下水层。

$$LI_{P4S}(I) = PAD(LIP4SX(I) + IVL1) \quad (4\text{-}111)$$

在地表层和上土壤层,沉积态磷会随侧渗流入研究土层中。$J=1 \sim 2$ 分别代表地表沉积态的有机物及磷酸盐。

$$LISEDP(J) = PAD(LISDPX(J) + IVL1) \tag{4-112}$$

4.2.3.2 大气沉降

大气沉降基于有效日期形式有两种输入方式，如果沉降量以单位时间、单位面积的质量来表示时，被认为是干沉降；如果沉降是以降雨浓度的形式来表示，则被认为是湿沉降。程序自动结合输入的降雨时间序列计算总沉降量。如果输入的间隔为月，由线性插值得到每日的沉降量。

$$PHEP(J,I) = PHDR(J,I) + PREC \cdot PHCN(J,I) \tag{4-113}$$

式中：*PHEP* 为大气沉降量；*PHDR* 为干沉降；*PREC* 为沉积物深度；*PHCN* 为湿沉降浓度。$J=1\sim2$ 分别代表磷酸盐沉降量和有机磷的沉降量，$I=1\sim2$ 表示地表层、上土壤层。

4.2.3.3 表层土壤侵蚀量

与氮相同，利用一阶反应动力学计算磷的表层土壤侵蚀量。磷的计算包括两部分：吸附态有机磷 *SEDP*(2)以及吸附态磷酸盐 *SEDP*(1)。

$$SEDP(I) = SP(I) \cdot F_{SD} \tag{4-114}$$

式中：$SP(I)$，$I=1\sim2$ 分别代表土壤中磷酸盐和有机磷的总量。

4.2.3.4 磷酸盐溶液在土壤层中的迁移

与氮运移过程相似，考虑 4 层土壤，两种形态的磷形式。共分两部分：上土壤层和下土壤层。上土壤层考虑壤中流部分(见图 4-20)。计算过程如下所示。

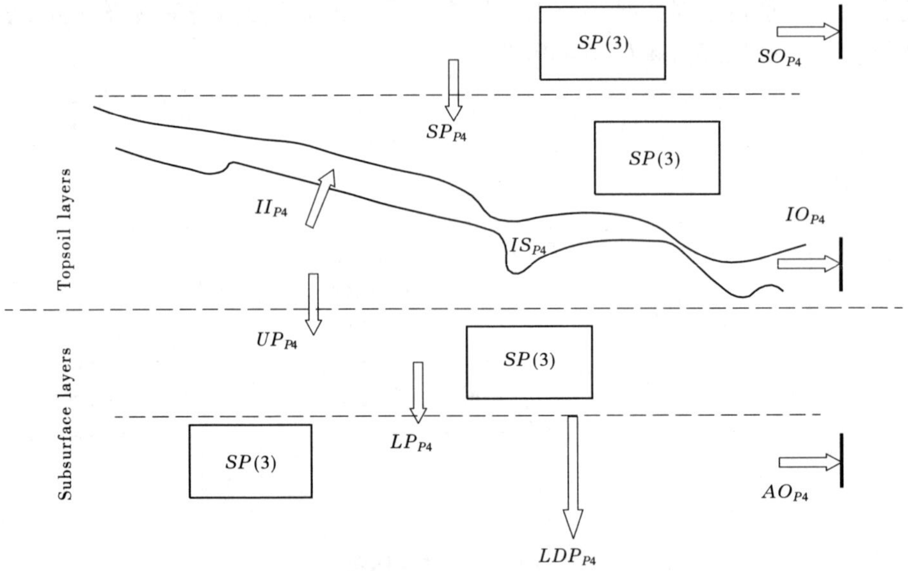

图 4-20 溶解态磷酸盐在土壤溶液中的转化示意图

表层土壤：

$$\left.\begin{aligned} SO_{P4} &= SP(3) \cdot F_{SO} \\ SP_{P4} &= SP(3) \cdot F_{SP} \end{aligned}\right\} \tag{4-115}$$

上土壤层：

$$\left.\begin{aligned} UP_{P4} &= (UP(3) + SP_{P4}) \cdot F_{UP} \\ II_{P4} &= (UP(3) + SP_{P4}) \cdot F_{II} \\ IO_{P4} &= (IP + II_{P4}) \cdot F_{IO} \end{aligned}\right\} \tag{4-116}$$

下土壤层：

$$\left.\begin{aligned} LP_{P4} &= (LP(3) + UP_{P4}(3)) \cdot F_{LP} \\ LDP_{P4} &= (LP(3) + UP_{P4}(3)) \cdot F_{LDP} \end{aligned}\right\} \tag{4-117}$$

浅层地下水层：

$$AO_{P4} = (AP(3) + LP_{P4}) \cdot F_{AO} \tag{4-118}$$

式中：$SP(3)$、$UP(3)$、$LP(3)$、$AP(3)$分别代表表层、上土壤层、下土壤层和浅层地下水层溶解的磷酸盐总量。

4.2.3.5 土壤中磷的反应过程

1. 磷酸盐的吸附与解吸附过程

与氨态氮相似，当 FORPFG = 1 时，采用 FREUNDLICH 方程来计算。有溶解项时 $C = (P4SU \times 10^6)/MOISTM$，否则 $C = C_{\max}$，$ADSP4 = 0$，$DESP4 = 0$。

$$\left.\begin{aligned} P4AD &= (KF \cdot C^{NI} + XFIX) \cdot SOILM \times 10^{-6} \\ P4SU &= TPO4 - P4AD \\ P4AD &= P4AD + P4CY \end{aligned}\right\} \tag{4-119}$$

当 FORPFG≠1 时，采用一阶反应动力学来计算吸附与解吸附通量，利用 ARRHENIUS 方程对系数进行温度修正，适宜温度为 35 ℃。

$$\left.\begin{aligned} ADSP4 &= P4SU \cdot KADPK \\ DESP4 &= P4AD \cdot KDSPK \end{aligned}\right\} \tag{4-120}$$

式中：$KADPK$、$KDSPK$ 为当前磷酸盐的吸附速率、解吸附速率；$ADSP4$、$DESP4$ 为吸附、解吸附的磷酸盐量；$MOISTM$ 为土壤含水量；$TPO4$ 为吸附和溶解的总磷酸盐量；$P4SU$ 为溶解的磷酸盐质量；$P4AD$ 为吸附的磷酸盐质量；C 为磷酸盐的溶解浓度，mg/L。

2. 矿化与固定

磷的矿化与固定作用运用一阶反应动力学进行计算，系数采用 ARRHENIUS 方程温度修正值，适宜温度为 35 ℃。

有机磷矿化：

$$MINZOP = ORGP \cdot KMPK \tag{4-121}$$

磷的固定：

$$IMMP4 = P4SU \cdot KIMPK \tag{4-122}$$

式中：$MINZOP$、$IMMP4$ 分别为矿化和固定作用转化的磷量。

3. 作物吸收计算

有两种方法计算作物对磷的吸收量，当 $PUPTFG = 0$ 时，一阶提取速率计算。

$$UTP4 = P4SU \cdot KPLPK \tag{4-123}$$

当 $PUPTFG = 1$ 时，为基于作物产量的提取原理进行计算，同时计算作物亏缺量，此时调萎系数为控制反应发生的临界条件。

$$UTP4 = PUPTG + PDEFC \tag{4-124}$$

式中:$UTP4$ 为作物提取的磷酸盐总量;$P4SU$ 为土壤中溶解磷酸盐量;$PDEFC$ 为作物提取亏缺量;$PUPTG$ 为这一层作物提取目标量。

4. 作物亏缺量计算

$$\left.\begin{aligned} &MONTGT = TUPTGT \cdot UPTFM(M) \cdot UPTM(MN) \cdot CRPFRC(M,IC) \\ &PUPTG = \left(PPUTG + CURDAY \cdot \frac{MONTGT - PPUTG \cdot CRPDAY(M,IC)}{SUMDAY(CRPDAY(M,IC))}\right) \cdot \frac{DELT60}{24} \\ &PDEFC = PUPTG - UTP4 \end{aligned}\right\} \tag{4-125}$$

4.2.3.6 各种磷反应汇总

1. 地面水流侵蚀作用总磷量

地面水流侵蚀作用总磷量计算公式为:

$$SOSEDP = SEDP(1) + SEDP(2) \tag{4-126}$$

式中:$SEDP(1)$为沉积态有机磷量;$SEDP(2)$为沉积态磷酸盐量。

2. 渗流流失的总磷酸盐量

渗流流失的总磷酸盐量计算公式为:

$$PO_P = SO_{P4S} + IO_{P4S} + AO_{P4S} + SOSEDP \tag{4-127}$$

式中:SO_{P4S}、IO_{P4S}、AO_{P4S}分别为地表层、壤中流、浅层地下水流流出的磷酸盐量。

3. 土壤存储的磷的总量

以整个土体为研究对象,将每层反应量汇总。汇总所有反应,得到土体中每种类型磷总量。

沉积态有机磷汇总:

$$\begin{aligned} TP(1) &= SP(1) + UP(1) + LP(1) + AP(1) \\ &= LISEDP(1) + PHEP(2,1) + PHEP(2,2) - \\ &\quad SEDP(1) - \sum[ORPMN(I) + P4IMB(I)] \end{aligned} \tag{4-128}$$

沉积态磷酸盐汇总:

$$\begin{aligned} TP(2) &= SP(2) + UP(2) + LP(2) + AP(2) \\ &= LISEDP(2) - SEDP(2) + \sum(ADSP4 - DESP4) \end{aligned} \tag{4-129}$$

溶解态磷酸盐汇总:

$$\begin{aligned} TP(3) &= SP(3) + IP + UP(3) + LP(3) + AP(3) \\ &= PHEP(1,1) + PHEP(1,2) - PO_P + \sum LI_{P4S}(J) + \\ &\quad \sum(DESP4 + ORPMN(I) - ADSP4 - P4IMB(I) - UTP4) \end{aligned} \tag{4-130}$$

式中：$J=1\sim5$ 分别代表地表层、上土壤层、壤中流、下土壤层和浅层地下水层；$I=1\sim4$ 分别代表地表层、上土壤层、下土壤层和浅层地下水层。

4. 作物中存储的磷的总量

作物中存储的磷的总量计算公式为：

$$TP(4)=SP(4)+UP(4)+LP(4)+AP(4)=\sum UTP4 \tag{4-131}$$

4.2.4 农药的运移过程

农药的反应非常复杂，例如农药百草枯，对土壤有强烈的吸附性，导致在水中出现的浓度较低，但另一种农药莠去津在土壤中反应有限，相对土壤侵蚀而言，径流中会出现很高的浓度，所以一年中农药应用量和时间的不同，不同的农药吸收和降解有所不同，在模拟过程中需要考虑详尽的细节。与氮、磷的迁移转化大体相似，程序模拟农药的吸附/解吸附、降解和随土壤溶液的迁移等过程。农药在土壤和径流中共有 3 种形式：溶解态、吸附态和晶体。

4.2.4.1 侧渗量

侧向流入土体中的溶解态农药量，$I=1\sim5$ 分别代表地表、上土壤层、壤中流、下土壤层、浅层地下水层。

$$LI_{PSS}(I)=PAD(LIPSSX(I)+IVL1) \tag{4-132}$$

侧向流入的沉积态农药包括两种形式：晶体态农药（$I=1$）和吸附态农药（$I=2$）。

$$LISDPS(I)=PAD(LISDPX(I)+IVL1) \tag{4-133}$$

4.2.4.2 大气沉降

农药的大气沉降仅影响地表层，包括三种形态：晶体态农药（$I=1$）、吸附态农药（$I=2$）、溶解态农药（$I=3$）。

$$PEEP(J,I)=PEDR(J,I)+PREC\cdot ADCN(J,I) \tag{4-134}$$

4.2.4.3 农药随径流的迁移

程序计算农药随径流迁移分两大部分：顶部土壤层和底部土壤层，考虑壤中流的迁移作用（见图 4-21）。

表层土壤：

$$\left.\begin{aligned}SO_{PS}&=SPST(3)\cdot F_{SO}\\SP_{PS}&=SPST(3)\cdot F_{SP}\end{aligned}\right\} \tag{4-135}$$

上土壤层：

$$\left.\begin{aligned}UP_{PS}&=(UPST(3)+SP_{PS})\cdot F_{UP}\\II_{PS}&=(UPST(3)+SP_{PS})\cdot F_{II}\\IO_{PS}&=(IPST+II_{PS})\cdot F_{IO}\end{aligned}\right\} \tag{4-136}$$

下土壤层：

$$\left.\begin{aligned}LPST(3)&=(LPST(3)+UPST(3))\cdot F_{LP}\\LDP_{PS}&=(LPST(3)+UP_{PS})\cdot F_{LDP}\end{aligned}\right\} \tag{4-137}$$

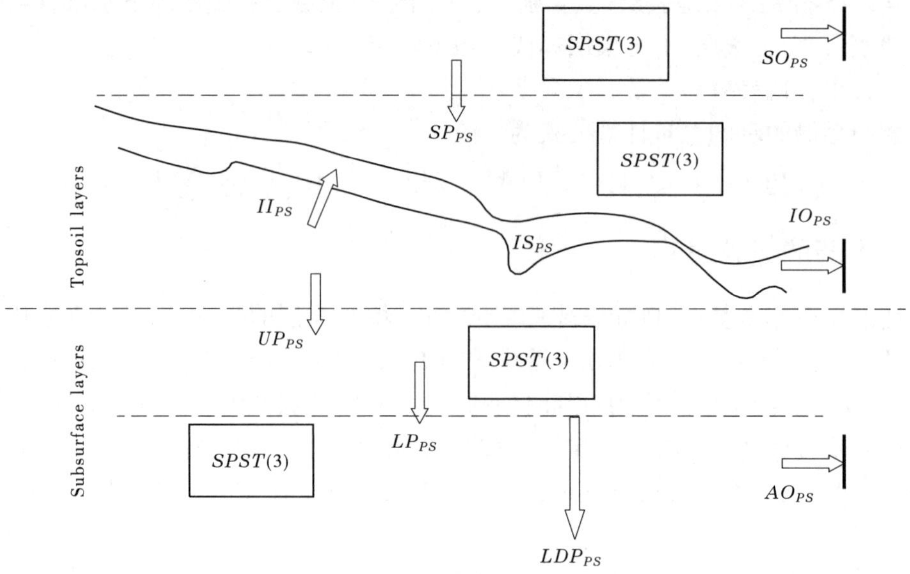

图 4-21　溶解态农药在土壤溶液中的转化示意图

浅层地下水层：

$$AO_{PS} = (APST(3) + LP_{PS}) \cdot F_{AO} \tag{4-138}$$

式中：*SPPS*(3)、*UPPS*(3)、*LPPS*(3)、*APPS*(3)分别代表表层、上土壤层、下土壤层和浅层地下水层溶解态农药总量。

4.2.4.4　农药在土壤和水体中反应

农药的迁移包括随水迁移和随土壤沉积物的迁移，对土壤的吸附程度是农药化学特性和土壤交换容量的函数，农药的降解程度取决于化合物在不同的光、热、微生物和化学条件下挥发与分解的敏感性。

1. 吸附、解吸附过程

共有三种方法进行计算，第一种方法是采用一阶反应速率计算。

$$\left.\begin{aligned} ADSPS &= PSSU \cdot KADK \\ DEAPS &= PSAD \cdot KDSK \end{aligned}\right\} \tag{4-139}$$

式中：*ADSPS*、*DEAPS* 分别为吸附与解吸附农药量；*PSAD* 为吸附态农药量；*PSSU* 为溶解态农药量；*KADK*、*KDSK* 分别为温度修正后吸附与解吸附系数。

另外两种方法是运用 FREUNDLICH 方程计算农药的吸附与解吸附量。

存在晶体时：

$$\left.\begin{aligned} PSSU &= CMAX \cdot MOISTM \times 10^{-6} \\ PSAD &= XMAX \cdot SOILM \times 10^{-6} \\ PSCY &= TPS - MAXAD - MAXSU \end{aligned}\right\} \tag{4-140}$$

式中：*PSCY* 为晶体态农药量；*TPS* 为总土壤中总农药量。当不存在晶体态农药时，$PSCY = 0$，有溶解项时 $C = (PSSU \times 10^6)/MOIST$，否则 $C = C_{\max}$。

（1）单值的 FREUNDLICH 曲线计算农药吸附与解吸附过程。

$$\left.\begin{aligned} PSAD &= (KF \cdot C^{NI} + XFIX) \cdot SOILM \times 10^{-6} \\ PSSU &= TPS - PSAD \\ ADSPS &= DEAPS = 0 \end{aligned}\right\} \quad (4\text{-}141)$$

(2)非单值的 FREUNDLICH 方程计算农药吸附与解吸附过程。如图 4-22 所示,计算过程用 *CRV*1*FG* 标记。当 *CRV*1*FG* =1 时,首先用曲线 1 计算 *X* 值,当 $X < XST$ 时,利用曲线 2 修正计算结果。

$$X = KF1 \cdot C^{N1I} + XFIX \quad (4\text{-}142)$$

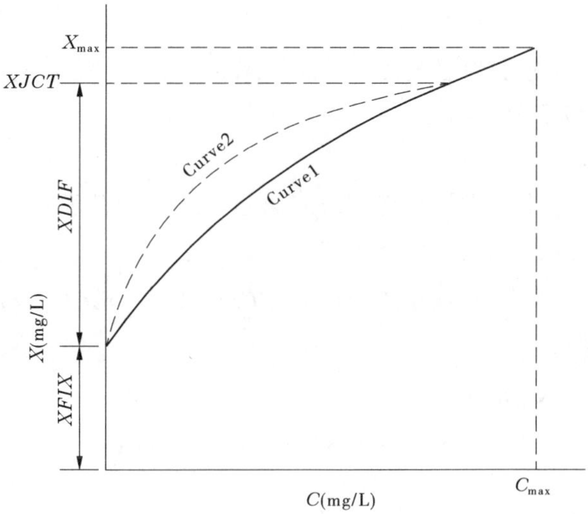

图 4-22 非单值 FREUNDLICH 理论曲线

当 $CRV1FG \neq 1$,直接应用曲线 2 进行计算,当结果 $X > XJCT$,利用曲线 1 的计算方法(式)。

$$X = \left(\frac{KF1}{XJCT - XFIX}\right)^{\frac{N1}{N2}} \cdot (XJCT - XFIX) \cdot C^{N2I} + XFIX \quad (4\text{-}143)$$

因此,非单值 FREUNDLICH 方法计算结果如下式:

$$\left.\begin{aligned} PSAD &= X \cdot SOILM \times 10^{-6} \\ PSSU &= TPS - PSAD \end{aligned}\right\} \quad (4\text{-}144)$$

式中:*KF*1 为单值 FREUNDLICH 常数,其中 *N*1、*N*2 分别为单值、非单值的 FREUNDLICH 指数参数;$XDIF = XJCT - XFIX$,*XJCT* 为吸附浓度曲线 1 和曲线 2 的交点(图 6-21);*C* 为溶解态农药的浓度;*XST* 为 FREUNDLICH 浓度计算值。

2. 降解过程

农药降解是指化学农药在环境中从复杂结构分解为简单结构,甚至会降低或失去毒性的作用。造成降解的因素有生物的、物理的、化学的因素等。残留于土壤中的农药,以微生物的降解作用最为重要,其降解速度取决于农药的种类、土壤水分含量、氧化还原状态及土壤微生物相等。有些农药虽然自身的毒性不大,但中间降解产物的毒性却很大。因此,农药对环境的危害,不仅要看农药本身的毒性,而且也要注意其降解产物的去向和毒性。程序利用一阶衰变速率分别计算三种形态的农药(溶解态、吸附态和晶体态)在四个土层中的衰变量。

$$\left.\begin{aligned} DEGAD &= PSAD \cdot DE \\ DEGCY &= PSCY \cdot DE \\ DEGSU &= PSSU \cdot DE \end{aligned}\right\} \tag{4-145}$$

式中：DE 为农药一阶降解速率；$DEGAD$、$DEGCY$、$DEGSU$ 分别为降解的吸附态农药、晶体态农药和溶解态农药。

3. 土壤侵蚀量

$$SDPST(I) = SPST(I) \cdot F_{SD} \tag{4-146}$$

式中：$SDPST(I)$，$I=1\sim2$ 分别为土壤侵蚀的晶体态农药和吸附态农药。

4.2.4.5 农药各种反应汇总

1. 降解量汇总

将农药降解量在四个土层中汇总得到总降解量，用 $DEGPS$ 表示。$I=1\sim4$ 分别表示地表层、上土壤层、下土壤层和浅层地下水层。

$$DEGPS = \sum (DEGAD(I) + DEGSU(I) + DEGCY(I)) \tag{4-147}$$

2. 地表侵蚀量汇总

地表侵蚀量汇总，用 $SOSDPS$ 表示。

$$SOSDPS = SDPST(1) + SDPST(2) \tag{4-148}$$

3. 总流失量汇总

总流失量汇总，用 TO_{PS} 表示。

$$TO_{PS} = SO_{PS} + IO_{PS} + AO_{PS} \tag{4-149}$$

4. 土体中各种状态农药汇总

(1)土体中晶体态农药汇总：

$$\begin{aligned} TPS(1) &= SPST(1) + UPST(1) + LPST(1) + APST(1) \\ &= LISDPS(1) + PEEP(1) - SDPST(1) - \sum DEGCY \end{aligned} \tag{4-150}$$

(2)土体中吸附态农药汇总：

$$\begin{aligned} TPS(2) &= SPST(2) + UPST(2) + LPST(2) + APST(2) \\ &= LISDPS(2) + PEEP(2) - SDPST(2) - \\ &\quad \sum (DEGAD + ADSPS - DESPS) \end{aligned} \tag{4-151}$$

(3)土体中溶解态农药汇总：

$$\begin{aligned} TPS(3) &= SPST(3) + UPST(3) + LPST(3) + APST(3) + IPST \\ &= \sum LI_{PSS}(I) + PEEP(3) - \sum (DEGSU + DESPS - ADSPS) - TO_{PS} \end{aligned} \tag{4-152}$$

式中：$LIPSS(I)$，$I=1\sim5$ 分别为地表层、上土壤层、下土壤层和浅层地下水层侧向渗入的溶解态农药量。

4.2.5 BOD 运移过程

溶解氧是地表水水质分析最重要的指标之一。溶解氧浓度低,将直接影响着鱼类生存并改变健康的水生生态平衡。由于溶解氧受许多其他参数的影响,所以它是水生系统健康评价的一个敏感指标。程序分别考虑了大气复氧、水底需氧量、BOD 降解需氧量、BOD 沉降量、底部释放的 BOD 量等过程,建立 BOD/DO 平衡(见图 4-23、图 4-24)。

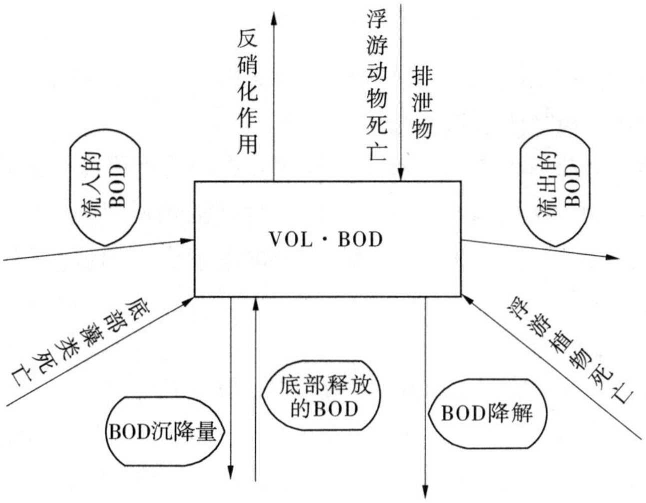

图 4-23 BOD 平衡反应示意图

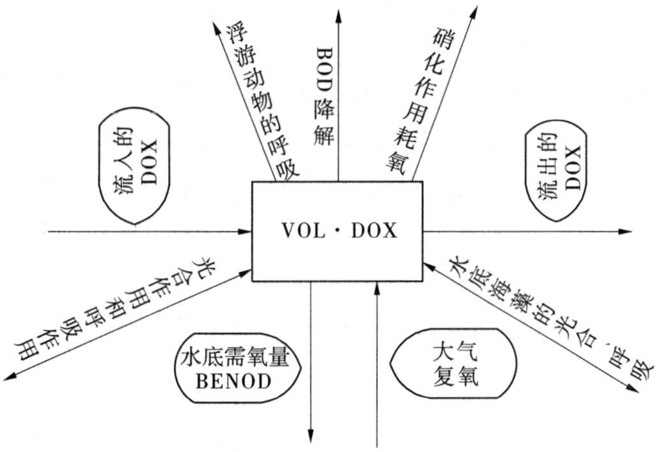

图 4-24 DO 平衡反应示意图

4.2.5.1 水流运动输送的 DO、BOD 计算

1. 溶解氧的平流输送

溶解氧的平流输送计算公式如下:

$$DOX = IDOX + DOX\frac{V_S - V_{SR}}{VOL + V_{ER}} \tag{4-153}$$

式中:DOX 为溶解氧浓度值,mg/L;V_S 为初始体积;V_{SR}为计算间隔初出流体积;VOL 为水体体积,ft^3 或 m^3;V_{ER}为计算间隔末出流体积;$IDOX$ 为间隔内进入的氧气量。

2. BOD 的平流输送

BOD 的平流输送计算公式如下:

$$BOD = IBOD + BOD\frac{V_S - V_{SR}}{VOL + V_{ER}} \tag{4-154}$$

式中:BOD 为 BOD 浓度值,mg/L;$IBOD$ 为时间间隔内进入的 BOD 量。

4.2.5.2 水底 BOD 释放与水底需氧量 *OXBEN*

底泥中有机物质的降解对其上水体 DO 的浓度有很大的影响。底泥中有机物的降解会引起底泥—水体界面 DO 的减少。因此,底泥的有机物质是其上水体重要的耗氧源。利用 BOD 分解动力学速率计算溶解氧浓度,水温的季节变化通过 $TCBEN$ 来调整。

1. 水底需氧量

水底需氧量计算公式如下:

$$BENOX = BENOD \cdot TCBEN^{TW-20} \cdot (I - e^{-EXPOD \cdot DOX}) \cdot DE \tag{4-155}$$

式中:$BENOX$ 为水底淤泥需氧量,mg/m^2;$BENOD$ 为 20 ℃时河道水底需氧量,mg/m^2;$TCBEN$ 为 20 ℃时水底需氧量温度校正系数,缺省值为 1.22;$EXPOD$ 为水底需氧量方程的指数参数;DOX 为溶解氧浓度,mg/L,DE 为从 mg/m^2 转化为 mg/L 的参数。

2. 水底 BOD 释放量

水底 BOD 释放量是潜在冲刷和溶解氧浓度的函数,当流速低并且溶解氧量丰富时,水底 BOD 释放量最小。

$$RELBOD = (BRBOD(1) + BRBOD(2) \cdot e^{-EXPREL \cdot DOX}) \cdot SC \cdot DE \tag{4-156}$$

式中:$RELBOD$ 为底部淤泥的 BOD 释放量,mg/m^2;$BRBOD(1)$为需氧条件下的 BOD 水底释放速率;$BRBOD(2)$为由于减少溶解氧浓度导致的底部释放速率增量;$EXPREL$ 为 BOD 水底释放的指数参数,缺省值为 2.82;SC 为基于水平均流速的冲刷系数。

$$\left.\begin{aligned} BENDOX &= -DOBEN \cdot VOL \\ BNRBOD &= BODBNR \cdot VOL \end{aligned}\right\} \tag{4-157}$$

式中:$BENDOX$ 为水底需氧量,mg;$BNRBOD$ 为水底 BOD 释放量,mg;VOL 为水体体积,L。

4.2.5.3 BOD 降解需氧量

调整水中溶解氧的浓度,计算微生物在分解复杂的物质为简单的物质和更加稳定的物质过程中消耗的氧气。

$$BODDOX = KBOD \cdot TCBOD^{TW-20} \cdot BOD \tag{4-158}$$

当 $BODOX \geqslant DOX$ 时,即如果没有充分有效的溶解氧去满足 BOD 降解的需求量,此时降解需氧量与水体溶解氧量相等,此时 DOX 为零。当 $BODOX < DOX$ 时,更新 BOD、DO 存储量。

$$\left.\begin{aligned} BODDOX &= -BODOX \cdot VOL \\ DECBOD &= -BODOX \cdot VOL \end{aligned}\right\} \tag{4-159}$$

式中：*BODOX* 为 BOD 降解需氧量，mg/L；*KBOD* 为 20 ℃时 BOD 的降解速率；*TCBOD* 为温度校正参数；缺省值为 1.075；*BOD* 为 BOD 浓度，mg/L；*BODDOX* 为 BOD 降解的耗氧量；*DECBOD* 为降解的 BOD 量。

4.2.5.4 大气复氧过程

若水体中的氧气低于饱和值，可以通过大气复氧来补充。复氧系数是水体平均流速、深度、风速和温度的函数。

1. 湖泊和水库的大气复氧计算

对于湖泊和水库而言，复氧系数取决于水面面积、水体体积和风速，而风速起决定性作用，由以下经验公式来计算：

$$WINDF = WINDSP \cdot (-0.46 + 0.136 \cdot WINDSP) \tag{4-160}$$

此时复氧系数 K_O 计算式为：

$$K_O = (0.032\,808 \cdot WINDF \cdot \frac{CFOREA}{H}) \cdot D \tag{4-161}$$

式中：*WINDF* 为水面风速参数；*WINDSP* 为风速，公式计算为高风速时的水面风速参数，当低风速时（$WINDSP < 6$ m/s），$WINDF = 2$；*CFOREA* 为湖泊复氧参数的修正值，当湖泊间水文循环不良时，其值小于 1，当湖泊间水文循环充分时，其值大于 1；*H* 为河系的平均水深，ft；*D* 为从时间间隔到模拟间隔的转化参数。

2. 河系的大气复氧过程

程序设置三种计算方法计算河系的大气复氧过程，用 *REAMFG* 来标记，当 $REAMFG = 1$ 时，应用能量耗散理论（Tsivoglou – Wallace，1972）。

$$K_O = REAKT \cdot \frac{DELTHE}{FLO_{TIM}} \cdot \theta^{TW-20} \cdot D \tag{4-162}$$

式中：*REAKT* 为扩散系数（介于 0.054 和 0.11 之间）；*DELTHE* 为沿河系方向的能量降低，ft；FLO_{TIM} 为流经河系的时间，s；θ 为复氧速率温度校正参数，缺省值为 1.047；*D* 为转化参数（从/s 到/间隔）。

当 $REAMFG = 2$ 时，基于 Covar 方法（Covar，1976），根据流速来计算复氧系数。这种方法将复氧系数看作是流速和水深的函数来计算。

$$K_O = REAK \cdot V^{REV} \cdot H^{RED} \cdot \theta^{TW-20} \cdot DELT60 \tag{4-163}$$

注：$V \geq 1.7$ 时，$TRANDP = 0.426\,3 \cdot AVVELE^{2.913\,5}$，否则 $TRANDP = 0.0$。

式中：*REAK* 为复氧方程的经验常量，h^{-1}；*V* 为平均流速，ft/s；*REV* 为流速指数参数；*H* 为平均水深，ft；*RED* 为水深的指数参数；θ 为温度修正因子，缺省值为 1.047。

式（4-163）中，*REAK*、*REV*、*RED* 的确定有三种方法：Owen's，Churchill 或 O'Connor – Dobbins。如图 4-25 所示。

（1）当 $H \leq 2.0$ 时，应用 Owen's 方程（1964）

$$REAK = 0.906, REV = 0.67, RED = -1.85 \tag{4-164}$$

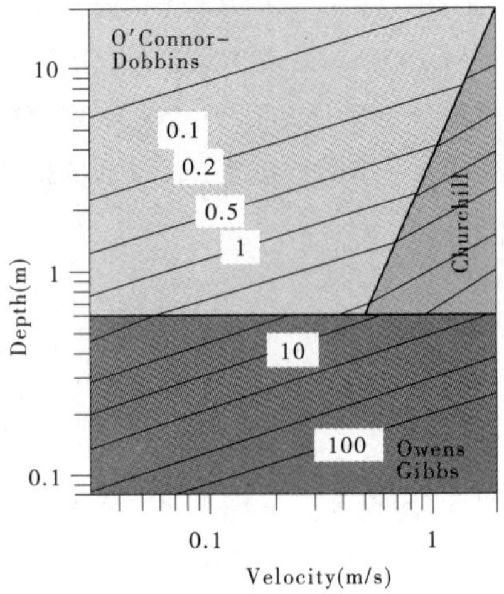

图 4-25　Covar 图

(2) $H>2.0$ 且 $H-TRANDP\leqslant 0$ 时，应用 Churchill's 方程（1962）

$$REAK = 0.484, REV = 0.969, RED = -1.673 \tag{4-165}$$

(3) $H>2.0$ 且 $H-TRANDP>0$ 时，应用 O'Connor - Dobbins 方程（1958）

$$REAK = 0.538, REV = 0.5, RED = -1.5 \tag{4-166}$$

当 $REAMFG=3$ 时，用户自己设定大气复氧系数。

饱和溶解氧

$$SATDO = (14.652 + TW \cdot (-0.41022 + TW \cdot (0.007991 - 0.7777 \times 10^{-4} \cdot TW))) \cdot CFPRES \tag{4-167}$$

大气复氧量

$$READO = K_O \cdot (SATDO - DOX) \cdot V \tag{4-168}$$

式中：$SATDO$ 为溶解氧的饱和浓度，mg/L；$CFPRES$ 为基于平均海拔的压力转化系数（点压力 - 海平面压力）；DOX 为复氧后溶解氧浓度；$DOXS$ 为复氧前的溶解氧浓度；K_O 为复氧系数（0 ~ 1）。

4.2.5.5　BOD 沉降量计算

在静水条件下，颗粒 BOD 向下沉降并沉积在河床底泥上，这可以明显减少水体中的 BOD。然而，BOD 和浮游植物的沉降增加了底泥需氧量。在高流速情况下，颗粒 BOD 又能从床底悬浮起来进入水体中。程序认为当平均水深大于 0.17 时考虑 BOD 沉降量。

当 $K_{SET} < AVDEPE$ 时，由下式计算，当 $K_{SET} \geqslant AVDEPE$ 时，全部沉降，$SNKOUT = DPBOD$。

$$SNKOUT = DPBOD \cdot \frac{K_{SET}}{H} \tag{4-169}$$

此时的 BOD 沉降量为：

$$SNKBOD = -SNKOUT \cdot VOL \tag{4-170}$$

式中：$SNKBOD$ 为沉降的 BOD 量；$SNKOUT$ 为沉降浓度，质量/L；$DPBOD$ 为沉降前 BOD 浓

度；K_{SET}为沉降率（由水库或河系的特性和沉降物种类决定），ft/ivl。

4.2.5.6 BOD 平衡计算

1. 总溶解氧量（*TDOX*）计算

总溶解氧量（*TDOX*）计算公式如下：

$$TDOX = READOX + BODDOX + BENDOX \tag{4-171}$$

2. 总 BOD（*TBOD*）计算

总 BOD（*TBOD*）计算公式如下：

$$TBOD = BNRBOD + SNKBOD + DECBOD \tag{4-172}$$

式中：*READOX* 为大气复氧量；*BODDOX* 为 BOD 降解需氧量；*BENDOX* 为水底需氧量；*TBOD* 为总 BOD 量；*BNRBOD* 为水底 BOD 释放量；*SNKBOD* 为 BOD 沉降量；*DECBOD* 为 BOD 降解量。

4.2.6 泥沙侵蚀与输移过程

泥沙是地表冲刷中的一种最常见的污染物质。这些泥沙有的来自城镇，有的来自农田，也有的来自林地。由于泥沙不仅可能淤积河道，也可能由于淤积而导致水库库容减小，所以泥沙在水质模型中是绝对不能忽略的。泥沙在输移过程中，也可能传输携带的营养物质与有毒物质。在 HSPF 模型中，SEDMNT 模块能够模拟在透水面积和不透水面积上的泥沙的产生与搬迁。泥沙可以认为是有机物，也可以认为是无机物，还可以是认为二者的混合物，这个完全由用户来决定。

水体中泥沙冲刷的模拟过程可分为两个部分，一个是泥沙与土壤基质之间的吸附与分离过程；另一个是泥沙在透水面积上的搬迁过程（removal/transport）。用图 4-26 表示土壤侵蚀过程（Soil Erosion Processes）。

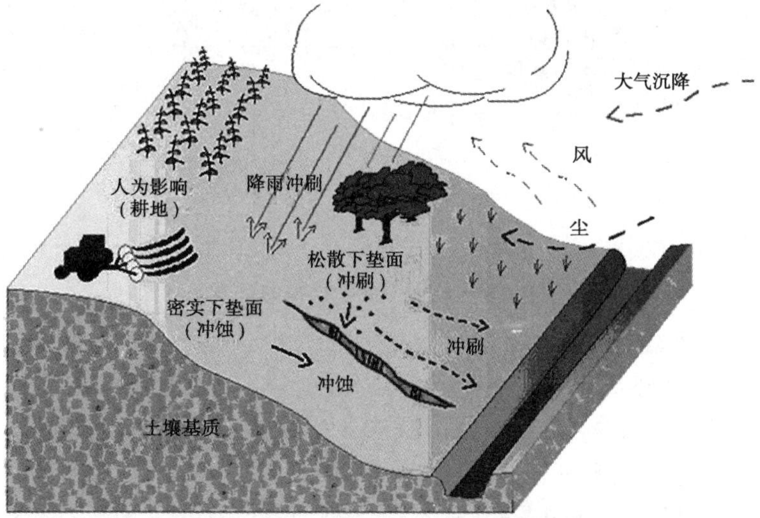

图 4-26 土壤侵蚀过程示意图

泥沙的模拟分为透水地面与不透水地面的模拟（见表 4-1）。不透水地面上水文响应过程相对较简单，因此泥沙模拟的环节较透水地面上的环节简单一些。

表 4-1　泥沙在不同地面的模拟功能

透水面积(Pervious Areas)	不透水面积(Impervious Areas)
堆积(Accumulation)	堆积(Accumulation)
分离(Detachment)	—
传输(Transport)	传输(Transport)
冲刷(Scour)	—

1. 透水地面上泥沙模拟

透水地面上泥沙模拟的计算流程如图 4-27 所示。

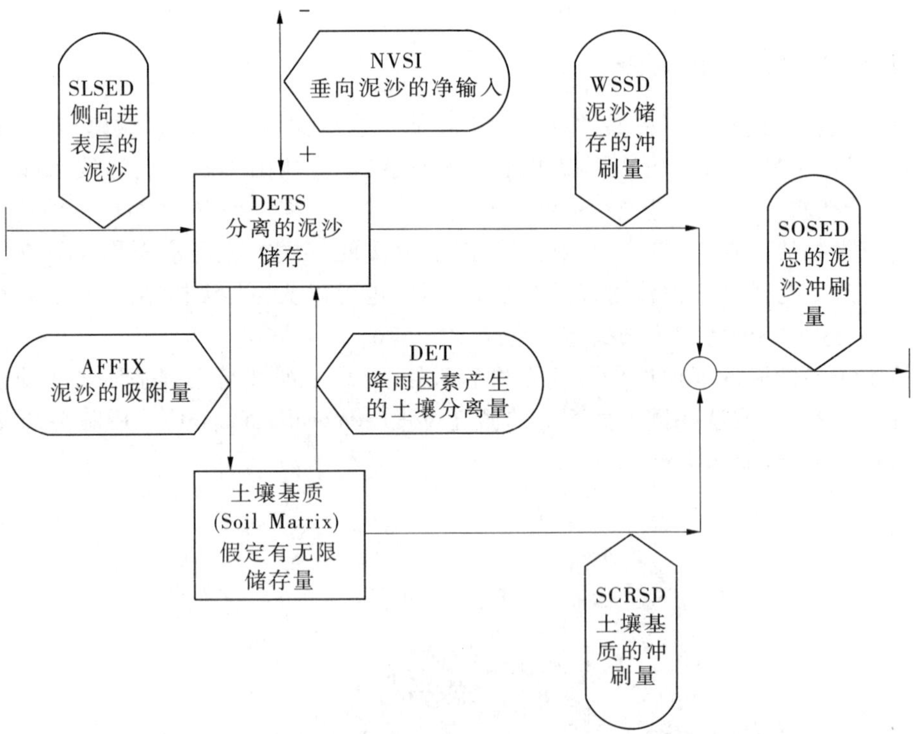

图 4-27　透水地面上泥沙模拟的计算流程

(1)泥沙堆积过程(Accumulation)。

$$DETS(t) = DETS(t-1) \cdot (1.0 - AFFIX) + NVSI \qquad (4\text{-}173)$$

式中:*DETS* 表示分离的泥沙储存量,tons/acre;*AFFIX* 表示土壤紧实度影响系数;*NVSI* 表示从大气方向垂向进入的泥沙输入量,lb/(acre · day)。

(2)泥沙分离过程(Detachment)。

$$DET = DELT60 \cdot (1.0 - CR) \cdot SMPF \cdot KRER \cdot (RAIN/DELT60)^{JRER} \qquad (4\text{-}174)$$

式中:*DET* 表示降雨从土壤基质冲刷出的泥沙量;*DELT*60 表示时间间隔的小时数量;*SMPF* 表示人为影响因子;*RAIN* 表示时间间隔内的降雨量,inches/interval;*JRER* 表示泥沙分离方程指数;*CR* 表示雪等覆被系数;其他参数见式(4-173)说明。

时段与时段之间质量守衡关系:

$$DETS(t) = DETS(t-1) + DET \tag{4-175}$$

(3)泥沙传输过程(Transport)。

$$STCAP = DELT60 \cdot KSER \cdot \left(\frac{SURS + SURO}{DELT60}\right)^{JRER} \tag{4-176}$$

式中:*STCAP* 表示分离泥沙搬迁能力,tons/(acre · interval);*KSER* 表示人为影响因子;*SURS* 表示表层水量蓄积量,inches;*SURO* 表示表层出流量,inches/interval;其他参数见式(4-174)说明。

当 *STCAP* 大于分离的泥沙存储量时,则有

$$WSSD = DETS \cdot \frac{SURO}{SURS + SURO} \tag{4-177}$$

当 *STCAP* 小于分离的泥沙储存量,也就是储存量足以满足泥沙的传输能力时,则有

$$WSSD = STCAP \cdot \frac{SURO}{SURS + SURO} \tag{4-178}$$

式(6-176)和式(6-177)中的 *WSSD* 表示冲刷量。

(4)泥沙冲刷过程(Scour)。

$$SCRSD = \frac{SURO}{SURS + SURO} \cdot DELT60 \cdot KGER \cdot \left(\frac{SURS + SURO}{DELT60}\right)^{JGER} \tag{4-179}$$

式中:*KGER* 表示冲蚀方程系数;*JGER* 表示冲蚀方程指数。

2. 不透水地面上泥沙模拟

不透水地面上泥沙模拟的计算流程如图 4-28 所示。

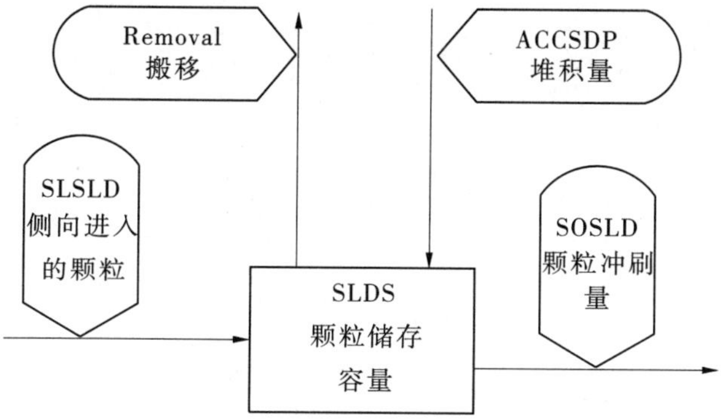

图 4-28　不透水地面上泥沙模拟的计算流程

(1)颗粒的堆积与搬移(Accumulation/Removal)。

$$SLDS = ACCSDP + SLDSS \cdot (1.0 - REMSDP) \tag{4-180}$$

式中:*SLDS* 表示颗粒容量,tons/acre;*ACCSDP* 表示固体颗粒堆积速度,tons/(acre · day);*REMSDP* 表示固体颗粒搬迁速度。

(2)颗粒的搬移与冲刷。

$$STCAP = DELT60 \cdot KEIM \cdot \left(\frac{SURS + SURO}{DELT60}\right)^{JEIM} \tag{4-181}$$

式中：$KEIM$ 表示固体颗粒冲刷方程系数；$JEIM$ 表示固体颗粒冲刷方程指数；其他参数意义与前面所述公式相同。

当 $STCAP$ 不足以满足颗粒的传输能力时，则有

$$SOSLD = SLDS \cdot \frac{SURO}{SURS + SURO} \tag{4-182}$$

当 $STCAP$ 足以满足颗粒的传输能力时，则有

$$SOSLD = STCAP \cdot \frac{SURO}{SURS + SURO} \tag{4-183}$$

第 5 章　数据准备工作

数据准备工作是 HSPF 模型建构的基础。根据 BASINS 系统和 HSPF 原理，需要依次准备土地利用类型资料、土壤分布资料、研究区域数字高程 DEM 图、水系图、降雨资料、气象资料(包含站点分布)、水质资料等。下面以某流域为例，系统阐述区域数据准备过程情况。

HSPF 模型模拟需要详细的输入及验证数据。本研究广泛收集了流域的河流水系、水文气象、自然地理及工农业用水的详细数据资料，并利用地理信息系统软件 BASINS 4.0、ArcMap 及 ArcView 建立数据库，为模拟计算进行了输入数据准备。

数据特别是空间属性数据，受到采集途径、使用方式、数据格式等诸多因素影响，往往在反映地理内容时有不同的表达形式，这便要求进行数据整理前首先要建立统一而又合理的地理基础，即根据原数据情况和实际需要制定相应的地理坐标系统。

本研究根据基础数据采集状况以及 HSPF 模型所嵌 BASINS 系统与 ESRI 公司产品有千丝万缕的联系，运用 BASINS 4.0、ArcView 3.2 和 ArcGIS 9.2 三个系列的软件，结合研究区域地理位置，建立接近我国传统 1954 坐标系的 Albers 椭球体克索夫斯基(Krasovsky)双标准纬线等积割圆锥投影统一坐标系，设定中央经线 105°，标准纬线 $N\varphi1 = 25°$、$N\varphi2 = 47°$。

下面以某流域为例，系统阐述区域准备过程情况，对各项基础数据的准备的介绍分述在第 5 章和第 6 章中。

5.1　自然地理数据

数字高程模型(Digital Elevation Model，DEM)是美国麻省理工学院 Chaires L. Miier 教授于 1956 年提出来的，是将一定精度摄影测量或其他技术手段所得地形数据用离散数字形式在计算机中进行表示并应用分析的 GIS 手段，在测绘、遥感、地质、土木工程、水利、建筑、农林规划等多个领域取得广泛应用。在水文模型中，DEM 主要用于提取地形地貌指数，并能够准确而快捷地生成河道和分水岭，从而确定子流域。

本研究所用的地形资料是由国家基础地理信息中心提供的 1∶25 万的海拔等值线矢量数据，将 1∶25 万的海拔等值线数据在 ArcGIS 软件上栅格化后，形成东江流域地形栅格数据，栅格大小确定为 100 m。另外，还使用了 CGIAR – CSI 的 SRTM 90 m DEM 数据，可以通过 Internet 免费获取。

为了便于分析不同分辨率 DEM 对模拟结果的影响，还使用了美国地质调查局的分辨率为 1 km 的 GTOP030 的中国地形栅格数据。GTOP030 是美国地质调查局(USGS)的地球资源观测卫星(Earth Resources Observing Satellite，EROS)数据中心生产的全球数字高程模型，它基本可以满足大尺度范围内的研究需要。

图 5-1 是栅格分辨大小为 100 m 的流域 DEM 图。在此基础上，分别生成研究区域内等高线图和坡向图(见图 5-2)。

图 5-1　流域海拔分布

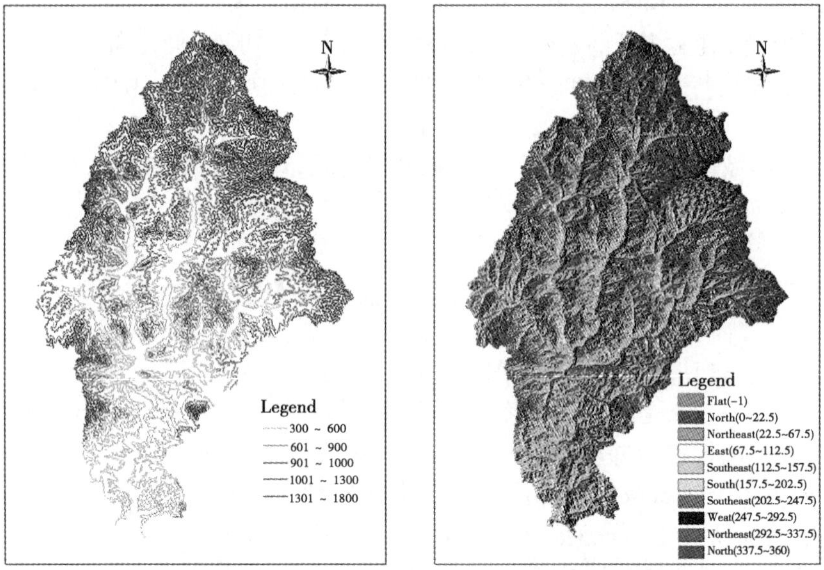

(a) 等高线图　　(b) 坡向图

图 5-2　研究区域等高线图和坡向图

图 5-2 显示了流域研究范围内的等高线图和坡向图。从等高线图上可以看出，流域的南边地势较低，其他方向汇集的水流流向流域南边出口。再根据流域的 DEM 图，提取坡向。

不同的坡向，产汇流机制将会有显著的差异，特别是坡面漫流(Overland flow)。地形的坡度影响到坡面漫流进入河道的速度。陡坡地形加速地表径流进入河道，缓坡地形地表径流进入河道的速度比陡坡慢。

因此，地形坡向的划分也是反映流域空间异质性的一个重要特征。考虑到这一特点，并兼顾数据量的要求，在本研究中划分为上述两种坡向。

5.2 河流水系及水文气象数据

流域水系及主要水文气象测站、雨量测站分布见图 5-3、图 5-4。研究区域内所有国家标准雨量站点共计 4 个，分别是马家营、头沟、七家和荒地；气象站点 2 个，分别是隆化站和承德站。为了考虑空间气象特征的变异性，采用泰森多边形分配子流域，见图 5-4。

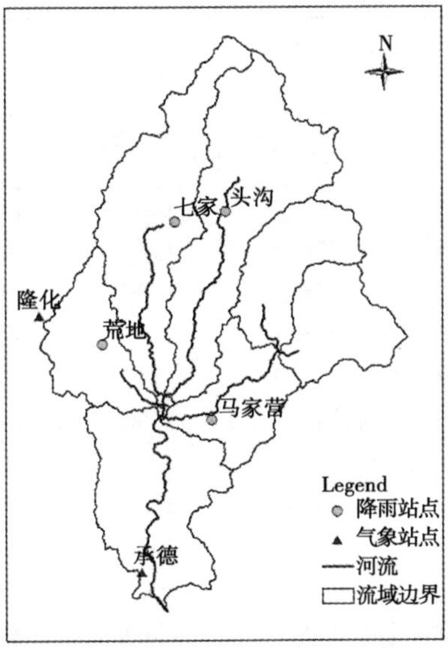

图 5-3 流域水系以及气象站点分布

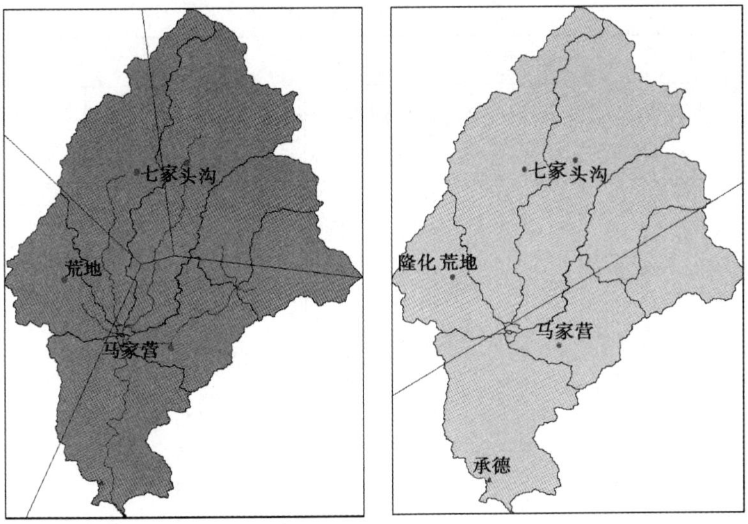

图 5-4 泰森(Thiessen)多边形分配

观测数据来自于中国气象中心气象资料和河北省气象局档案室，这些数据已经进行了质量控制(利用相邻站点数值检查，对二者进行比较，从所处地理位置、植被、地形等方面分析其值是否合理，对反常现象及明显错误数据进行分析并及时予以修正），数据精度为0.1，可以通过 Internet 免费获取，包括逐月平均气温、平均最低气温、降雨量、日照时数、观测的蒸发皿蒸发量、相对湿度的数据资料。

研究区域降雨测站共计4个，时间序列长度为1995年1月1日至2005年12月31日（逐日），见表5-1。研究区域气象站点有2个，时间序列长度为1995年1月至2008年12月（逐月），见表5-2。

表5-1　雨量站基本情况

马家营		头沟		七家		荒地	
年份	年降雨量（mm）	年份	年降雨量（mm）	年份	年降雨量（mm）	年份	年降雨量（mm）
1995	517.0	1995	664.7	1995	448.5	1995	533.3
1996	388.5	1996	476.4	1996	567.1	1996	585.4
1997	550.5	1997	525.5	1997	538.2	1997	574.6
1998	567.8	1998	566.1	1998	604.5	1998	677.7
1999	383.9	1999	441.3	1999	430.5	1999	524.4
2000	350.2	2000	340.7	2000	434.3	2000	501.5
2001	533.8	2001	553.7	2001	615.9	2001	547.7
2002	336.3	2002	439.0	2002	427.0	2002	389.9
2003	454.1	2003	474.3	2003	500.6	2003	520.6
2004	425.6	2004	439.3	2004	446.1	2004	474.1
2005	488.7	2005	573.6	2005	531.7	2005	531.5

表5-2　气象站基本情况

年份	承德		兴隆	
	年均最高温度（℃）	年均最低温度（℃）	年均最高温度（℃）	年均最低温度（℃）
1995	17.0	16.3	17.8	15.0
1996	16.4	15.6	16.8	14.2
1997	17.5	16.6	20.0	15.3
1998	17.8	17.0	34.2	15.4
1999	17.5	16.8	29.3	15.4
2000	17.2	16.6	20.2	14.9
2001	17.4	16.5	22.6	15.1
2002	17.7	16.9	24.5	15.3
2003	17.0	16.5	25.5	14.8
2004	17.7	16.7	22.0	15.4
2005	16.9	15.9	15.2	14.8

HSPF 模型的气象数据包括降雨（Precipitation）、蒸散发能力（Potential evapotranspiration）、大气温度（Air Temperature）、风速（Wind Speed）、太阳辐射（Solar Radiation）、露点温度

(Dewpoint Temperature)、云量(Cloud Cover)。HSPF 模型数据准备资料详细情况见图 5-5。

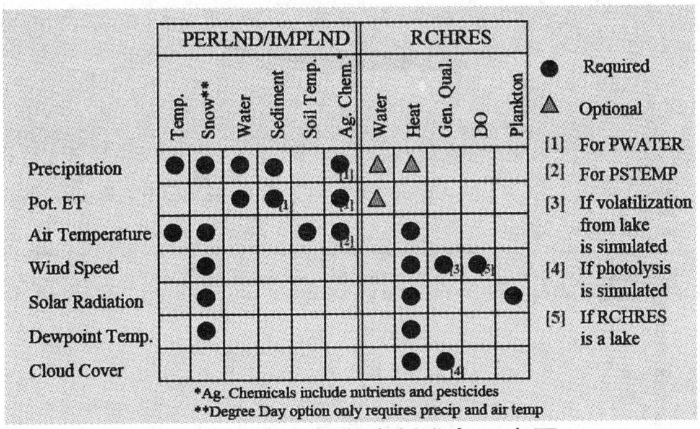

图 5-5　HSPF 气象资料准备示意图

本研究重点研究水文循环和泥沙模拟,根据图 5-5 的说明,需要准备以下几种气象资料:

(1)透水面积(PERLND/IMPLND)部分。

PWATER:降雨资料(Precipitation)、蒸发能力(Pot. ET)。

Sediment:降雨资料(Precipitation)。

其他如温度(Temp.)、雪(Snow)、土壤温度(PSTEMP)、农业化学物质(Ag. Chem)不涉及。

(2)河段(RCHRES)部分。

PWATER:降雨资料(Precipitation)、蒸发能力(Pot. ET)。

5.2.1　降雨数据导入

实测的资料提供的降雨资料是以日为间隔,因此首先将日降雨资料导入工具软件 WDMUtil,具体过程如下:

(1)读入第一个站点文本数据并产生脚本。

由于各气象站点数据格式相同,所以在第一次导入数据时,将相应的格式生成脚本,以后在导入文本数据时直接运行脚本文件就可以了,不需要再对各文件单独进行设置。在此先导入站点 59201 的气象数据“59201. txt”。

“Data Mapping”设置如图 5-6 所示。

在确认设置无误后,单击“Save Script”,保存脚本文件。然后点击“Read Data”,通过若干操作,将该站点的数据读入 WDMUtil 里。具体过程可详见《流域水文水质模拟软件(HSPF)应用指南》。

(2)读入第一个站点文本数据并产生脚本。

随后将其余 3 个站点的数据(59202、59203 和 59204)依次导入到 WDMUtil 中,点击“Run”自动将文本数据导入生成 WDM 数据,并对相应的 DSN、Location 等描述文件进行适当修正(见图 5-7)。

(3)分解数据。

由于当前导入的降雨数据是日降雨量,因此需要对此数据进行分解,产生小时降雨量。点击⊠(Generate Time Series),弹出对话框,设置如图 5-8 所示。

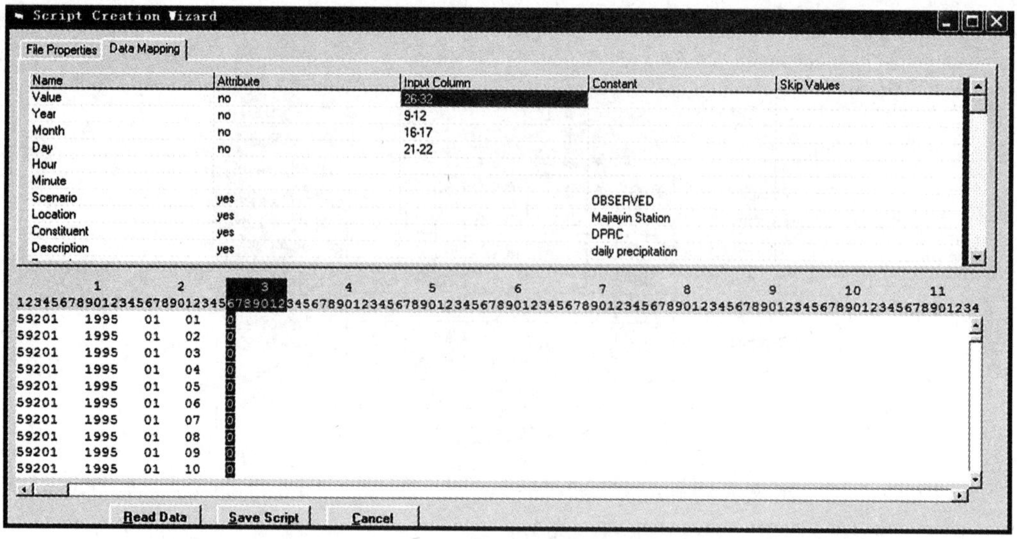

图 5-6　Data Mapping 设置对话框

图 5-7　创建脚本或运行脚本文件

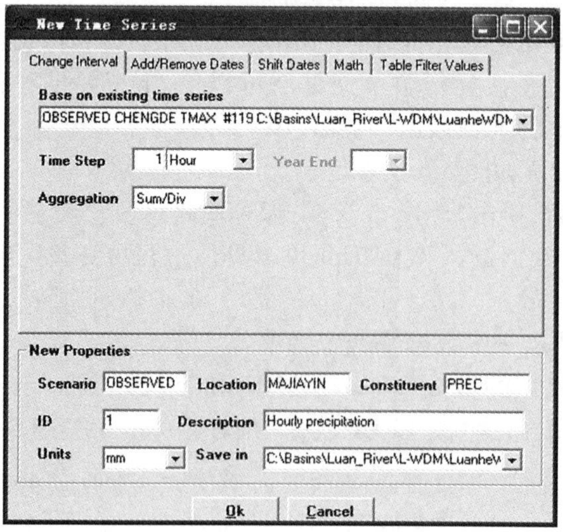

图 5-8　新建时间序列对话框

在“Time Step”标签对应的下拉对话框中选择“Hour”,在“Aggregation”对应的下拉对话框中选择“Sum/Div”;在“New Properties”框架中,根据站点的特性,设置相应的参数,如图 5-8所示。最后,点击“OK”产生新的以小时为间隔的时间序列。

5.2.2 蒸发数据生成

5.2.2.1 计算日蒸发能力

点击(Compute/Disaggregate Meteorological Time Series),弹出对话框(见图 5-9)。

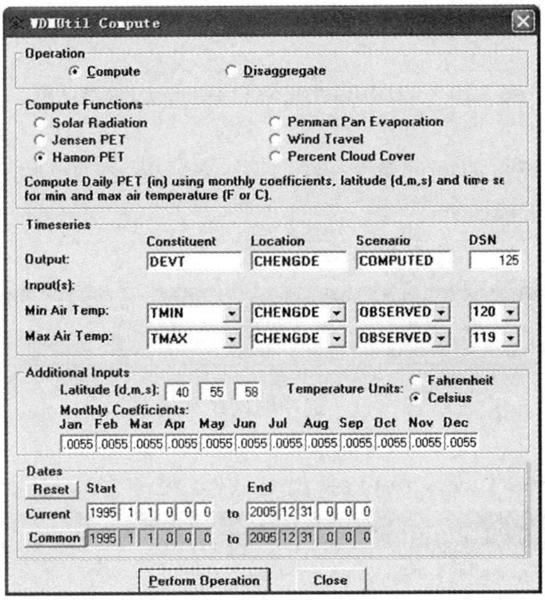

图 5-9 WDMUtil 中计算(Compute)对话框

小时蒸发数据生成之前,首先利用站点最高气温(T_{max})与最低气温(T_{min})生成,利用 Hamon PET 公式计算产生日蒸发能力。于是在“Operation”框架中,选择“Compute”;在“Compute Functions”框架中,选择“Hamon PET”;其他根据站点属性相应配置。

5.2.2.2 计算小时蒸发能力

本区域的特点是有 4 个雨量站、2 个气象站,4 个雨量站的小时蒸发能力可以根据 2 个气象站的日蒸发能力计算出,气象站与雨量站的分配关系可以根据泰森多边形来分配。下面演示以承德站点计算马家营雨量站小时蒸发能力的具体操作过程:在“Operation”框架中,选择“Disaggregate”;在“Disaggregate Functions”框架中,选择“Evapotranspiration”,见图 5-10。

5.2.2.3 其他小时数据生成

为了保持时间序列数据的完整性,尚需输入其他小时数据,这些小时时间序列数据分别为大气温度(ATEM)、风速(WIND)、太阳辐射(SOLR)、露点温度(DEWP)、云量(CLOU)。根据软件运行经验,如果这些数据不完整,WinHSPF 软件运行中会出现漏洞,因此需要输入这些数据。因为本研究中模拟的情况不需要这五种时间序列数据,因此输入空的时间序列数据即可,即全部数据设置为“0”。具体做法如下:

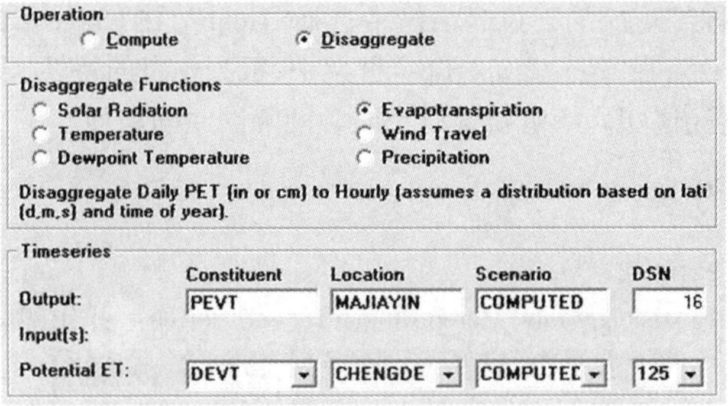

图 5-10　WDMUtil 中计算(Disaggregate)对话框

(1)选中一个需要增加时间序列站点的任一条记录,选中马家营站点的降雨系列数据(PREC),如图 5-11 所示。

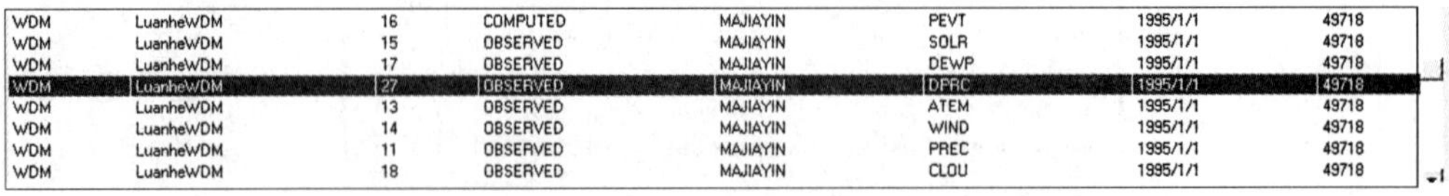

WDM	LuanheWDM	16	COMPUTED	MAJIAYIN	PEVT	1995/1/1	49718
WDM	LuanheWDM	15	OBSERVED	MAJIAYIN	SOLR	1995/1/1	49718
WDM	LuanheWDM	17	OBSERVED	MAJIAYIN	DEWP	1995/1/1	49718
WDM	LuanheWDM	27	OBSERVED	MAJIAYIN	DPRC	1995/1/1	49718
WDM	LuanheWDM	13	OBSERVED	MAJIAYIN	ATEM	1995/1/1	49718
WDM	LuanheWDM	14	OBSERVED	MAJIAYIN	WIND	1995/1/1	49718
WDM	LuanheWDM	11	OBSERVED	MAJIAYIN	PREC	1995/1/1	49718
WDM	LuanheWDM	18	OBSERVED	MAJIAYIN	CLOU	1995/1/1	49718

图 5-11　选中时间序列记录

(2)点击(Generate Time series),弹出对话框(见图 5-12)。

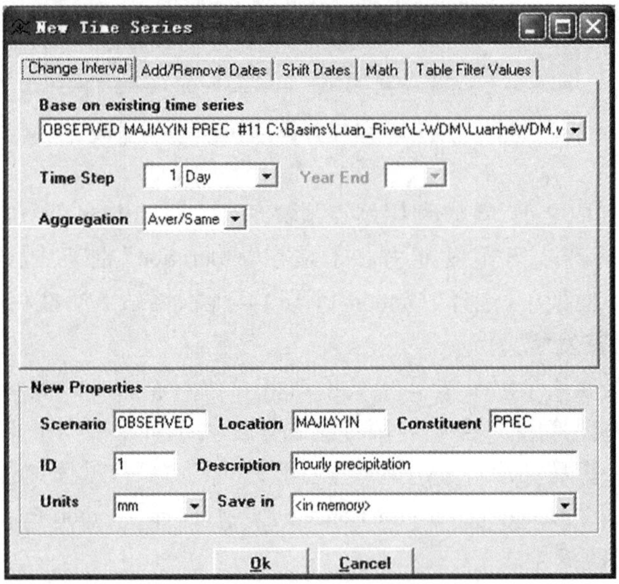

图 5-12　New Time series 对话框

(3)点击 TAB 按钮"Add/Remove Dates",点击选中单选按钮"Specify Interval",指定时间间隔为"Hour",其他根据具体要添加的内容,设定相关的参数,见图 5-13。

(4)点击"OK",生成增加一条"0"值的大气温度(ATEM)时间序列。其他要增加的

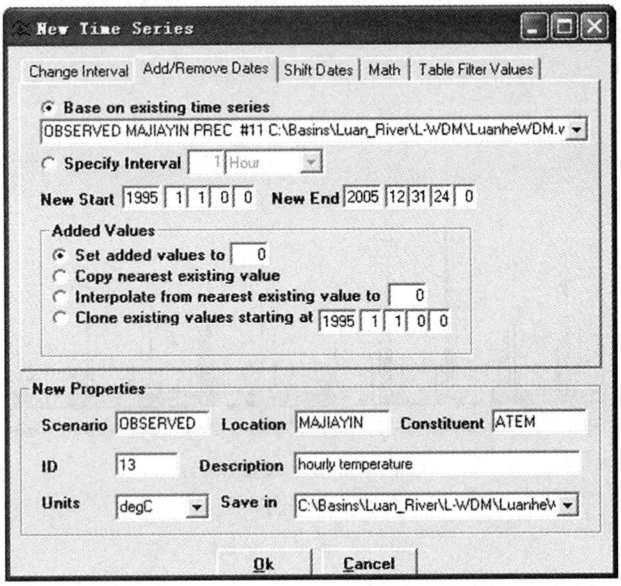

图 5-13　New Time series 对话框设置

情况类似。

5.2.2.4　全部数据导入

按上述三个步骤,依次将其他 3 个站点(七家、头沟、荒地)的数据导入 WDMUtil。界面显示如图 5-14 所示。

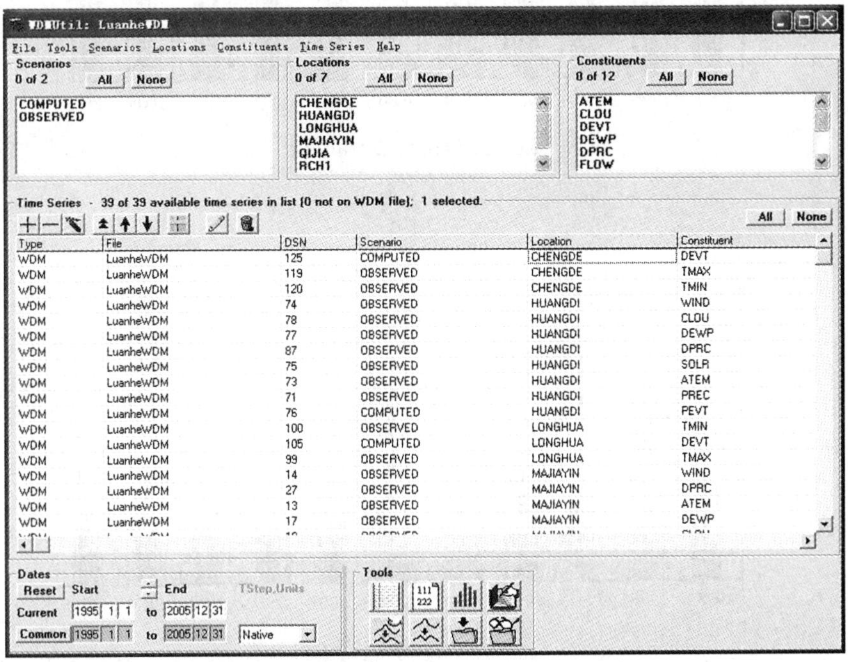

图 5-14　气象降雨数据导入 WDMUtil 工具

流域各站点的日降雨数据如图 5-15 所示。

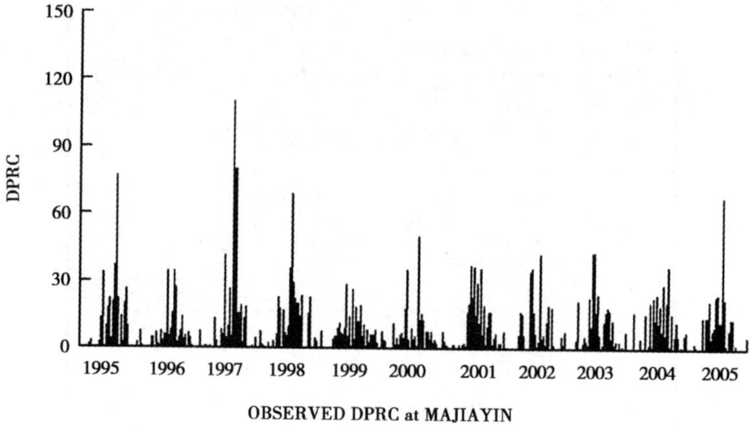

(a)马家营

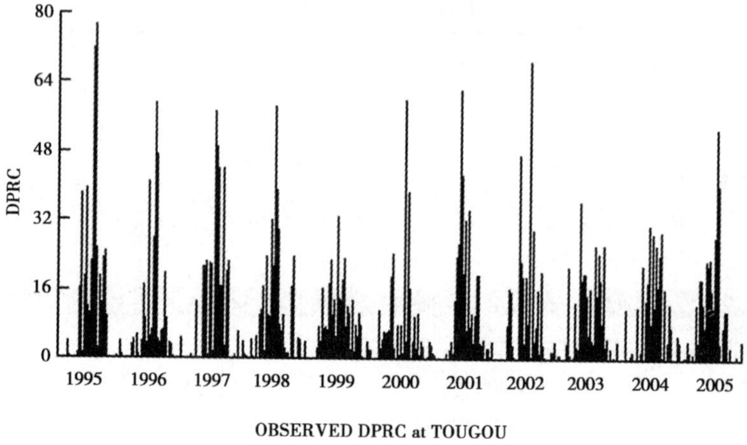

(b)头沟

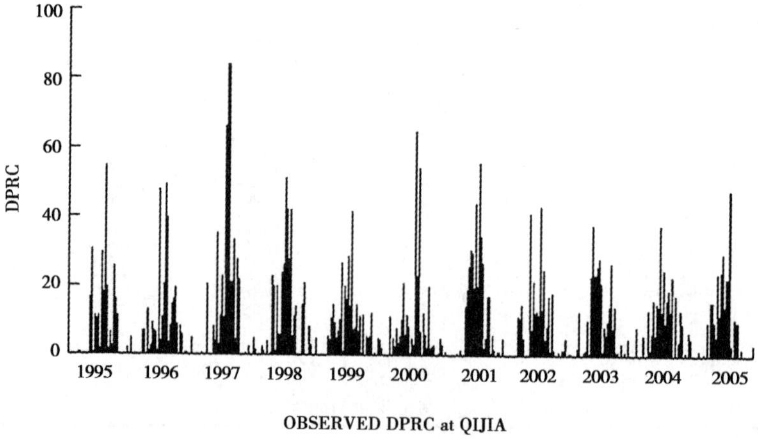

(c)七家

图 5-15　流域各站点的日降雨数据

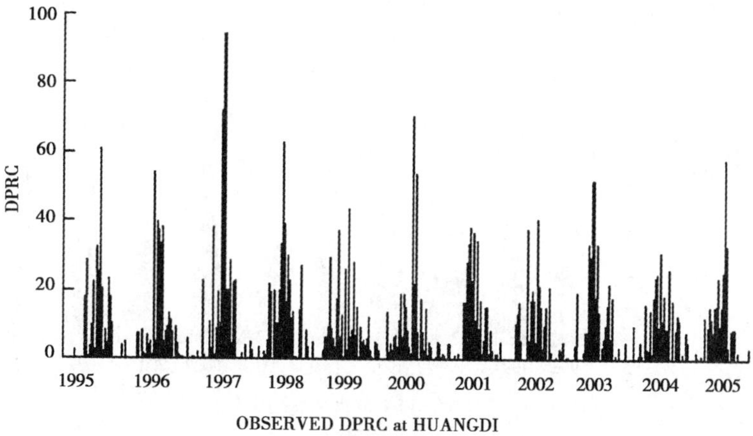

（d）荒地

续图 5-15

流域各站点的小时蒸发数据如图 5-16 所示。

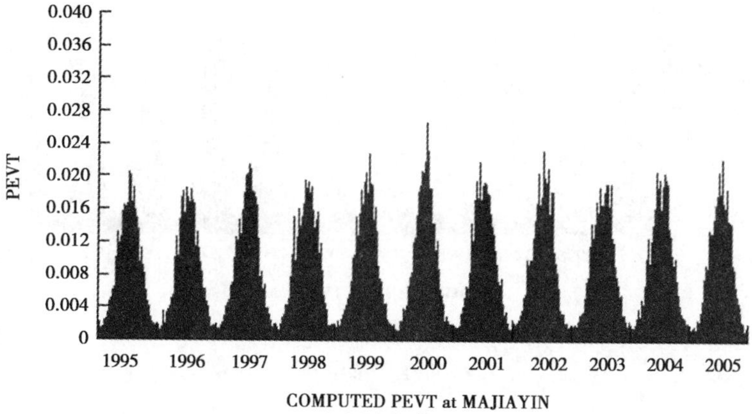

（a）马家营

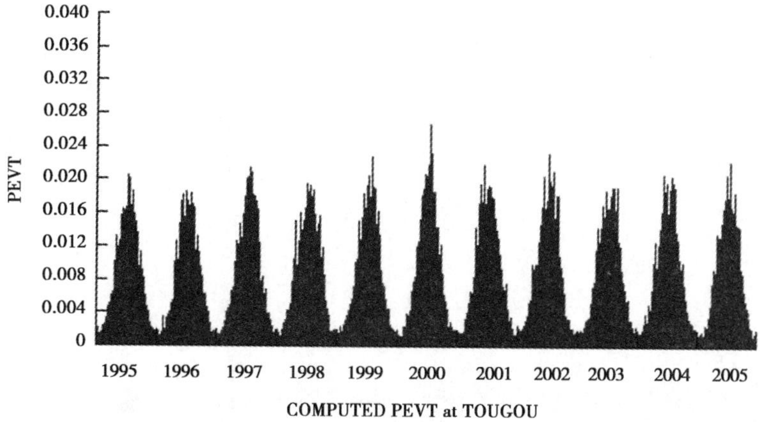

（b）头沟

图 5-16　流域各站点的小时蒸发数据

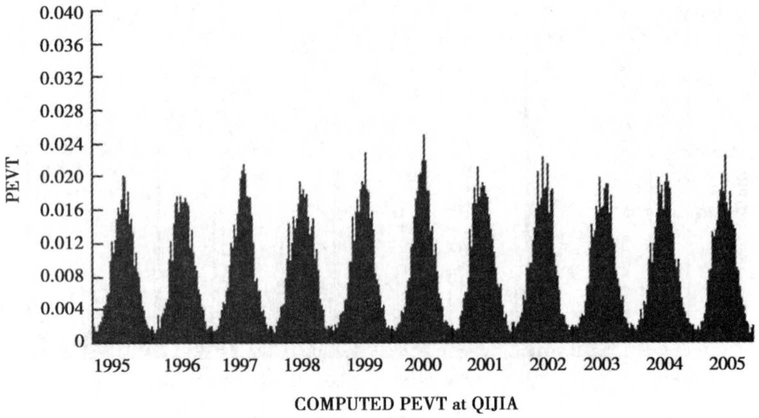

(c)七家

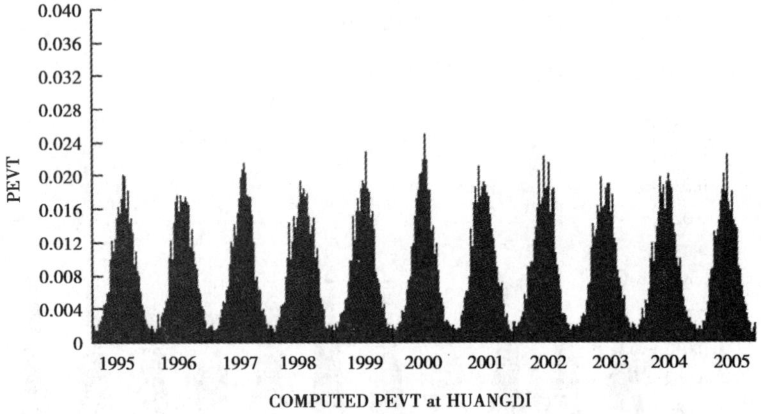

(d)荒地

续图 5-16

第 6 章　HSPF 模型构建

第 5 章讲述了基于 WDMUtil 的数据准备工作。WDM 数据是 HSPF 模型构建的基础，有了 WDM 数据，就可以着手考虑构建 HSPF 模型的工作。

6.1　模型运行流程

基础数据准备完毕后，下一步工作就是将准备数据，特别是 GIS 数据（DEM 图、土地利用图、水系图）移植到 BASINS 系统里，准备为 HSPF 模型构建做准备。详细过程用图 6-1 表示。

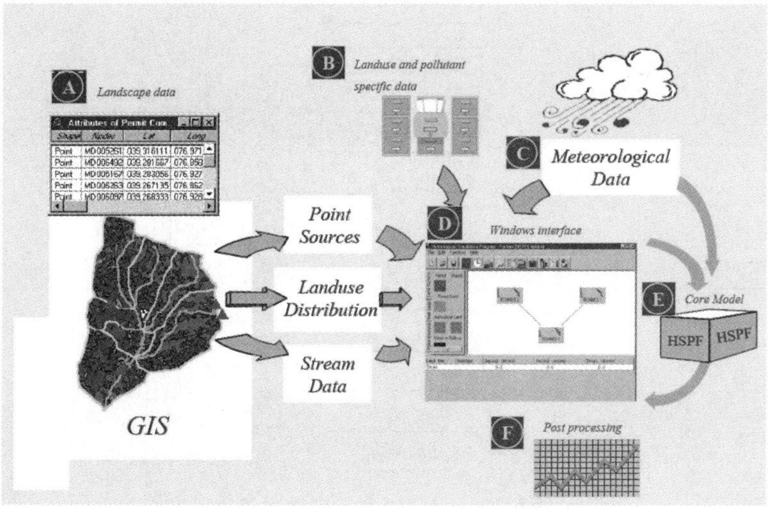

图 6-1　HSPF 模型构建示意图

HSPF 模型相嵌于 BASINS 4.0 系统中。BASINS 4.0 系统中设立了能与 HSPF 模型链接的接口，直接完成模拟区域空间数据输入 HSPF 模型，同时 HSPF 模型应用时需要大量的时间序列数据，而且模拟得到的数据结果需要进行详细的解译。

要完成对水文过程的模拟，需要 WDMUtil、GenScn 程序软件分别对模型的输入数据进行编辑和对模型的输出数据进行分析，具体运行模拟的流程如图 6-2 所示。各部分的功能分别为：

（1）BASINS 4.0 系统。

在 BASINS 系统界面中对图形数据进行处理，构建模型运行所需的基础数据库。由 BASINS 编辑得到的文件包括以下三类数据：

①WSD 文件——流域特征数据：包括目标流域内各种土地利用形式的地块面积，平均坡度与地块长度，并对流域地块透水性质进行定义，划分比例。

②RCH 文件——河道特性数据：包括目标流域内需要进行模拟的河道的编号、高度、深度、宽度、长度、上下游关系以及河水中水质参数等的背景数据。

③PTF 文件——河道特性数据：主要是对目标流域内河道河床性质的总结，包括模拟河道断面的平均长、宽、深度、坡度和高程等。

（2）WDMUtil。

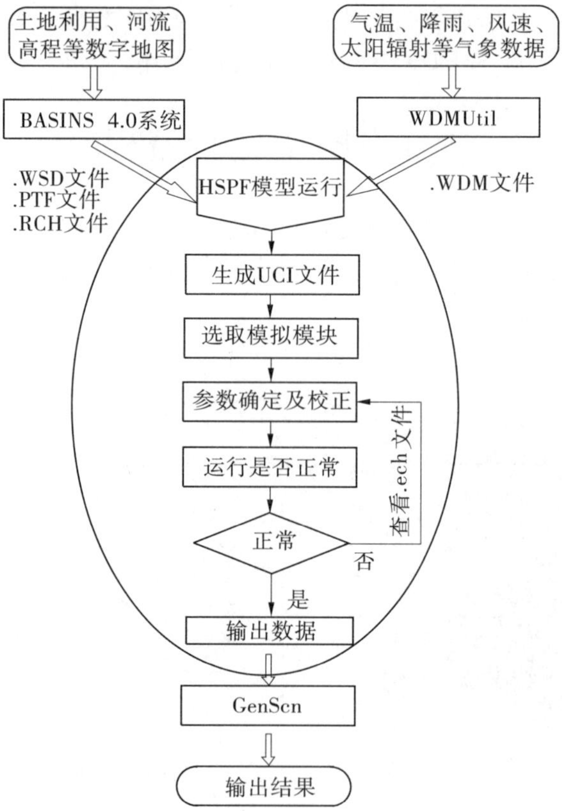

图 6-2　HSPF 模型运转基本流程

在分布式水文模型中，气象数据作为影响水文循环的重要驱动因素，是模型不可缺少的输入数据，通过它们可以分析水文过程中的地表能量平衡和水分循环等过程。HSPF 模型要求输入的气象数据序列以及水文实测数据序列都是通过 WDMUtil 程序编辑生成的，并存储在.WDM 文件中，WDMUtil 工具通过以下步骤生成输入数据：

①参照已有规格建立时间序列；

②用 16 种 WS 文件格式导入、导出数据；

③对时间序列文件进行地域、命名、特性、数据单位的管理和修正；

④完成时间序列的合并或分割；

⑤对现有数据进行衍生和扩散；

⑥通过制表、作图对某一或某几个序列进行对比分析；

⑦输出.WDM 文件时间序列文件。

当现在数据无法满足 HSPF 模型运算需求时，可以使用 WDMUtil 工具的衍生/扩散功能，该功能主要集成了 Penman、Jensen、Hamon 等一系列经典经验公式，并结合相关参数的调整，将已有数据衍生估算出新的数据，或将日数据扩充分散为小时数据。具体过程如图 6-3 所示。一个完整的 HSPF 模型水文模拟气象观测输入数据 WDM 时间序列文件包括 16 种数据（见表 6-1）。

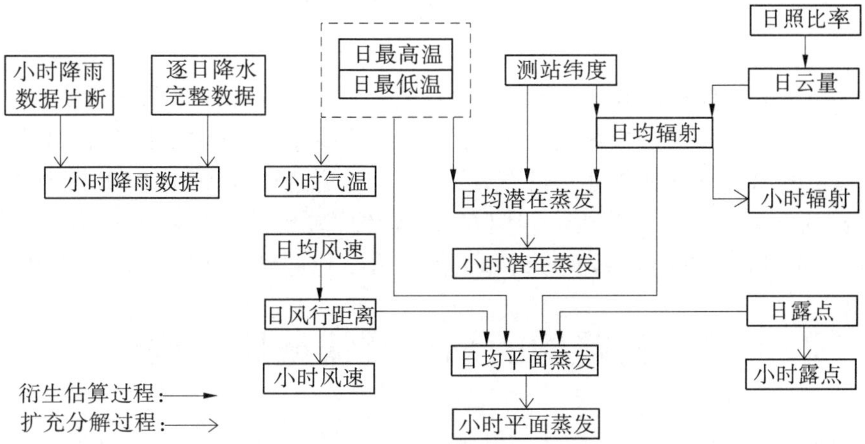

图 6-3　WDMUtil 衍生扩散/过程

表 6-1　WDM 数据集与数字序列号编码规则说明

数据集字段	数据集名称 (Data set)	数字序列号 (Data set Number)	参数说明
1	PREC	(11,31,51,…,191)	小时降水量
2	EVAP	(12,32,52,…,192)	小时地表面蒸发量
3	ATEM	(13,33,53,…,193)	小时气温
4	WIND	(14,34,54,…,194)	小时风速
5	SOLR	(15,35,55,…,195)	小时太阳辐射强度
6	PEVT	(16,36,56,…,196)	小时潜在土壤水蒸散发总量
7	DEWP	(17,37,57,…,197)	小时露点温度
8	CLOU	(18,38,58,…,198)	小时云量
9	TMAX	(19,39,59,…,199)	日最高气温
10	TMIN	(20,40,60,…,200)	日最低气温
11	DWND	(21,41,61,…,201)	日均风速
12	DCLO	(22,42,62,…,202)	日均云量
13	DPTP	(23,43,63,…,203)	日露点温度
14	DSOL	(24,44,64,…,204)	日太阳辐射强度
15	DEVT	(25,45,65,…,205)	日潜在土壤水蒸散发总量
16	DEVP	(26,46,66,…,206)	日地表面蒸发量

有关 WDM 构建工作，详细情况可见第 4 章的介绍，在此不再赘述。

(3) WinHSPF。

通过 BASINS 系统的空间属性数据处理，跳转到 HSPF 界面，同时链接 WDM 时间序列文件,写入相应的水文气象数据,对相应模块进行设置,选择合适的计算方法进行模型运算。

WinHSPF 通过生成、操作、修改 UCI 文件完成模拟,该文件是 HSPF 模型各类视窗操作版本的工程文件,不仅链接前期数据准备的结果,而且保存着本次模拟工程的相关参数设定。

(4)GenScn。

程序 GenScn 能够根据用户需要,以交互方式对输入的时间序列进行变化,它同时能够按照图形方式查看 HSPF 模型运行的结果。由于 GenScn 程序中的各种分析工具可以与 HSPF 模型输出的数据文件建立链接,因此很容易通过该程序对 HSPF 模型在不同情景下运行得到的结果进行比较分析。利用 GenScn 程序能够非常直观地将多种模拟结果进行对比,这对 HSPF 模型的敏感性分析和模拟仿真工作起到了非常重要的作用。

6.2 流路网的划分及流域属性构建

6.2.1 流路网划分

流域汇流计算流路网的构建及流域划分是网格分布式流域水文模型的基础工作,这里对本研究采用的方法说明如下。

利用网格型 DEM 并按最陡坡度方向决定地表汇流方向、生成河道网的方法一般是采取 D8 方法。D8 方法是利用 DEM 网格,按最陡坡度方向决定地表汇流方向、生成河道网的方法,也称为 8 流向方法或 D8 方法。这些成果被 ARC/INFO 及 ARCVIEW 等 GIS 软件采用,也被 BASINS4.0 系统采用,为流域水文模拟带来了极大方便。

在 BASINS4.0 里,一般是先利用流域自动划分工具(Automatic Delineation),然后再利用编辑工具进行修正和调整。

(1)新建工程文件“Luanhe. mwprj”,并设置投影属性为“Projection:Albers Equal-Area Conic、Spheroid:Krassovsky、Central Meridian:105、Reference Latitude:0、Standard parallel 1:25、Standard parallel 2:47”。

(2)在“mnu View”菜单下,选择“Add layer”或直接点击,分别加载 DEM 图层、水系图层(图 6-4)。

(3)从菜单“Watershed Delineation”下选择“Automatic”,弹出窗口“Automatic Watershed Delineation”。

在“Base Elevation Data(DEM) Layer”对应的组合文本框中,点击后会弹出下拉菜单,选择“dem”。

在“Burn - in Existing Stream Polyline”对应的复选框中,首先确保复选框被选中,然后在组合的文本框中选择“river”。选择“Burn - in Existing Stream Polyline”这项功能的目的是:把导入的河流水系图层作为流域自动划分的河流水系依据,也就是说,运用自动划分工具时,依照现存的水系进行子流域的划分。

此时对话框见图 6-5。

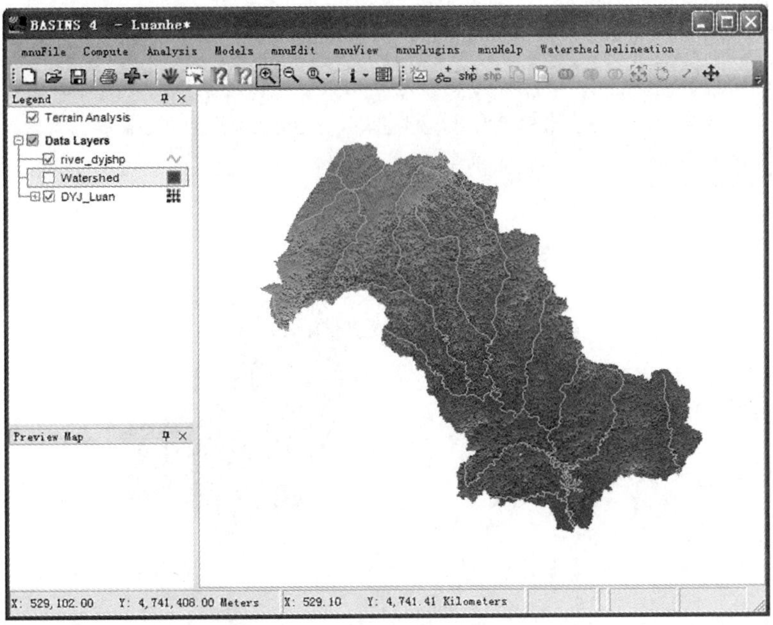

图 6-4 加载图层对话窗体

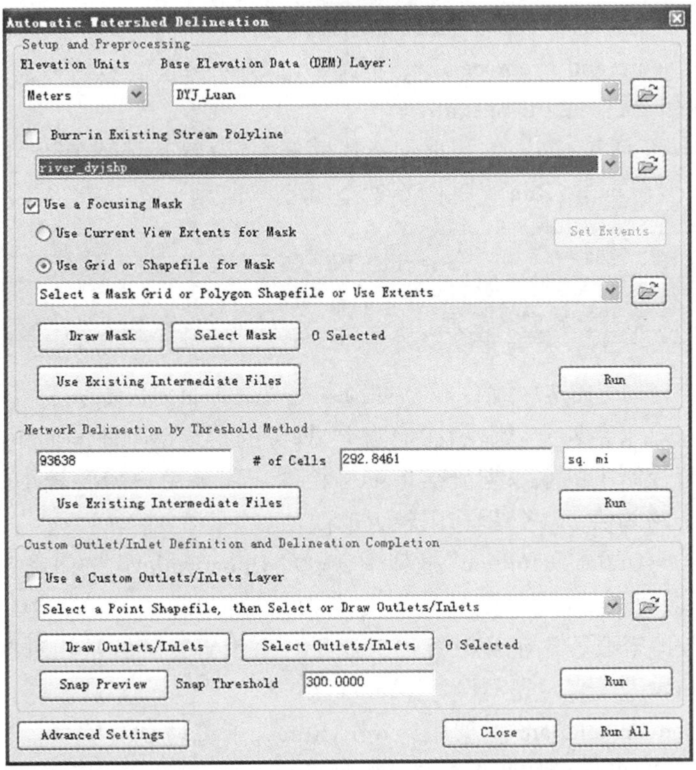

图 6-5 Automatic Watershed Delineation 对话框

(4)子流域划分时,用户根据自己研究的地理位置,确定蒙板(Focusing Mask)即子流域划分的一个区域。在此根据东江流域的具体位置,点击"Draw Mask",描绘蒙板

(见图6-6)。

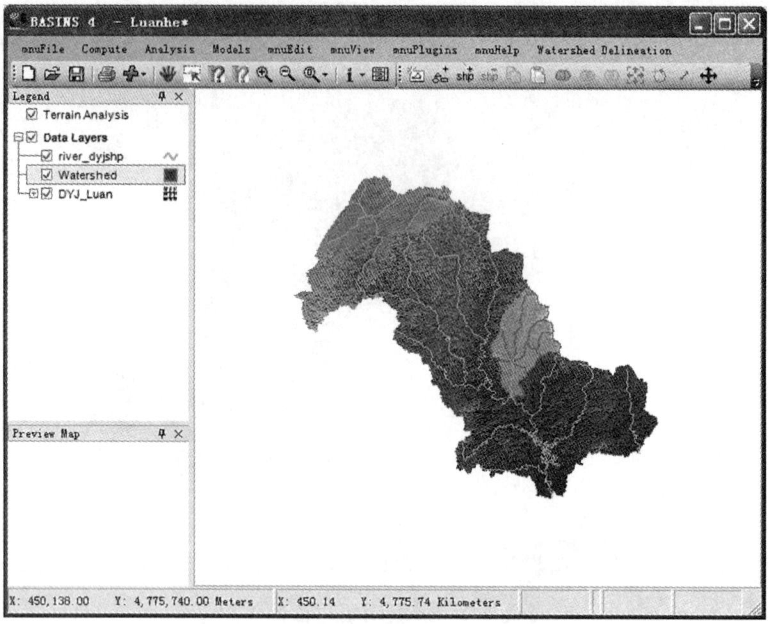

图6-6 描绘蒙板

(5)点击在"Setup and Preprocessing"框架中的"Run"键。当运行过程中,可以看到窗体下边显示一些信息,诸如fill pits、d8等。

(6)在"Network Delineation by Threshold"框架中,设置面积阈值为"100(sq. mi)",单位选择"sq. mi",然后点击"Run"(见图6-7)。

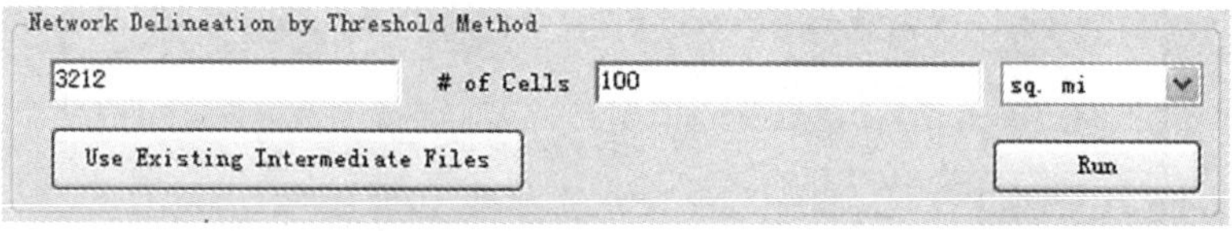

图6-7 Network Delineation by Threshold 对话框

工作到这一步,水系划分已显示在地图上,划分的结果是刚才的面积阈值控制下完成的结果,不同阈值控制下的水系划分结果不尽相同。如果用户需要较小的子流域划分的结果,就选用较小的阈值;反之,就选用较大的阈值。

(7)在"Custom Outlet Definition"框架中,选择"Draw Outlets"按钮。一般情况下,当某河流穿过某子流域时,河流与子流域边界交点为两种:"Inlet"入口和"Outlet"出口,模型通过上游给水量和该河段产、汇流计算出口流量。由于研究流域是相对封闭的集水区域,因此无需设定"Inlets"。暂时先不设置"Outlet"出口。

在"Delineation Completion"框架中,点击"Run",子流域划分完成。分别在不同阈值生成的子流域单元图形显示如图6-8、图6-9所示。

子流域单元划分越多,理论上说计算精度会越高,但是计算参数设置也较多,而且也会影响到计算速度。本书中选取阈值为100更好一些(具体值可根据实际情况和资料情况来定)。

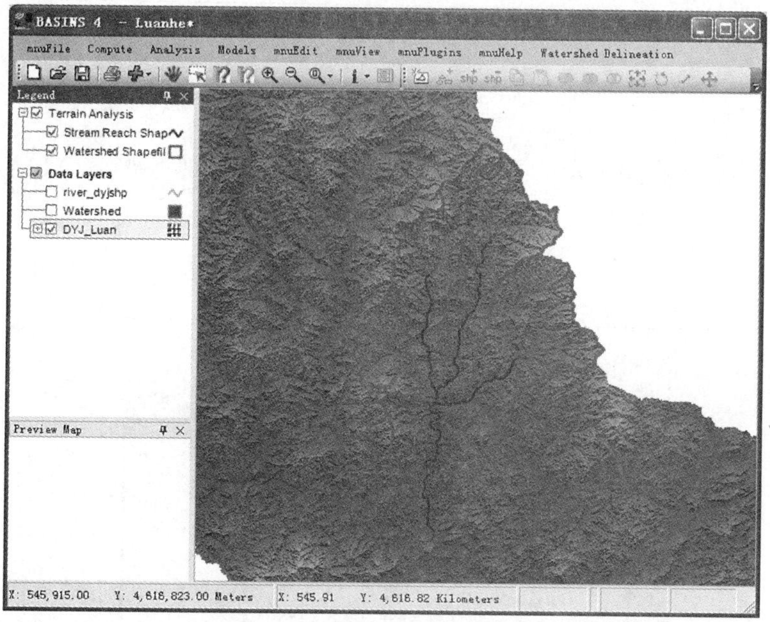

图 6-8 子流域划分图(阈值 100)

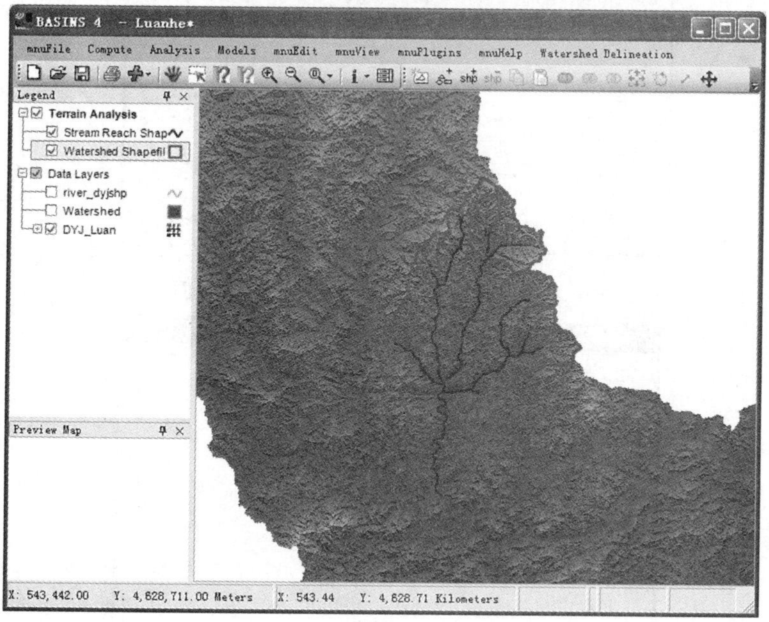

图 6-9 子流域划分图(阈值 20)

(8)描绘子流域编辑修正。上述子流域划分是计算机通过 D8 原理自动划分而成的,因此划分生成的子流域未必一定是非常合理的,譬如将一个子流域划分成两部分,一部分面积特别大,一部分面积特别小,这时用户可根据实际情况,将二者合并。如图 6-10 所示。

修正与编辑子流域,必须清楚属性表里所蕴含的逻辑关系和含义。子流域属性表是 BASINS 向 WinHSPF 跳转必需的属性。图 6-11、图 6-12 显示了跳转时与河流、子流域属性表有关的字段名称,各字段说明分别见表 6-2、表 6-3。

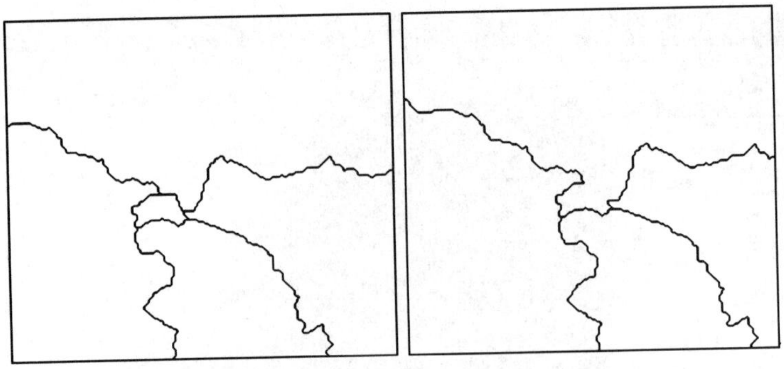

图 6-10　流域修正

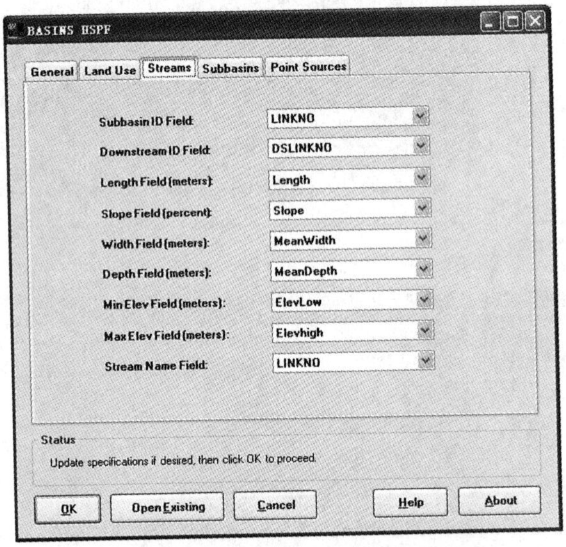

图 6-11　BASINS HSPF(Streams)设置界面

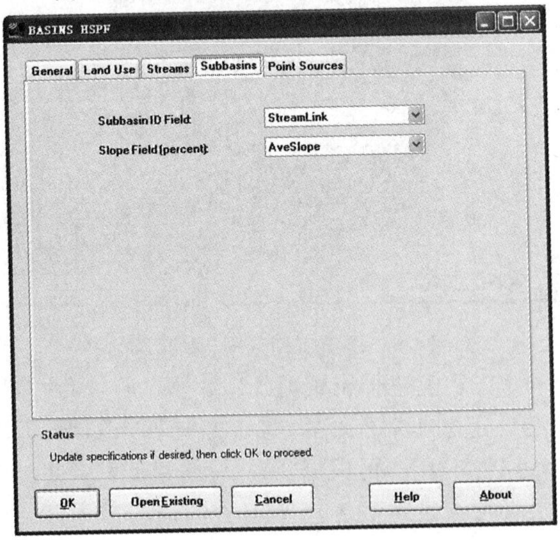

图 6-12　BASINS HSPF(Subbasins)设置界面

表 6-2　BASINS HSPF(Streams)设置说明

序列号	BASINS HSPF 跳转必需的字段	属性表对应的字段	含义	单位
1	Subbasin ID Field	LINKNO	子流域对应的连接号	—
2	Downstream ID Field	DSLINKNO	子流域下游对应的连接号	—
3	Length Field	Length	河长	m
4	Slope Field	Slope	坡度	%
5	Width Field	MeanWidth	宽度	m
6	Depth Field	MeanDepth	深度	m
7	MinElev Field	ElevLow	最小高程值	m
8	MaxElev Field	Elevhigh	最大高程值	m
9	Stream Name Field	LINKNO	河流名称	—

表 6-3　BASINS HSPF(Subbasins)设置说明

序列号	BASINS HSPF 跳转必需的字段	属性表对应的字段	含义	单位
1	Subbasin ID Field	StreamLink	子流域对应的连接号（与表中 LINKNO 需一致）	—
2	Slope Field	AveSlope	平均坡降	%

子流域共 5 个，编码如图 6-13 所示。

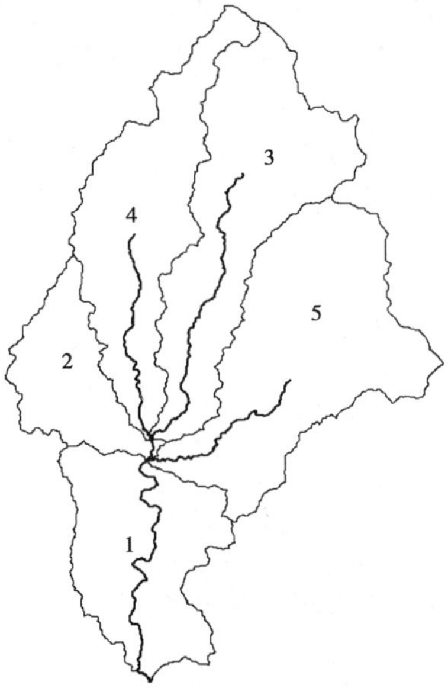

图 6-13　BASINS 流路网及子流域划分

各子流域的属性见表6-4。

表6-4　各子流域属性

序号	河网连接编码	河长(m)	集水面积(m^2)	平均坡降(%)
4	3	35 592.0	520 116 187.5	25.7
3	2	48 529.0	628 873 875.0	27.1
5	5	29 685.0	721 807 200.0	22.5
2	4	3 671.0	244 352 700.0	21.8
1	1	44 615.0	446 089 275.0	21.2

各河段属性见表6-5。

表6-5　各河段属性

序号	连接编码	下游连接编码	长度(m)	坡降(%)	直线长度(m)	最小高程(m)	最大高程(m)	平均宽度(m)	平均深度(m)
1	1	-1	44 615.7	0.251	29 253.0	301.0	413.0	50.15	1.49
2	5	1	29 685.3	0.387	21 522.0	413.0	529.0	65.93	1.81
3	4	1	3 671.9	0.354	2 948.0	413.0	425.0	34.95	1.17
4	3	4	35 592.8	0.545	27 162.0	427.0	620.0	54.99	1.59
5	2	4	48 529.4	0.480	37 084.0	427.0	660.0	61.62	1.71

注:编码为-1表示下游为整个流域的出口,没有再连接的对象。

6.2.2　流域属性构建

流域属性主要是通过BASINS GIS的环境,提取出流域水系的河道水深、宽度、坡度等地形基础资料,然后通过曼宁公式计算FTABLEs表。这就是所谓标准的计算方法(Standard Method)。如果有具体的河道地形资料,可以用标准方法对其进行修正。下面重点介绍标准方法。

标准方法认定河道糙率n的值为0.05,并认定河道的断面形状是复合梯形断面形式(见图6-14)。梯形断面的主槽部分边坡为1∶1,河漫滩部分边坡为0.5∶1,其他部分用表6-6说明。

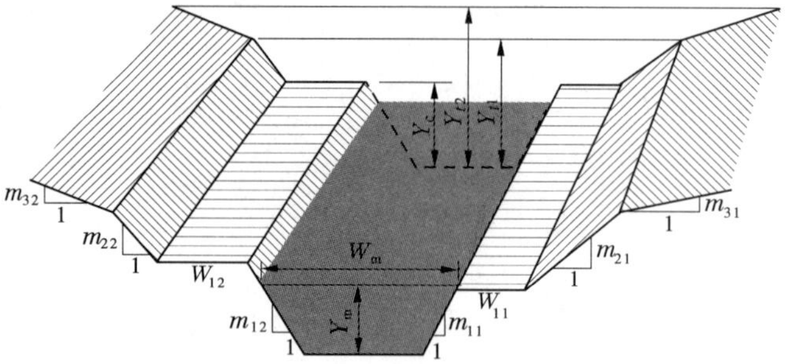

图6-14　渠道横断面参数说明

表 6-6　河道上横断面参数认定说明

序号	河道水力参数	对应英文参数	模型认定值
1	平均水深(Mean flow depth)	Y_m	由 GIS 属性表获得
2	平均宽度(Mean flow width)	W_m	由 GIS 属性表获得
3	曼宁系数(Manning′s)	n	0.05
4	纵坡比(Longitudinal slope)	S	由 GIS 属性表获得
5	主槽边坡(Channel side Slope)	$m_{11,12}$	1.0
6	漫滩边坡(Floodplain side Slope)	$m_{21,22}$ $m_{31,32}$	0.5
7	漫滩宽度(Floodplain width)	$W_{11,12}$	W_m
8	主槽齐岸深度(Bankfull depth)	Y_c	$1.25Y_m$
9	最大漫滩水深(Max floodplain depth)	Y_{t2}	$33.33Y_{t1}=62.5Y_m$
10	漫滩裂口水深(Foodplain split depth)	Y_{t1}	$1.25Y_c$

FTABLEs 标准计算方法计算出的 FTABLE 表包括水体表面面积、水体体积、出流三者与河道水深之间的函数关系，一共 8 个点值。水体表面面积(Surface area)和体积(Volume)的计算是通过河道断面参数，经过简单的几何运算得到的。水体出流(Outflow)是通过曼宁公式计算得到的。详细的计算方法与公式如下。

天然渠道一般概化成梯形断面(见图 6-15)。

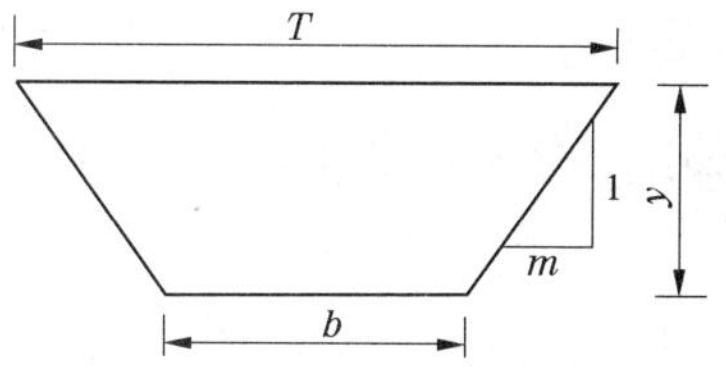

T—顶宽；b—渠底宽度；m—边坡；y—水深

图 6-15　梯形断面参数说明

计算河道流量关系曲线以及相应的河流表面面积和河道水体体积的公式，主要有如下几个。

(1)河道表面面积计算。

$$SA = TL \tag{6-1}$$

式中：SA 表示河道表面面积；L 表示河道长度。

(2)顶宽计算。

$$T = b + 2my \tag{6-2}$$

(3)河道水体体积计算。

$$V = SAy \tag{6-3}$$

（4）流量与水深关系（曼宁公式）。

$$Q = \frac{c}{n} A^{5/3} R_h^{2/3} \sqrt{S_0} \tag{6-4}$$

式中：c 是经验系数（$c = 1$，表示米制；$c = 1.486$，表示英制）；n 表示糙率，$n = 0.04 \sim 0.05$；R_h 表示水力半径；S_0 表示渠道比降。

（5）河道断面面积计算。

$$A = b \cdot y + my^2 \tag{6-5}$$

（6）水力半径计算。

$$R_h = \frac{A}{WP} \tag{6-6}$$

式中：WP 表示湿周，其计算公式为：

$$WP = b + 2y \sqrt{m^2 + 1} \tag{6-7}$$

（7）渠道比降计算。

$$S_0 = \frac{\Delta Elevation}{L} \tag{6-8}$$

6.3 HSPF 模型构建

经过基础数据准备，WDM 时间序列建立和 BASINS 系统空间属性前处理，HSPF 模型运行前提条件已经齐备。需要指出的是，数据准备过程中的相关数据处理，一般需要借助于其他相关软件比如 ArcGIS、ArcView、VisualFoxpro 和 Excel 等进行。

6.3.1 BASINS 跳转 WinHSPF

经过前述介绍的流路网的构建和子流域的划分，并待调入已经处理好的土地利用类型。

（1）在“Plug - ins”菜单下（见图 6-16），点击“Model Setup（HSPF/AQUATOX）”左边的复选框，确保该项被选中，即 BASINS 将加载 HSPF 模块。

（2）激活“Watershed Delineation Shapefile（demw. shp）”，然后按住“Ctrl”键，点击 36 个子流域，表示选中 36 个子流域作为研究目标。如果没有按这个操作步骤进行子流域选取，系统默认为全选。

（3）在“Models”菜单下，选取“HSPF”，则出现如图 6-17 所示的窗体。

在“BASINS HSPF”界面的“General”键下，“HSPF Project Name”对应的文本框默认值为“Luanhe”，用户可以根据实际需要重新输入新的名字，在此选用系统提供的默认值。

在“Land Use Type”对应的文本框中，默认“USGS GIRAS Shapefile”。对于中国的用户来说，一般选取“Other Shapefile”；在“Subbasins Layer”对应的文本框中，选择“Watershed Shapefile（DYJ_Luanw. shp）”；在“Streams Layer”对应的文本框中，选择“Stream Reach Shapefile（net）（DYJ_Luannet. shp）”；在“Point Sources Layer”对应的文本框中，选择“none”。前两个选项是必须要选择的，后面点源层根据实际需要确定，不是必须的。

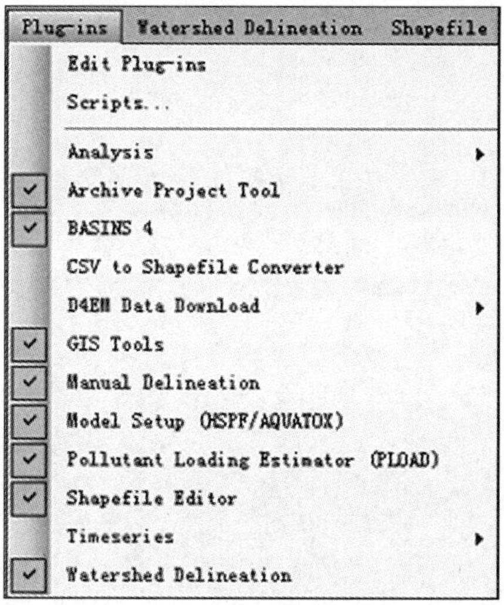

图 6-16 "Plug－ins"菜单下

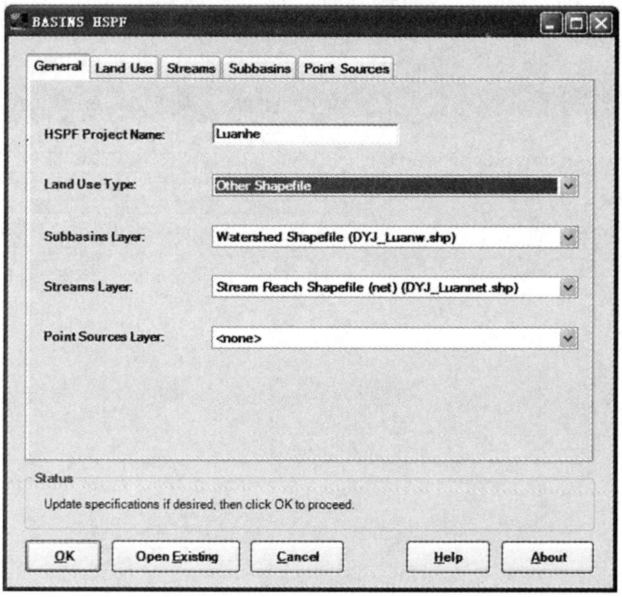

图 6-17 BASINS HSPF 设置界面

(4)在"BASINS HSPF"界面的"Land Use"键下,在"Land Use Layer"对应的文本框中,选择"land 5 soil";在"Classification Field"对应的文本框中,选择"DLBM"。土地利用类型设置后面会有详述。此时界面设置显示如图 6-18 所示。

对于透水面积与不透水面积比例(Impervious Percent)的划分,本研究根据土地渗透性质认为,林地(Forest)、园地(Garden)、草地(Pasture)和耕地(Till)为透水面积,城市建设用地(Build)设定 50% 为透水地面。

(5)不透水面积的比例设置完毕后,点击"OK"。经过图层叠置后(Overlay),弹出"WinHSPF－Create Project"(见图 6-19)。

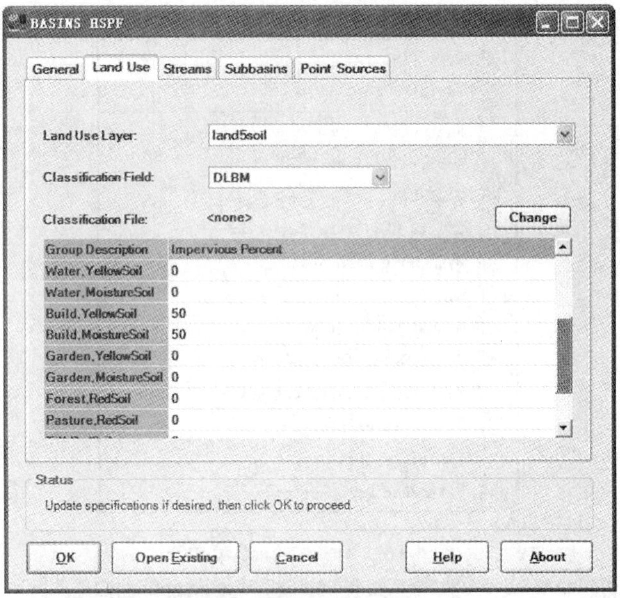

图 6-18　BASINS HSPF 设置界面(Land Use)

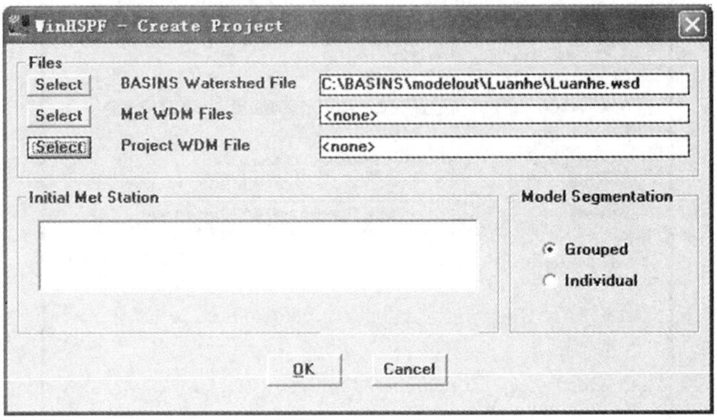

图 6-19　Create Project 对话框

在"Files"框架中,有三个"Select"按键,分别是:BASINS Watershed File、Met WDM Files 和 Project WDM File。在 BASINS Watershed File 的文本框中,系统从 BAINS 向 Win HSPF跳转时自动输入以 *. WSD 命名的 BASINS 工程文件;在 Met WDM Files 的文本框中,一般要输入 1 ~3 个气象数据文件。这些气象数据文件包括降雨、气温、蒸发能力和其他气象数据。这里需要指出的是,只要 WDM 文件包含必备的气象资料,任何 WDM 文件都可以作为 Met WDM 文件使用;在 Project WDM File 文本框中,输入由用户自己创建的 WDM 文件,这些文件中包含 HSPF 模拟输出的结果和模型的点源输入资料。

在"Initial Met Station"框架中,大部分 Met WDM 文件中包括几个站的数据,在这里要选定最能代表研究流域的一个站,当然用户觉得选择不合适,可以在后面的 WinHSPF 软件里进行修正。

在"Model Segmentation"框架中,有两个单选按钮,一个是"Grouped",一个是"Individual”。选择前者表示各个子流域选用同样的参数和气象输入资料,后者表示各个子流域选用不同的参数和气象输入资料。这个后面的章节还有详细讨论。

(6)点击“Met WDM Files”旁边的“Select”按钮,找到文件夹“C:\Basins\Luan_River\L - WDM\LuanheWDM. wdm”,点击“打开”。

(7)点击“Project WDM File”旁边的“Select”按钮,找到文件夹 C:\Basins\Luan_River\L - WDM\Lout. wdm”,点击“打开”。

(8)在“Model Segmentation”框架中,站点选取是根据实际情况来确定的,选最靠近流域的站点作为对象。在此先选定“MAJIAYIN: hourly precipitation (1995/1/1-2005/12/31)”(见图 6-20)。

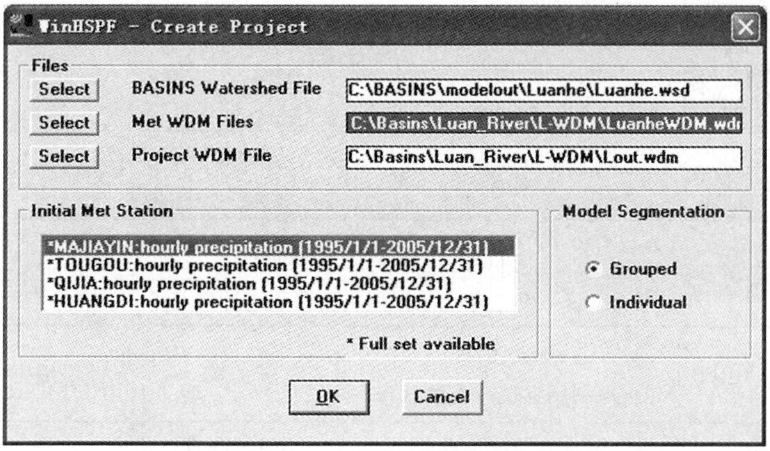

图 6-20　Create Project 对话框选择操作

(9)在“Model Segmentation”框架中,选定“Individual”。选定“Grouped”表示在所有子流域上创建单一分隔模式,即在所有子流域的每种土地利用上建立单一 PERLND/IMPLEND计算模块。如果选定“Individual”,正好与此相反,即在每个子流域的不同土地利用类型上分别建立 PERLND/IMPLEND 计算模块。

(10)点击“OK”,则屏幕显示如图 6-21 所示。

图 6-21 中显示了各子流域相互连接的示意图(Schematic)。此时系统将会自动生成以下三个重要文件:

①UCI(User's Control Input)文件。UCI 文件包括了 HSPF 模型运行所需要的大部分输入信息,除了时间序列数据。

②ECH 文件。ECH 文件包含 HSPF 模型运行的相关信息。

③PTF 文件。PTF 文件包括河道、湖泊的水力重要参数信息。由于这部分缺少相应的实地勘测值,因此数据主要依据 GIS 数据获得,并根据经验判断正确与否。

这三个文件中,UCI 文件是最重要的一个,它是 HSPF 模型运行的关键。从 BASINS 跳转过来建立的 HSPF(UCI)模型,是模型构建的基础环节,其他许多重要信息还需要专门设置。

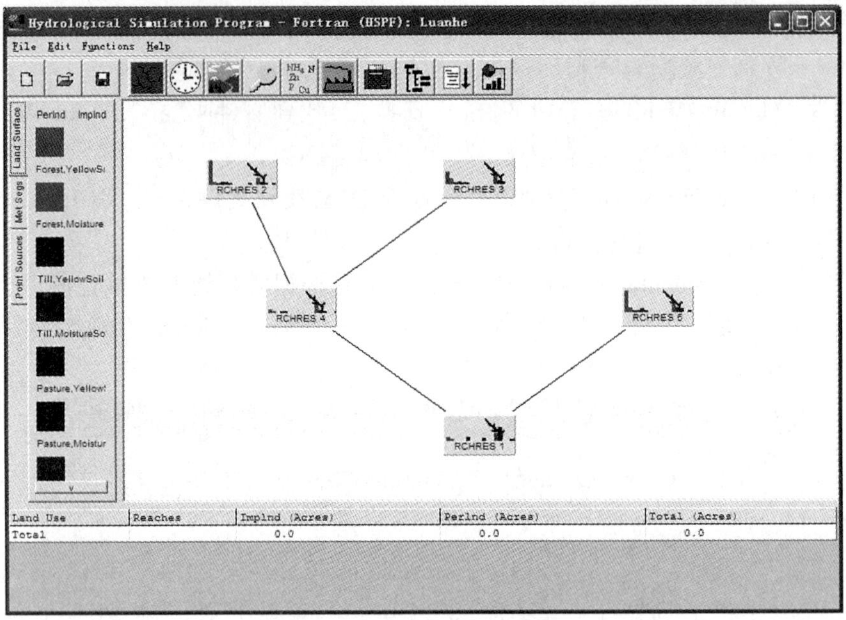

图 6-21 WinHSPF 主界面

表 6-7 1980 年土地利用类型面积统计情况表

水文响应单元(HRU)	单元描述 (土地利用类型 + 土壤分布)	子流域	子流域编码	面积 (km^2)
PERLND 501	Forest, YellowSoil	RCHRES 5	5	296.86
PERLND 502	Forest, MoistureSoil	RCHRES 5	5	60.78
PERLND 503	Till, YellowSoil	RCHRES 5	5	14.69
PERLND 504	Till, MoistureSoil	RCHRES 5	5	17.98
PERLND 505	Pasture, YellowSoil	RCHRES 5	5	39.07
PERLND 506	Pasture, MoistureSoil	RCHRES 5	5	20.66
PERLND 507	Water, YellowSoil	RCHRES 5	5	2.03
PERLND 508	Water, MoistureSoil	RCHRES 5	5	5.83
PERLND 509	Build, YellowSoil	RCHRES 5	5	0.49
IMPLND 501	Build, YellowSoil	RCHRES 5	5	0.49
PERLND 510	Build, MoistureSoil	RCHRES 5	5	2.16
IMPLND 502	Build, MoistureSoil	RCHRES 5	5	2.16
PERLND 511	Garden, YellowSoil	RCHRES 5	5	4.05
PERLND 512	Garden, MoistureSoil	RCHRES 5	5	5.92
PERLND 513	Forest, RedSoil	RCHRES 5	5	130.46
PERLND 514	Pasture, RedSoil	RCHRES 5	5	52.66

续表 6-7

水文响应单元(HRU)	单元描述（土地利用类型+土壤分布）	子流域	子流域编码	面积（km^2）
PERLND 515	Till,RedSoil	RCHRES 5	5	37.16
PERLND 516	Water,RedSoil	RCHRES 5	5	2.54
PERLND 517	Garden,RedSoil	RCHRES 5	5	15.23
PERLND 518	Build,RedSoil	RCHRES 5	5	6.42
PERLND 301	Forest,YellowSoil	RCHRES 3	3	163.39
PERLND 302	Forest,MoistureSoil	RCHRES 3	3	64.54
PERLND 303	Till,YellowSoil	RCHRES 3	3	6.99
PERLND 304	Till,MoistureSoil	RCHRES 3	3	29.94
PERLND 305	Pasture,YellowSoil	RCHRES 3	3	20.40
PERLND 306	Pasture,MoistureSoil	RCHRES 3	3	12.64
PERLND 307	Water,YellowSoil	RCHRES 3	3	0.77
PERLND 308	Water,MoistureSoil	RCHRES 3	3	3.25
PERLND 309	Build,YellowSoil	RCHRES 3	3	0.01
IMPLND 301	Build,YellowSoil	RCHRES 3	3	0.01
PERLND 310	Build,MoistureSoil	RCHRES 3	3	1.62
IMPLND 302	Build,MoistureSoil	RCHRES 3	3	1.62
PERLND 311	Garden,YellowSoil	RCHRES 3	3	0.20
PERLND 312	Garden,MoistureSoil	RCHRES 3	3	1.62
PERLND 313	Forest,RedSoil	RCHRES 3	3	127.37
PERLND 314	Pasture,RedSoil	RCHRES 3	3	40.53
PERLND 315	Till,RedSoil	RCHRES 3	3	34.73
PERLND 316	Water,RedSoil	RCHRES 3	3	3.05
PERLND 317	Garden,RedSoil	RCHRES 3	3	2.01
PERLND 318	Build,RedSoil	RCHRES 3	3	2.36
PERLND 201	Forest,YellowSoil	RCHRES 2	2	348.50
PERLND 202	Forest,MoistureSoil	RCHRES 2	2	27.24
PERLND 203	Till,YellowSoil	RCHRES 2	2	10.93
PERLND 204	Till,MoistureSoil	RCHRES 2	2	28.84
PERLND 205	Pasture,YellowSoil	RCHRES 2	2	33.38
PERLND 206	Pasture,MoistureSoil	RCHRES 2	2	10.23

续表 6-7

水文响应单元(HRU)	单元描述 (土地利用类型+土壤分布)	子流域	子流域编码	面积 (km^2)
PERLND 207	Water,YellowSoil	RCHRES 2	2	3.20
PERLND 208	Water,MoistureSoil	RCHRES 2	2	3.54
PERLND 209	Build,YellowSoil	RCHRES 2	2	1.15
IMPLND 201	Build,YellowSoil	RCHRES 2	2	1.15
PERLND 210	Build,MoistureSoil	RCHRES 2	2	2.54
IMPLND 202	Build,MoistureSoil	RCHRES 2	2	2.54
PERLND 211	Garden,YellowSoil	RCHRES 2	2	8.59
PERLND 212	Garden,MoistureSoil	RCHRES 2	2	4.87
PERLND 213	Forest,RedSoil	RCHRES 2	2	82.43
PERLND 214	Pasture,RedSoil	RCHRES 2	2	29.72
PERLND 215	Till,RedSoil	RCHRES 2	2	12.97
PERLND 216	Water,RedSoil	RCHRES 2	2	1.59
PERLND 217	Garden,RedSoil	RCHRES 2	2	7.16
PERLND 218	Build,RedSoil	RCHRES 2	2	1.48
PERLND 401	Forest,YellowSoil	RCHRES 4	4	39.66
PERLND 402	Forest,MoistureSoil	RCHRES 4	4	9.15
PERLND 403	Till,YellowSoil	RCHRES 4	4	5.89
PERLND 404	Till,MoistureSoil	RCHRES 4	4	7.26
PERLND 405	Pasture,YellowSoil	RCHRES 4	4	9.02
PERLND 406	Pasture,MoistureSoil	RCHRES 4	4	6.11
PERLND 408	Water,MoistureSoil	RCHRES 4	4	1.97
PERLND 409	Build,YellowSoil	RCHRES 4	4	0.59
IMPLND 401	Build,YellowSoil	RCHRES 4	4	0.59
PERLND 410	Build,MoistureSoil	RCHRES 4	4	1.00
IMPLND 402	Build,MoistureSoil	RCHRES 4	4	1.00
PERLND 411	Garden,YellowSoil	RCHRES 4	4	1.58
PERLND 412	Garden,MoistureSoil	RCHRES 4	4	0.57
PERLND 413	Forest,RedSoil	RCHRES 4	4	106.95
PERLND 414	Pasture,RedSoil	RCHRES 4	4	24.74
PERLND 415	Till,RedSoil	RCHRES 4	4	16.56

续表 6-7

水文响应单元(HRU)	单元描述 (土地利用类型+土壤分布)	子流域	子流域编码	面积 (km^2)
PERLND 416	Water,RedSoil	RCHRES 4	4	1.78
PERLND 417	Garden,RedSoil	RCHRES 4	4	0.29
PERLND 418	Build,RedSoil	RCHRES 4	4	11.06
PERLND 101	Forest,YellowSoil	RCHRES 1	1	34.95
PERLND 102	Forest,MoistureSoil	RCHRES 1	1	10.70
PERLND 103	Till,YellowSoil	RCHRES 1	1	0.33
PERLND 104	Till,MoistureSoil	RCHRES 1	1	0.05
PERLND 105	Pasture,YellowSoil	RCHRES 1	1	5.41
PERLND 106	Pasture,MoistureSoil	RCHRES 1	1	35.27
PERLND 108	Water,MoistureSoil	RCHRES 1	1	3.02
PERLND 109	Build,YellowSoil	RCHRES 1	1	0.96
IMPLND 101	Build,YellowSoil	RCHRES 1	1	0.96
PERLND 110	Build,MoistureSoil	RCHRES 1	1	13.88
IMPLND 102	Build,MoistureSoil	RCHRES 1	1	13.88
PERLND 111	Garden,YellowSoil	RCHRES 1	1	0.42
PERLND 112	Garden,MoistureSoil	RCHRES 1	1	0.82
PERLND 113	Forest,RedSoil	RCHRES 1	1	92.86
PERLND 114	Pasture,RedSoil	RCHRES 1	1	177.37
PERLND 115	Till,RedSoil	RCHRES 1	1	6.49
PERLND 116	Water,RedSoil	RCHRES 1	1	3.77
PERLND 117	Garden,RedSoil	RCHRES 1	1	8.26
PERLND 118	Build,RedSoil	RCHRES 1	1	30.79

6.3.2 气象站点增加与流域再分割

流域的空间离散(Segmentation)和空间异质性是流域水文模型研究中重要的理论问题与实践问题。HSPF 模型属于半分布式模型,空间的离散对模型的输出精度有着重要的意义。离散化程度越高,从理论上说精度越高,但是增加了参数率定和调整的工作量,因此从精度和效率上讲却不一定是最好的。HSPF 模型的空间异质性主要考虑了每个离散单元的降雨(Rainfall)、重要的气象数据(Meteorological Data)、土壤类型(Soil Type)、土地利用类型(Land Use)、河道水力特征(Reach Characteristics)和其他物理特征参数,如渗透系数、坡比等。土壤类型、土地利用类型、坡比的空间异质性在前面通过土地利用叠加以便形成不同的水文响应单元来完成,气象数据的空间异质性则通过流域再分割(Segmentation)来实现。实际上,在从 BASINS 向 WinHSPF 跳转的过程中,可以看到,我们只选用了一个气象站点作为流域初始化站点,为了考虑气象数据的异质性,必须进行流域再分割处理。

子流域与气象站点分配如表 6-8 所示。子流域与气象站点分配是根据泰森多边形方法的原理进行的。泰森多边形方法又称垂直平均线法。首先用直线连接相邻气象站组成三角形(锐角),见第 5 章中的图 5-4。

表 6-8　子流域与气象站点分配

序号	名称	属性	分配子流域	子流域合计总数
1	荒地	雨量站	2	1
2	七家	雨量站	4	1
3	头沟	雨量站	3、5	2
4	马家营	雨量站	1	1
合计				5

流域再分割前,气象站点与子流域分配情况是整个流域采用气象站点资料为 MD59096,见图 6-22 和图 6-23。

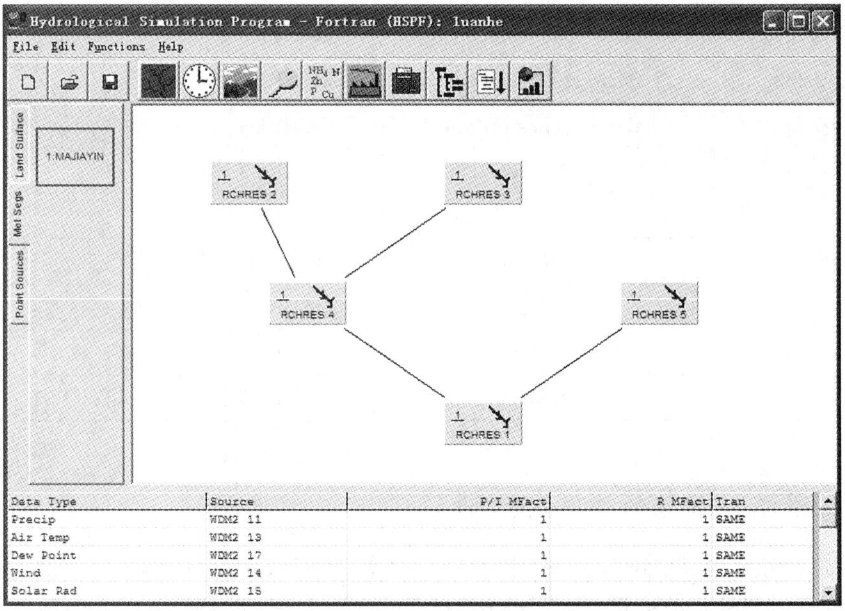

图 6-22　流域再分割前气象站点分配情况

6.3.3　UCI 文件属性设置

UCI 文件是包含程序大量输入信息的一个文本文件,UCI 文件类似于网页文件中 HTML 语言,可用 DreamWeaver 界面软件编辑控制它,因此 WinHSPF 也就类似于 DreamWeaver 界面软件,可用于 UCI 文件的编辑,当然熟练用户可以直接修改 UCI 文件。根据

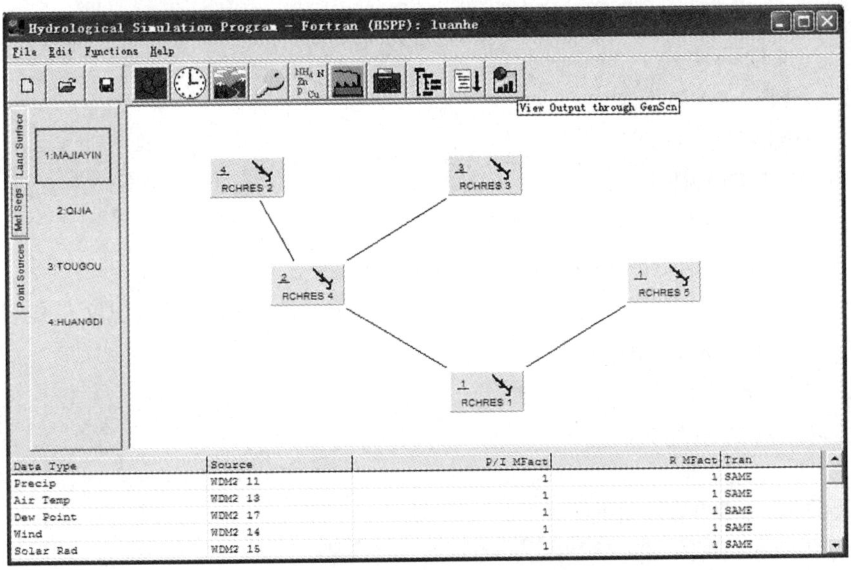

图 6-23　流域再分割后气象站点分配情况

WinHSPF 软件的测试与使用,当子流域单元划分较多时,软件自动生成的 UCI 文件有一定冗余和不合理性,因此一般情况下,二者相互结合,即 WinHSPF 界面与 UCI 编辑相互结合起来,一起调整模型运行,以便生成高质量的 UCI 文件代码,同时也便于用户识别。由此可见,掌握 UCI 文件属性设置对于熟练运用 HSPF 模型有着重要的意义。

UCI 文件主要包括四大部分,分别是总运行控制模块(Run Specification Blocks)、单元控制模块(Operation Module Blocks)、外部时间序列控制模块(Time Series Linkage Blocks)和其他模块(Other)。每部分又包括以下几小部分:

(1)总运行控制模块(Run Specification Blocks)

◇　GlOBAL

◇　FILES

◇　OPEN SEQUENCE

(2)单元控制模块(Operation Module Blocks)

◇　PERLND

◇　IMPLND

◇　COPY

◇　etc

(3)外部时间序列控制模块(Time Series Linkage Blocks)

◇　NETWORK

◇　EXT SOURCES

◇　SCHEMATIC

◇　MASS - LINK

◇　EXT TARGET

(4)其他模块(Other)

◇ FTABLES

◇ CATEGORY

◇ SPEC - ACTIONS

◇ MONTH - DATA

◇ PATHNAMES

下面结合 WinHSPF 软件界面着重介绍 UCI 文件属性设置。

1. 总运行控制模块(Run Specification Blocks)

总运行控制模块涉及:运行模型的名称、模型运行起始时间、指输出文件的信息、运行模式控制(Run Flag)和所使用单位。

(1)GLOBAL 部分。

UCI 文件对应的系列为:

```
GLOBAL
 UCI Created by WinHSPF for Luanhe
 START       1995/01/01 00:00  END    2005/12/31 00:00
 RUN INTERP OUTPT LEVELS    1    0
 RESUME     0 RUN     1                          UNITS    1
END GLOBAL
```

WinHSPF 软件界面这部分对应的则是:先点击(Data Editor),弹出对话窗口"Input Data Editor"(见图 6-24)。

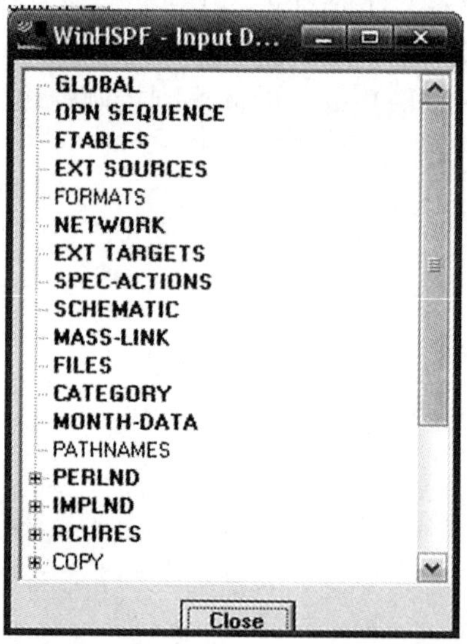

图 6-24　Input Data Editor 对话框

双击"GLOBAL",弹出如图 6-25 所示对话框:

GLOBAL 显示的信息基本符合运行要求,模型起始运转的时间根据后面参数校准率定具体再进行设置。"Special Action"先暂不做改动。

(2)FILES 部分。

UCI 文件对应的系列为:

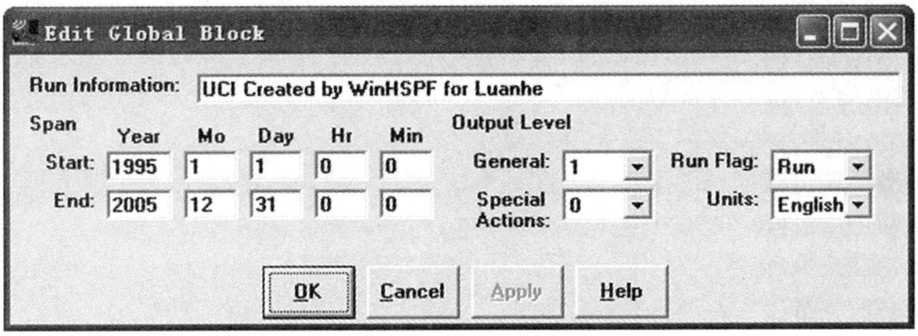

图 6-25　Edit Global Block 窗体对话框

```
FILES
<FILE>    <UN#> * * * <- - - FILE  NAME - - - - - - - - - - - - - - >
MESSU         24              Luanhe. ech
              91              Luanhe. out
WDM1          25                  . . \. . \Luan_River\L - WDM\Lout. wdm
WDM2          26                . . \. . \Luan_River\L - WDM\LuanheWDM. wdm
BINO          92               Luanhe. hbn
END  FILES
```

在软件界面部分里，在窗口“Input Data Editor”中双击“FILES”，弹出如图 6-26 所示对话框。

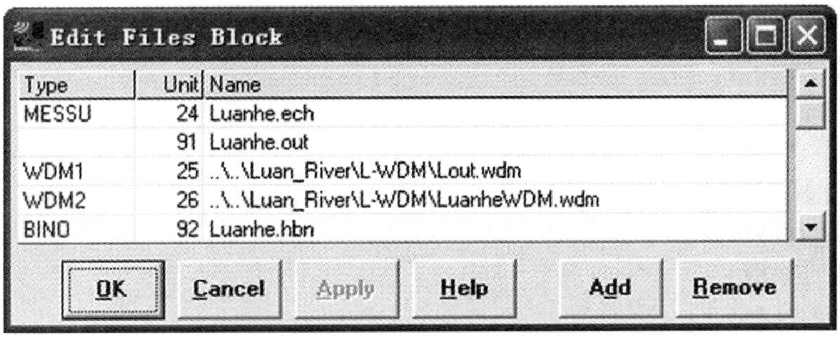

图 6-26　Edit Files Block 窗体对话框

这一部分在跳转过程中已经设置好了，不需再做变动。

(3) OPEN SEQUENCE 部分。

本部分 UCI 文件已通过人工手段进行了代码的优化。UCI 文件对应的系列为：

```
OPN  SEQUENCE
    INGRP                 INDELT  01:00
      PERLND        101
      PERLND        102
      PERLND        103
      PERLND        104
      PERLND        105
      PERLND        106
      PERLND        108
```

PERLND	109
PERLND	110
PERLND	111
PERLND	112
PERLND	113
PERLND	114
PERLND	115
PERLND	116
PERLND	117
PERLND	118
IMPLND	101
IMPLND	102
PERLND	501
PERLND	502
PERLND	503
PERLND	504
PERLND	505
PERLND	506
PERLND	507
PERLND	508
PERLND	509
PERLND	510
PERLND	511
PERLND	512
PERLND	513
PERLND	514
PERLND	515
PERLND	516
PERLND	517
PERLND	518
IMPLND	501
IMPLND	502
PERLND	401
PERLND	402
PERLND	403
PERLND	404
PERLND	405
PERLND	406
PERLND	408
PERLND	409
PERLND	410
PERLND	411

PERLND	412
PERLND	413
PERLND	414
PERLND	415
PERLND	416
PERLND	417
PERLND	418
IMPLND	401
IMPLND	402
PERLND	301
PERLND	302
PERLND	303
PERLND	304
PERLND	305
PERLND	306
PERLND	307
PERLND	308
PERLND	309
PERLND	310
PERLND	311
PERLND	312
PERLND	313
PERLND	314
PERLND	315
PERLND	316
PERLND	317
PERLND	318
IMPLND	301
IMPLND	302
PERLND	201
PERLND	202
PERLND	203
PERLND	204
PERLND	205
PERLND	206
PERLND	207
PERLND	208
PERLND	209
PERLND	210
PERLND	211
PERLND	212
PERLND	213

```
          PERLND      214
          PERLND      215
          PERLND      216
          PERLND      217
          PERLND      218
          IMPLND      201
          IMPLND      202
          RCHRES        5
          RCHRES        3
          RCHRES        2
          RCHRES        4
          RCHRES        1
    END INGRP
END OPN SEQUENCE
```

软件界面对应:在窗口“Input Data Editor”中双击“OPEN SEQUENCE”,弹出如图 6-27 所示对话框。

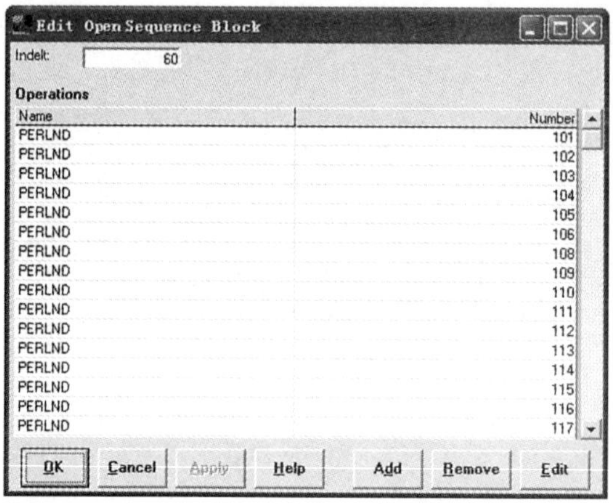

图 6-27　Edit Open Sequence Block 窗体对话框

此部分按跳转过程形成的默认过程即可。HSPF 模型计算时间间隔(Indelt)区间为 1 min ~ 1 day,在此时间计算间隔设定 1 min(60 s),与默认保持不变。

2. 单元控制模块(Operation Module Blocks)

(1)PERLND 模块。

UCI 文件对应的部分为:

a) ACTIVITY 模块、PRINT - INFO 模块、BINARY - INFO 模块

```
  ACTIVITY
* * *  <PLS >                    Active Sections                              * * *
* * * x  -  x ATMP SNOW PWAT SED PST PWG PQAL MSTL PEST NITR PHOS TRAC * * *
  101  518    0    0    1    0    0    0    0    0    0    0    0    0
  END ACTIVITY
```

```
PRINT - INFO
* * *  < PLS >                Print - flags                           PIVL  PYR
* * * x - x ATMP SNOW PWAT SED PST PWG PQAL MSTL PEST NITR PHOS TRAC
101  518    4    4    4   4   4    4    4    4    4    4    4    4    1    9
END PRINT - INFO
```

```
BINARY - INFO
* * *  < PLS >              Binary  Output  Flags                      PIVL  PYR
* * * x - x ATMP SNOW PWAT SED PST PWG PQAL MSTL PEST NITR PHOS TRAC
101  518    4    4    4   4   4    4    4    4    4    4    4    4    1    9
END BINARY - INFO
```

b) GEN - INFO 模块

```
GEN - INFO
* * *                     Name               Unit - systems        Printer  BinaryOut
* * * < PLS >                                t - series    Engl   Metr   Engl   Metr
* * *  x  -  x                               in    out
101    Forest, YellowSoil                    1     1       0      0      92     0
102    Forest, MoistureSoil                  1     1       0      0      92     0
103    Till, YellowSoil                      1     1       0      0      92     0
104    Till, MoistureSoil                    1     1       0      0      92     0
105    Pasture, YellowSoil                   1     1       0      0      92     0
106    Pasture, MoistureSoil                 1     1       0      0      92     0
108    Water, MoistureSoil                   1     1       0      0      92     0
109    Build, YellowSoil                     1     1       0      0      92     0
110    Build, MoistureSoil                   1     1       0      0      92     0
111    Garden, YellowSoil                    1     1       0      0      92     0
112    Garden, MoistureSoil                  1     1       0      0      92     0
113    Forest, RedSoil                       1     1       0      0      92     0
114    Pasture, RedSoil                      1     1       0      0      92     0
115    Till, RedSoil                         1     1       0      0      92     0
116    Water, RedSoil                        1     1       0      0      92     0
117    Garden, RedSoil                       1     1       0      0      92     0
118    Build, RedSoil                        1     1       0      0      92     0
201    Forest, YellowSoil                    1     1       0      0      92     0
202    Forest, MoistureSoil                  1     1       0      0      92     0
203    Till, YellowSoil                      1     1       0      0      92     0
204    Till, MoistureSoil                    1     1       0      0      92     0
205    Pasture, YellowSoil                   1     1       0      0      92     0
206    Pasture, MoistureSoil                 1     1       0      0      92     0
207    Water, YellowSoil                     1     1       0      0      92     0
208    Water, MoistureSoil                   1     1       0      0      92     0
```

209	Build, YellowSoil	1	1	0	0	92	0
210	Build, MoistureSoil	1	1	0	0	92	0
211	Garden, YellowSoil	1	1	0	0	92	0
212	Garden, MoistureSoil	1	1	0	0	92	0
213	Forest, RedSoil	1	1	0	0	92	0
214	Pasture, RedSoil	1	1	0	0	92	0
215	Till, RedSoil	1	1	0	0	92	0
216	Water, RedSoil	1	1	0	0	92	0
217	Garden, RedSoil	1	1	0	0	92	0
218	Build, RedSoil	1	1	0	0	92	0
301	Forest, YellowSoil	1	1	0	0	92	0
302	Forest, MoistureSoil	1	1	0	0	92	0
303	Till, YellowSoil	1	1	0	0	92	0
304	Till, MoistureSoil	1	1	0	0	92	0
305	Pasture, YellowSoil	1	1	0	0	92	0
306	Pasture, MoistureSoil	1	1	0	0	92	0
307	Water, YellowSoil	1	1	0	0	92	0
308	Water, MoistureSoil	1	1	0	0	92	0
309	Build, YellowSoil	1	1	0	0	92	0
310	Build, MoistureSoil	1	1	0	0	92	0
311	Garden, YellowSoil	1	1	0	0	92	0
312	Garden, MoistureSoil	1	1	0	0	92	0
313	Forest, RedSoil	1	1	0	0	92	0
314	Pasture, RedSoil	1	1	0	0	92	0
315	Till, RedSoil	1	1	0	0	92	0
316	Water, RedSoil	1	1	0	0	92	0
317	Garden, RedSoil	1	1	0	0	92	0
318	Build, RedSoil	1	1	0	0	92	0
401	Forest, YellowSoil	1	1	0	0	92	0
402	Forest, MoistureSoil	1	1	0	0	92	0
403	Till, YellowSoil	1	1	0	0	92	0
404	Till, MoistureSoil	1	1	0	0	92	0
405	Pasture, YellowSoil	1	1	0	0	92	0
406	Pasture, MoistureSoil	1	1	0	0	92	0
408	Water, MoistureSoil	1	1	0	0	92	0
409	Build, YellowSoil	1	1	0	0	92	0
410	Build, MoistureSoil	1	1	0	0	92	0
411	Garden, YellowSoil	1	1	0	0	92	0
412	Garden, MoistureSoil	1	1	0	0	92	0
413	Forest, RedSoil	1	1	0	0	92	0
414	Pasture, RedSoil	1	1	0	0	92	0

```
  415   Till, RedSoil                    1    1    0    0    92    0
  416   Water, RedSoil                   1    1    0    0    92    0
  417   Garden, RedSoil                  1    1    0    0    92    0
  418   Build, RedSoil                   1    1    0    0    92    0
  501   Forest, YellowSoil               1    1    0    0    92    0
  502   Forest, MoistureSoil             1    1    0    0    92    0
  503   Till, YellowSoil                 1    1    0    0    92    0
  504   Till, MoistureSoil               1    1    0    0    92    0
  505   Pasture, YellowSoil              1    1    0    0    92    0
  506   Pasture, MoistureSoil            1    1    0    0    92    0
  507   Water, YellowSoil                1    1    0    0    92    0
  508   Water, MoistureSoil              1    1    0    0    92    0
  509   Build, YellowSoil                1    1    0    0    92    0
  510   Build, MoistureSoil              1    1    0    0    92    0
  511   Garden, YellowSoil               1    1    0    0    92    0
  512   Garden, MoistureSoil             1    1    0    0    92    0
  513   Forest, RedSoil                  1    1    0    0    92    0
  514   Pasture, RedSoil                 1    1    0    0    92    0
  515   Till, RedSoil                    1    1    0    0    92    0
  516   Water, RedSoil                   1    1    0    0    92    0
  517   Garden, RedSoil                  1    1    0    0    92    0
  518   Build, RedSoil                   1    1    0    0    92    0
  END GEN - INFO
```

c)PWAT 参数设置模块

```
  PWAT - PARM1
* * *  < PLS >                     Flags
* * * x  - x CSNO RTOP UZFG VCS VUZ VNN VIFW VIRC VLE IFFC HWT IRRG IFRD
  101    518   0    1    1    1   0    0    0    0   1    1    0    0    0
  END PWAT - PARM1


  PWAT - PARM2
* * *  < PLS > FOREST    LZSN  INFILT    LSUR     SLSUR    KVARY          AGWRC
* * * x - x              (in)  (in/hr)   (ft)              (1/in)       (1/day)
   101              1.     10    0.16     150  .211548       0.            0.98
* * *  <PLS>   FOREST    LZSN  INFILT    LSUR     SLSUR    KVARY          AGWRC
* * *  x  -  x           (in)  (in/hr)   (ft)              (1/in)       (1/day)
   102   104        1.    6.5    0.16     150  .211548       0.            0.98
   105   106        0.     6.    0.16     150  .211548       0.            0.98
   108              0.     4.    0.16     150  .211548       0.            0.98
   109   112        1.    6.5    0.16     150  .211548       0.            0.98
   113              1.     10    0.16     150  .211548       0.            0.98
```

114		0.	9	0.16	150	.211548	0.	0.98
115		1.	6.5	0.16	150	.211548	0.	0.98
116		0.	4.	0.16	150	.211548	0.	0.98
117	118	1.	6.5	0.16	150	.211548	0.	0.98
201		1.	14	0.16	150	.271458	0.	0.98
202	204	1.	10	0.16	150	.271458	0.	0.98
205	206	0.	6.	0.16	150	.271458	0.	0.98
207	208	0.	4.	0.16	150	.271458	0.	0.98
209	212	1.	6.5	0.16	150	.271458	0.	0.98
213		1.	10	0.16	150	.271458	0.	0.98
214		0.	9	0.16	150	.271458	0.	0.98
215		1.	9	0.16	150	.271458	0.	0.98
216		0.	4.	0.16	150	.271458	0.	0.98
217	218	1.	6.5	0.16	150	.271458	0.	0.98
301		1.	14	0.16	150	.266955	0.	0.98
302		1.	10	0.16	150	.266955	0.	0.98
303		1.	6.5	0.16	150	.266955	0.	0.98
304		1.	10	0.16	150	.266955	0.	0.98
305		0.	10	0.16	150	.266955	0.	0.98
306		0.	6.	0.16	150	.266955	0.	0.98
307	308	0.	4.	0.16	150	.266955	0.	0.98
309	312	1.	6.5	0.16	150	.266955	0.	0.98
313		1.	10	0.16	150	.266955	0.	0.98
314		0.	9	0.16	150	.266955	0.	0.98
315		1.	9	0.16	150	.266955	0.	0.98
316		0.	4.	0.16	150	.266955	0.	0.98
317	318	1.	6.5	0.16	150	.266955	0.	0.98
401		1.	14	0.16	150	.217988	0.	0.98
402	404	1.	6.5	0.16	150	.217988	0.	0.98
405	406	0.	6.	0.16	150	.217988	0.	0.98
408		0.	4.	0.16	150	.217988	0.	0.98
409	412	1.	6.5	0.16	150	.217988	0.	0.98
413		1.	10	0.16	150	.217988	0.	0.98
414		0.	6.	0.16	150	.217988	0.	0.98
415		1.	9	0.16	150	.217988	0.	0.98
416		0.	9	0.16	150	.217988	0.	0.98
417	418	1.	6.5	0.16	150	.217988	0.	0.98
501		1.	14	0.16	150	.224559	0.	0.98
502	504	1.	10	0.16	150	.224559	0.	0.98
505	506	0.	10	0.16	150	.224559	0.	0.98
507	508	0.	4.	0.16	150	.224559	0.	0.98

```
  509  512      1.     6.5   0.16    150   .224559       0.                  0.98
  513           1.     10    0.16    150   .224559       0.                  0.98
  514           0.      9    0.16    150   .224559       0.                  0.98
  515           1.      9    0.16    150   .224559       0.                  0.98
  516           0.      4.   0.16    150   .224559       0.                  0.98
  517  518      1.     6.5   0.16    150   .224559       0.                  0.98
END PWAT-PARM2

  PWAT-PARM3
*** < PLS >  PETMAX  PETMIN  INFEXP  INFILD  DEEPFR  BASETP  AGWETP
*** x - x   (deg F)   (deg F)
  101  518      40.      35.      2.      2.     0.1    0.02      0.
  END PWAT-PARM3

  PWAT-PARM4
*** <PLS >      CEPSC     UZSN     NSUR     INTFW     IRC     LZETP
*** x  -  x     (in)      (in)                        (1/day)
  101    518     0.1     1.128      0.2      0.75      0.5      0.1
  END PWAT-PARM4

  PWAT-STATE1
***  < PLS >   PWATER state variables (in)
*** x - x     CEPS     SURS     UZS     IFWS     LZS     AGWS     GWVS
   101  518  0.01     0.01      0.3     0.01     1.5     0.01     0.01
  END PWAT-STATE1

  MON-INTERCEP
*** <PLS > Interception storage capacity at start of each month (in)
***  x-x  JAN FEB MAR APR MAY JUN JUL AUG SEP OCT NOV DEC
  101 518   .1  .1  .1  .1  .1  .1  .1  .1  .1  .1  .1  .1
  END MON-INTERCEP

  MON-LZETPARM
*** <PLS >   Lower zone evapotransp   parm at start of each month
***  x-x  JAN FEB MAR APR MAY JUN JUL AUG SEP OCT NOV DEC
  101 518  2   .2  .3  .3  .4  .4  .4  .4  .4  .3  .2  .2
  END MON-LZETPARM
```

下面分别介绍每一子模块的意义及设置情况。

- ACTIVITY

透水地面(PERLND)计算模块可模拟12种成分:大气温度(ATEMP)、雪(SNOW)、水平衡模块(PWATER)、泥沙(SEDMNT)、土壤温度(PSTEMP)、水体温度和溶解氧浓度(PWATGAS)、水质成分(PQUAL)、土壤湿度(MSTLAY)、杀虫剂(PEST)、氮(NITR)、磷(PHOS)和示踪剂(TRACER)。

ACTIVITY 是控制是否模拟这些成分。

- PRINT - INFO

PRINT - INFO 设置表示输出结果是按什么样的方式输出,按月还是按年或者其他方式。设置参数的含义见表 6-9:

表 6-9　PRINT - INFO 参数设置

No	参数设置	含义
1	2	输出结果按水文年的间隔(PIVL)
2	3	输出结果按每天
3	4	输出结果按每月
4	5	输出结果按每年
5	6	不输出结果

这里先不做设置变动,后面根据水文校准的具体情况,再设相关参数。

- GEN - INFO

GEN - INFO 表示输入与输出的时间序列的单位设置。UCI 文件中时间序列输入与输入的值都为"1",根据 HSPF 模型的约定,需要与"GLOBAL"模块中的单位设置保持一致,因此需要重新设置。设置情况见图 6-28:

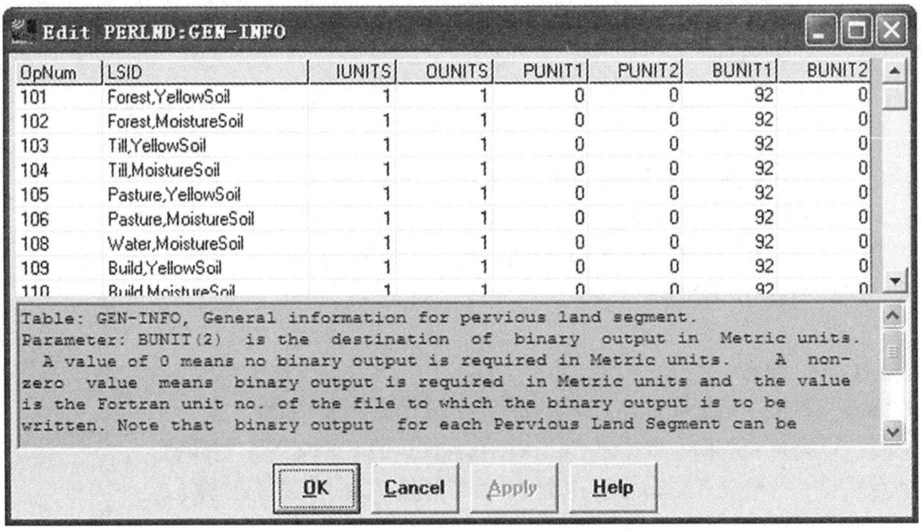

图 6-28　GEN - INFO 设置调整

- PWAT 参数设置(PARM1、PARM2、PARM3、PARM4)

PWAT - PARM1 参数设置是为了确定有关算法,我们直接取用系统提供的默认值即可。

PWAT－PARM2 设置的参数是一系列水文参数，包括 FOREST、LZSN、INFILT、LSUR、SLSUR、KVARY 和 AGWRC。目前的参数设定是系统跳转时自动提供的，是否合理，需要后面的水文校准来确认。

PWAT－PARM3 和 PWAT－PARM4 设置的参数也是一系列水文参数，包括 PETMAX、INFEXP、DEEPFR、BASETP、AGWETP。同样需要水文校准来确认。

- Monthly Table

如果 PWAT－PARM1 中的参数 VCSFG＝1，就会意味着相对应的参数，可能会因月份的不同，参数有所变化。本 UCI 文件提供了 INTERCEP（截流容量）、LZETPARM（下层蒸发参数）月变化值。

与以上有关的 UCI 文件设置对应的软件操作，都在“Input Data EDIT”对话框（见图 6-29）中，双击“PERLND”，各种设置操作都在相应的级联菜单下。

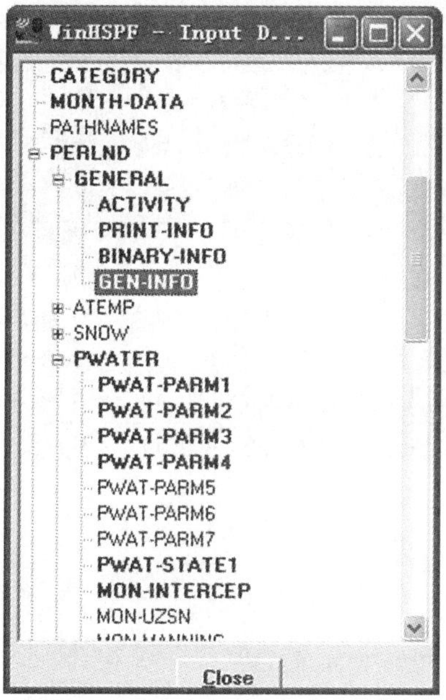

图 6-29　Input Data EDIT（PERLND）

（2）IMPLND 模块。

此部分代码也进行了手工优化，UCI 文件对应的部分是：

```
IMPLND
  ACTIVITY
* * *  <ILS >                        Active  Sections
* * *  x - x   ATMP  SNOW  IWAT   SLD   IWG  IQAL
  101       502     0      0      1      0      0      0
  END  ACTIVITY

  PRINT - INFO
* * *   <ILS >   * * * * * * * * *  Print - flags  * * * * * * * * *  PIVL   PYR
* * *   x - x     ATMP  SNOW  IWAT   SLD   IWG  IQAL  * * * * * * * * * *
```

```
101      502   4    4    4    4    4    4         1        9
END PRINT - INFO

BINARY - INFO
* * *   <ILS>  * * * * Binarg-Output - flags  * * * *          PIVL  PYR
* * *  x - x    ATMP SNOW IWAT  SLD  IWG IQAL  * * * * * * * * *
101     502      4    4    4    4    4    4         1        9
END BINARY - INFO

GEN - INFO
* * *                 Name            Unit - systems    Printer       BinaryOut
* * * <ILS>                            t - series  Engl   Metr  Engl   Metr
* * * x - x                                 in     out
101          Build, YellowSoil          1      1      0      0     92      0
102          Build, MoistureSoil        1      1      0      0     92      0
201          Build, YellowSoil          1      1      0      0     92      0
202          Build, MoistureSoil        1      1      0      0     92      0
301          Build, YellowSoil          1      1      0      0     92      0
302          Build, MoistureSoil        1      1      0      0     92      0
401          Build, YellowSoil          1      1      0      0     92      0
402          Build, MoistureSoil        1      1      0      0     92      0
501          Build, YellowSoil          1      1      0      0     92      0
502          Build, MoistureSoil        1      1      0      0     92      0
END GEN - INFO

IWAT - PARM1
* * *   <ILS  >         Flags
* * *  x  -   x CSNO  RTOP  VRS  VNN  RTLI
      101   502     0     0     0    0     0
END IWAT - PARM1

IWAT - PARM2
* * *   <ILS  >       LSUR      SLSUR        NSUR      RETSC
* * *  x  -   x       (ft)                               (in)
      101   102        150    .211548        0.05        0.1
      201   202        150    .271458        0.05        0.1
      301   302        150    .266955        0.05        0.1
      401   402        150    .217988        0.05        0.1
      501   502        150    .224559        0.05        0.1
END IWAT - PARM2

IWAT - PARM3
```

```
***  <ILS >    PETMAX     PETMIN
***  x  -  x    (deg F)    (deg F)
     101   502        40.        35.
  END IWAT-PARM3

  IWAT-STATE1
***  <ILS >   IWATER state variables (inches)
***  x  -  x        RETS        SURS
     101   502       0.01        0.01
  END IWAT-STATE1

END IMPLND
```

相关含义及设置方法与 PERLND 模块基本类似，在此不做详述。与 IMPLND 有关的 UCI 文件设置对应的软件操作，在"Input Data EDIT"对话框（见图 6-30）中，双击"IMPLND"，各种设置操作都在相应的级联菜单下。

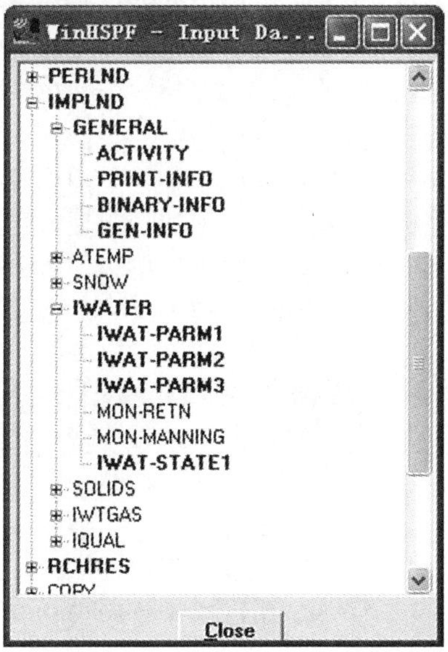

图 6-30　Input Data EDIT(IMPLND)

3. 外部时间序列控制模块(Time Series Linkage Blocks)

本模块是控制计算网络流程及外部连接的时间序列。

(1)EXT SOURCES。

EXT SOURCES 这个模块的功能是指定时间序列到相应的操作里，EXT SOURCES 指外部的数据源，一般指的是 WDM 数据集、DSS 数据集和其他系列数据。本项研究中只涉及 WDM 数据集。EXT SOURCES 数据源设置功能对保存着气象数据的 WDM 时间序列和空间数据对应子流域属性包之间的链接，这是十分重要的一项功能，同时也比较繁杂。

对应的 UCI 文件部分为：

```
EXT SOURCES
        <-Volume-> <Member> SsysSgap<--Mult-->Tran <-Target vols> <-Grp> <-Member-> ***
<Name>    x <Name> x tem strg<-factor->strg <Name>      x    x          <Name> x x***
*** Met Seg MAJIAYIN
WDM2    11 PREC     METR            SAME PERLND 101  118  EXTNL PREC
WDM2    13 ATEM     ENGL            SAME PERLND 101  118  EXTNL GATMP
WDM2    17 DEWP     ENGL            SAME PERLND 101  118  EXTNL DTMPG
WDM2    14 WIND     ENGL            SAME PERLND 101  118  EXTNL WINMOV
WDM2    15 SOLR     ENGL            SAME PERLND 101  118  EXTNL SOLRAD
WDM2    16 PEVT     ENGL            SAME PERLND 101  118  EXTNL PETINP
*** Met Seg MAJIAYIN
WDM2    11 PREC     METR            SAME PERLND 501  518  EXTNL PREC
WDM2    13 ATEM     ENGL            SAME PERLND 501  518  EXTNL GATMP
WDM2    17 DEWP     ENGL            SAME PERLND 501  518  EXTNL DTMPG
WDM2    14 WIND     ENGL            SAME PERLND 501  518  EXTNL WINMOV
WDM2    15 SOLR     ENGL            SAME PERLND 501  518  EXTNL SOLRAD
WDM2    16 PEVT     ENGL            SAME PERLND 501  518  EXTNL PETINP
*** Met Seg QIJIA
WDM2    51 PREC     METR            SAME PERLND 401  418  EXTNL PREC
WDM2    53 ATEM     ENGL            SAME PERLND 401  418  EXTNL GATMP
WDM2    57 DEWP     ENGL            SAME PERLND 401  418  EXTNL DTMPG
WDM2    54 WIND     ENGL            SAME PERLND 401  418  EXTNL WINMOV
WDM2    55 SOLR     ENGL            SAME PERLND 401  418  EXTNL SOLRAD
WDM2    56 PEVT     ENGL            SAME PERLND 401  418  EXTNL PETINP
*** Met Seg TOUGOU
WDM2    31 PREC     METR            SAME PERLND 301  318  EXTNL PREC
WDM2    33 ATEM     ENGL            SAME PERLND 301  318  EXTNL GATMP
WDM2    37 DEWP     ENGL            SAME PERLND 301  318  EXTNL DTMPG
WDM2    34 WIND     ENGL            SAME PERLND 301  318  EXTNL WINMOV
WDM2    35 SOLR     ENGL            SAME PERLND 301  318  EXTNL SOLRAD
WDM2    36 PEVT     ENGL            SAME PERLND 301  318  EXTNL PETINP
*** Met Seg HUANGDI
WDM2    71 PREC     METR            SAME PERLND 201  218  EXTNL PREC
WDM2    73 ATEM     ENGL            SAME PERLND 201  218  EXTNL GATMP
WDM2    77 DEWP     ENGL            SAME PERLND 201  218  EXTNL DTMPG
WDM2    74 WIND     ENGL            SAME PERLND 201  218  EXTNL WINMOV
WDM2    75 SOLR     ENGL            SAME PERLND 201  218  EXTNL SOLRAD
WDM2    76 PEVT     ENGL            SAME PERLND 201  218  EXTNL PETINP
*** Met Seg MAJIAYIN
WDM2    11 PREC     METR            SAME IMPLND 101  102  EXTNL PREC
WDM2    13 ATEM     ENGL            SAME IMPLND 101  102  EXTNL GATMP
```

```
WDM2   17 DEWP     ENGL            SAME IMPLND 101 102 EXTNL DTMPG
WDM2   14 WIND     ENGL            SAME IMPLND 101 102 EXTNL WINMOV
WDM2   15 SOLR     ENGL            SAME IMPLND 101 102 EXTNL SOLRAD
WDM2   16 PEVT     ENGL            SAME IMPLND 101 102 EXTNL PETINP
* * * Met Seg MAJIAYIN
WDM2   11 PREC     METR            SAME IMPLND 501 502 EXTNL PREC
WDM2   13 ATEM     ENGL            SAME IMPLND 501 502 EXTNL GATMP
WDM2   17 DEWP     ENGL            SAME IMPLND 501 502 EXTNL DTMPG
WDM2   14 WIND     ENGL            SAME IMPLND 501 502 EXTNL WINMOV
WDM2   15 SOLR     ENGL            SAME IMPLND 501 502 EXTNL SOLRAD
WDM2   16 PEVT     ENGL            SAME IMPLND 501 502 EXTNL PETINP
* * * Met Seg QIJIA
WDM2   51 PREC     METR            SAME IMPLND 401 402 EXTNL PREC
WDM2   53 ATEM     ENGL            SAME IMPLND 401 402 EXTNL GATMP
WDM2   57 DEWP     ENGL            SAME IMPLND 401 402 EXTNL DTMPG
WDM2   54 WIND     ENGL            SAME IMPLND 401 402 EXTNL WINMOV
WDM2   55 SOLR     ENGL            SAME IMPLND 401 402 EXTNL SOLRAD
WDM2   56 PEVT     ENGL            SAME IMPLND 401 402 EXTNL PETINP
* * * Met Seg TOUGOU
WDM2   31 PREC     METR            SAME IMPLND 301 302 EXTNL PREC
WDM2   33 ATEM     ENGL            SAME IMPLND 301 302 EXTNL GATMP
WDM2   37 DEWP     ENGL            SAME IMPLND 301 302 EXTNL DTMPG
WDM2   34 WIND     ENGL            SAME IMPLND 301 302 EXTNL WINMOV
WDM2   35 SOLR     ENGL            SAME IMPLND 301 302 EXTNL SOLRAD
WDM2   36 PEVT     ENGL            SAME IMPLND 301 302 EXTNL PETINP
* * * Met Seg HUANGDI
WDM2   71 PREC     METR            SAME IMPLND 201 202 EXTNL PREC
WDM2   73 ATEM     ENGL            SAME IMPLND 201 202 EXTNL GATMP
WDM2   77 DEWP     ENGL            SAME IMPLND 201 202 EXTNL DTMPG
WDM2   74 WIND     ENGL            SAME IMPLND 201 202 EXTNL WINMOV
WDM2   75 SOLR     ENGL            SAME IMPLND 201 202 EXTNL SOLRAD
WDM2   76 PEVT     ENGL            SAME IMPLND 201 202 EXTNL PETINP
* * * Met Seg MAJIAYIN
WDM2   11 PREC     METR            SAME RCHRES   1     EXTNL PREC
WDM2   13 ATEM     ENGL            SAME RCHRES   1     EXTNL GATMP
WDM2   17 DEWP     ENGL            SAME RCHRES   1     EXTNL DEWTMP
WDM2   14 WIND     ENGL            SAME RCHRES   1     EXTNL WIND
WDM2   15 SOLR     ENGL            SAME RCHRES   1     EXTNL SOLRAD
WDM2   18 CLOU     ENGL            SAME RCHRES   1     EXTNL CLOUD
WDM2   16 PEVT     ENGL            SAME RCHRES   1     EXTNL POTEV
* * * Met Seg MAJIAYIN
```

```
WDM2    11 PREC     METR          SAME RCHRES    5      EXTNL PREC
WDM2    13 ATEM     ENGL          SAME RCHRES    5      EXTNL GATMP
WDM2    17 DEWP     ENGL          SAME RCHRES    5      EXTNL DEWTMP
WDM2    14 WIND     ENGL          SAME RCHRES    5      EXTNL WIND
WDM2    15 SOLR     ENGL          SAME RCHRES    5      EXTNL SOLRAD
WDM2    18 CLOU     ENGL          SAME RCHRES    5      EXTNL CLOUD
WDM2    16 PEVT     ENGL          SAME RCHRES    5      EXTNL POTEV
*** Met Seg QIJIA
WDM2    51 PREC     METR          SAME RCHRES    4      EXTNL PREC
WDM2    53 ATEM     ENGL          SAME RCHRES    4      EXTNL GATMP
WDM2    57 DEWP     ENGL          SAME RCHRES    4      EXTNL DEWTMP
WDM2    54 WIND     ENGL          SAME RCHRES    4      EXTNL WIND
WDM2    55 SOLR     ENGL          SAME RCHRES    4      EXTNL SOLRAD
WDM2    58 CLOU     ENGL          SAME RCHRES    4      EXTNL CLOUD
WDM2    56 PEVT     ENGL          SAME RCHRES    4      EXTNL POTEV
*** Met Seg TOUGOU
WDM2    31 PREC     METR          SAME RCHRES    3      EXTNL PREC
WDM2    33 ATEM     ENGL          SAME RCHRES    3      EXTNL GATMP
WDM2    37 DEWP     ENGL          SAME RCHRES    3      EXTNL DEWTMP
WDM2    34 WIND     ENGL          SAME RCHRES    3      EXTNL WIND
WDM2    35 SOLR     ENGL          SAME RCHRES    3      EXTNL SOLRAD
WDM2    38 CLOU     ENGL          SAME RCHRES    3      EXTNL CLOUD
WDM2    36 PEVT     ENGL          SAME RCHRES    3      EXTNL POTEV
*** Met Seg HUANGDI
WDM2    71 PREC     METR          SAME RCHRES    2      EXTNL PREC
WDM2    73 ATEM     ENGL          SAME RCHRES    2      EXTNL GATMP
WDM2    77 DEWP     ENGL          SAME RCHRES    2      EXTNL DEWTMP
WDM2    74 WIND     ENGL          SAME RCHRES    2      EXTNL WIND
WDM2    75 SOLR     ENGL          SAME RCHRES    2      EXTNL SOLRAD
WDM2    78 CLOU     ENGL          SAME RCHRES    2      EXTNL CLOUD
WDM2    76 PEVT     ENGL          SAME RCHRES    2      EXTNL POTEV
    END EXT SOURCES
```

WinHSPF 软件对应的部分也是在"Input Data EDIT"对话框中,如图 6-31 所示。

由前面导入的气象数据可知,降雨资料是米制(METR),单位是毫米(mm);蒸发资料是由 Hamon PET 公式计算产生的日蒸发能力,单位是英寸(inches),是英制单位。因此,需要对降雨(PREC)的数据源单位系统(Unit System)做改动。

(2)EXT TARGET。

EXT TARGET 是用户根据输出需要,确定输出目标,输出的时间存放在以 WDM 为格式的存储。

UCI 文件对应的部分为:

```
EXT TARGETS
```

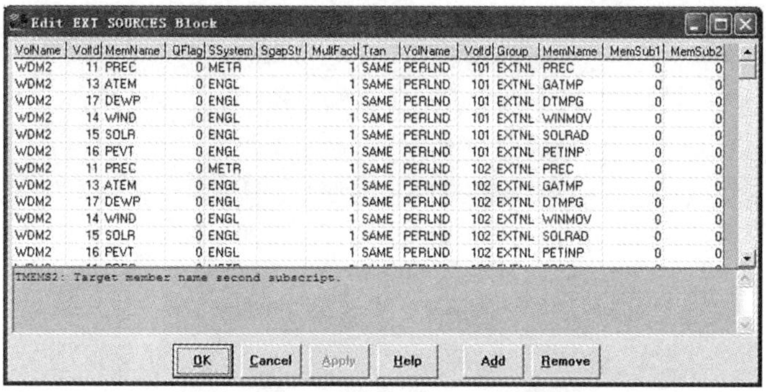

图 6-31　EXT SOURCES 编辑对话框

```
<-Volume-> <-Grp> <-Member-> <--Mult-->Tran <-Volume-> <Member> Tsys Aggr Amd ***
<Name> x <Name> x x< -factor- > strg <Name> x <Name>qf tem strg strg * * *
RCHRES  1 HYDR RO   1 1          AVER WDM1  103  FLOW     1 METR AGGR REPL
END EXT TARGETS
```

WinHSPF 软件对应的部分在“Input Data EDIT”对话框中，如图 6-32 所示。

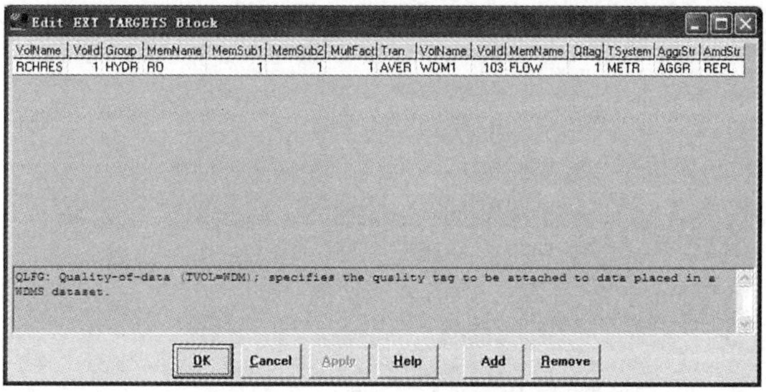

图 6-32　EXT TARGETS 编辑对话框

此部分的设置要根据后面的水文校准进行选择性设置。

(3) SCHEMATIC。

SCHEMATIC 模块表示各水文计算单元与河流、河道连接的结构图，SCHEMATIC 包含有各连接单元的编号、面积以及对应 MASS - LINK 的编号。此部分也通过手动的方式，对原代码进行了优化和整理，以便使该部分代码便于识别和具有可读性。

```
SCHEMATIC
<-Volume->                <--Area-->   <-Volume->         <ML#> * * *     <sb>
<Name>   x                <-factor->   <Name>     x             * * *     xx
PERLND  501                    73355   RCHRES     5          2
PERLND  502                    15018   RCHRES     5          2
PERLND  503                     3629   RCHRES     5          2
PERLND  504                     4444   RCHRES     5          2
PERLND  505                     9655   RCHRES     5          2
```

PERLND	506	5106	RCHRES	5	2
PERLND	507	501	RCHRES	5	2
PERLND	508	1441	RCHRES	5	2
PERLND	509	120	RCHRES	5	2
IMPLND	501	120	RCHRES	5	1
PERLND	510	534	RCHRES	5	2
IMPLND	502	534	RCHRES	5	1
PERLND	511	1001	RCHRES	5	2
PERLND	512	1462	RCHRES	5	2
PERLND	513	32238	RCHRES	5	2
PERLND	514	13013	RCHRES	5	2
PERLND	515	9183	RCHRES	5	2
PERLND	516	627	RCHRES	5	2
PERLND	517	3764	RCHRES	5	2
PERLND	518	1586	RCHRES	5	2
PERLND	301	40375	RCHRES	3	2
PERLND	302	15949	RCHRES	3	2
PERLND	303	1728	RCHRES	3	2
PERLND	304	7399	RCHRES	3	2
PERLND	305	5041	RCHRES	3	2
PERLND	306	3124	RCHRES	3	2
PERLND	307	190	RCHRES	3	2
PERLND	308	804	RCHRES	3	2
PERLND	309	2	RCHRES	3	2
IMPLND	301	2	RCHRES	3	1
PERLND	310	400	RCHRES	3	2
IMPLND	302	400	RCHRES	3	1
PERLND	311	49	RCHRES	3	2
PERLND	312	400	RCHRES	3	2
PERLND	313	31474	RCHRES	3	2
PERLND	314	10014	RCHRES	3	2
PERLND	315	8582	RCHRES	3	2
PERLND	316	753	RCHRES	3	2
PERLND	317	496	RCHRES	3	2
PERLND	318	583	RCHRES	3	2
PERLND	201	86116	RCHRES	2	2
PERLND	202	6731	RCHRES	2	2
PERLND	203	2702	RCHRES	2	2
PERLND	204	7126	RCHRES	2	2
PERLND	205	8249	RCHRES	2	2
PERLND	206	2528	RCHRES	2	2

PERLND	207	791	RCHRES	2	2
PERLND	208	875	RCHRES	2	2
PERLND	209	283	RCHRES	2	2
IMPLND	201	283	RCHRES	2	1
PERLND	210	628	RCHRES	2	2
IMPLND	202	628	RCHRES	2	1
PERLND	211	2123	RCHRES	2	2
PERLND	212	1204	RCHRES	2	2
PERLND	213	20368	RCHRES	2	2
PERLND	214	7345	RCHRES	2	2
PERLND	215	3206	RCHRES	2	2
PERLND	216	394	RCHRES	2	2
PERLND	217	1770	RCHRES	2	2
PERLND	218	366	RCHRES	2	2
PERLND	401	9799	RCHRES	4	2
PERLND	402	2262	RCHRES	4	2
PERLND	403	1455	RCHRES	4	2
PERLND	404	1794	RCHRES	4	2
PERLND	405	2229	RCHRES	4	2
PERLND	406	1511	RCHRES	4	2
PERLND	408	486	RCHRES	4	2
PERLND	409	147	RCHRES	4	2
IMPLND	401	147	RCHRES	4	1
PERLND	410	248	RCHRES	4	2
IMPLND	402	248	RCHRES	4	1
PERLND	411	390	RCHRES	4	2
PERLND	412	141	RCHRES	4	2
PERLND	413	26429	RCHRES	4	2
PERLND	414	6114	RCHRES	4	2
PERLND	415	4093	RCHRES	4	2
PERLND	416	441	RCHRES	4	2
PERLND	417	71	RCHRES	4	2
PERLND	418	2732	RCHRES	4	2
RCHRES	3		RCHRES	4	3
RCHRES	2		RCHRES	4	3
PERLND	101	8637	RCHRES	1	2
PERLND	102	2643	RCHRES	1	2
PERLND	103	81	RCHRES	1	2
PERLND	104	12	RCHRES	1	2
PERLND	105	1337	RCHRES	1	2
PERLND	106	8715	RCHRES	1	2

PERLND	108	747	RCHRES	1	2
PERLND	109	236	RCHRES	1	2
IMPLND	101	236	RCHRES	1	1
PERLND	110	3430	RCHRES	1	2
IMPLND	102	3430	RCHRES	1	1
PERLND	111	104	RCHRES	1	2
PERLND	112	202	RCHRES	1	2
PERLND	113	22946	RCHRES	1	2
PERLND	114	43830	RCHRES	1	2
PERLND	115	1604	RCHRES	1	2
PERLND	116	931	RCHRES	1	2
PERLND	117	2040	RCHRES	1	2
PERLND	118	7609	RCHRES	1	2
RCHRES	5		RCHRES	1	3
RCHRES	4		RCHRES	1	3

END SCHEMATIC

WinHSPF 软件对应的部分在“Input Data EDIT”对话框中，如图 6-33 所示。

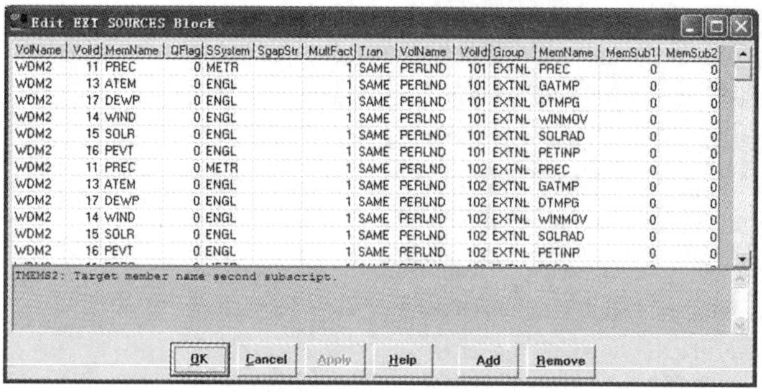

VolName	VolId	MemName	QFlag	SSystem	SgapStr	MultFact	Tran	VolName	VolId	Group	MemName	MemSub1	MemSub2
WDM2	11	PREC	0	METR		1	SAME	PERLND	101	EXTNL	PREC	0	0
WDM2	13	ATEM	0	ENGL		1	SAME	PERLND	101	EXTNL	GATMP	0	0
WDM2	17	DEWP	0	ENGL		1	SAME	PERLND	101	EXTNL	DTMPG	0	0
WDM2	14	WIND	0	ENGL		1	SAME	PERLND	101	EXTNL	WINMOV	0	0
WDM2	15	SOLR	0	ENGL		1	SAME	PERLND	101	EXTNL	SOLRAD	0	0
WDM2	16	PEVT	0	ENGL		1	SAME	PERLND	101	EXTNL	PETINP	0	0
WDM2	11	PREC	0	METR		1	SAME	PERLND	102	EXTNL	PREC	0	0
WDM2	13	ATEM	0	ENGL		1	SAME	PERLND	102	EXTNL	GATMP	0	0
WDM2	17	DEWP	0	ENGL		1	SAME	PERLND	102	EXTNL	DTMPG	0	0
WDM2	14	WIND	0	ENGL		1	SAME	PERLND	102	EXTNL	WINMOV	0	0
WDM2	15	SOLR	0	ENGL		1	SAME	PERLND	102	EXTNL	SOLRAD	0	0
WDM2	16	PEVT	0	ENGL		1	SAME	PERLND	102	EXTNL	PETINP	0	0

图 6-33　SCHEMATIC BLOCK 编辑对话框

此部分不用设置改动。

(4) MASS – LINK。

MASS – LINK 模块是用户指定输出的内容，模块也包括单位之间的转化因子。UCI 对应的部分为：

MASS – LINK

MASS – LINK　　2

<-Volume->	<-Grp>	<-Member->	<--Mult-->	<-Target vols>	<-Grp>	<-Member->		***
<Name>		<Name> x x	<factor->	<Name>		<Name> x x		***
PERLND	PWATER	PERO	.0833333	RCHRES	INFLOW	IVOL		
PERLND	PWTGAS	PODOXM		RCHRES	INFLOW	OXIF	1	
PERLND	PWTGAS	POHT		RCHRES	INFLOW	IHEAT	1	

```
PERLND    PQUAL    POQUAL  1                RCHRES    INFLOW   IDQAL      1
PERLND    PEST     POPST   1                RCHRES    INFLOW   IDQAL      1
PERLND    PEST     SOSDPS  1                RCHRES    INFLOW   ISQAL      1  1
PERLND    PEST     SOSDPS  1                RCHRES    INFLOW   ISQAL      2  1
PERLND    PEST     SOSDPS  1                RCHRES    INFLOW   ISQAL      3  1
PERLND    SEDMNT SOSED     1          .05   RCHRES    INFLOW   ISED       1
PERLND    SEDMNT SOSED     1          .55   RCHRES    INFLOW   ISED       2
PERLND    SEDMNT SOSED     1          .4    RCHRES    INFLOW   ISED       3
   END MASS - LINK      2

   MASS - LINK           1
<-Volume-><-Grp><-Member-> <--Mult--> <-Target vols><-Grp> <-Member->  ***
<Name>             <Name> x  x <factor-> <Name>                 <Name> x  x ***
IMPLND    IWATER SURO            .0833333   RCHRES    INFLOW    IVOL
IMPLND    IWTGAS SODOXM                     RCHRES    INFLOW    OXIF       1
IMPLND    IWTGAS SOHT                       RCHRES    INFLOW    IHEAT      1
IMPLND    IQUAL   SOQUAL   1                RCHRES    INFLOW    IDQAL      1
IMPLND    SOLIDS  SOSLD    1          .05   RCHRES    INFLOW    ISED       1
IMPLND    SOLIDS  SOSLD    1          .55   RCHRES    INFLOW    ISED       2
IMPLND    SOLIDS  SOSLD    1          .4    RCHRES    INFLOW    ISED       3
 END MASS - LINK     1

  MASS - LINK        3
<-Volume-><-Grp><-Member-> <--Mult--> <-Target vols><-Grp> <-Member->  ***
<Name>             <Name> x  x <factor-> <Name>                 <Name> x  x***
RCHRES    ROFLOW                            RCHRES    INFLOW
  END MASS - LINK     3
END MASS - LINK
```

WinHSPF 软件对应的部分在“Input Data EDIT”对话框中，如图 6-34 所示。

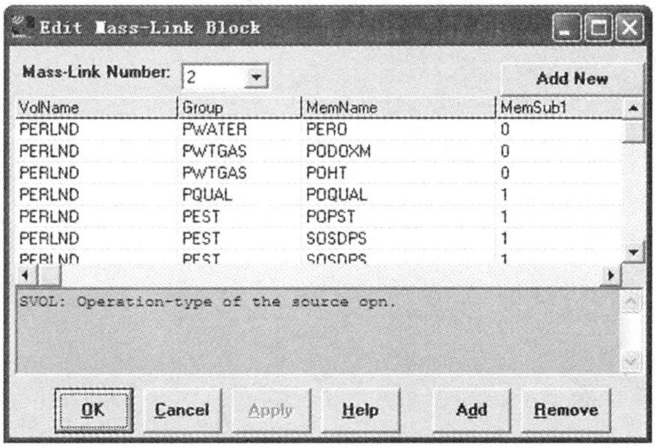

图 6-34　MASS – LINK 编辑对话框

此部分按默认处理,不做设置变动。

4. 其他控制模块(Other)

其他控制模块重点需要处理河道的 FTABLE 的处理。FTABLE 是用来描述河道或者湖泊的水文响应过程。FTABLE 构建的是一系列的函数关系,如水深与水体表面面积、水体体积以及出流的函数关系。HSPF 模型采用 FTABLE 的方法,实质是利用了线性波的原理(Kinematic wave)进行河道之间的演进。

UCI 对应的部分为以下文件形式:

```
FTABLES

  FTABLE      5
  rows cols                                         * * *
     8    4
       depth        area      volume    outflow1  * * *
          0.      464.23          0.          0.
        0.59      466.88      276.16      161.13
        5.93      490.75     2832.36     7447.25
        7.41      497.38     3565.01    10793.34
        9.27     1495.45     6321.75    13612.07
       11.12     1512.02     9109.22    24819.98
      190.93     3119.74   425521.31    8958137.
      370.74     4727.45  1131012.75   34255820.
  END FTABLE  5

  FTABLE      3
  rows cols                                         * * *
     8    4
       depth        area      volume    outflow1  * * *
          0.      455.47          0.          0.
        0.52      458.26      237.71      125.76
         5.2      483.36     2442.39      5811.3
         6.5      490.33     3075.66     8422.36
        8.13     1474.48     5458.92    10644.64
        9.76     1491.91     7870.52    19417.78
      167.47     3182.69   376502.66   7125680.5
      325.19     4873.46  1011798.81   27567110.
  END FTABLE  3

  FTABLE      2
  rows cols                                         * * *
```

```
      8     4
    depth         area       volume     outflow1  * * *
       0.       697.54           0.           0.
     0.56       701.65       392.73       150.46
     5.61       738.57      4030.89      6953.47
     7.02       748.83      5074.59     10077.72
     8.77       2251.6      9001.97     12720.71
    10.53      2277.24     12974.34     23198.84
   180.69      4764.46    612092.63     8430681.
   350.85      7251.68   1634443.13    32395844.
  END FTABLE      2

  FTABLE          4
    rows cols                                     * * *
      8     4
    depth         area       volume     outflow1  * * *
       0.        29.57           0.           0.
     0.38        29.78        11.41        38.54
     3.85        31.69        117.8      1779.87
     4.81        32.22       148.53      2579.64
     6.01        96.94       264.25      3278.31
     7.21        98.27       381.56       5987.1
    123.8       227.21     19354.51   2292268.25
   240.38       356.15     53360.04     9116733.
  END FTABLE      4

  FTABLE          1
    rows cols                                     * * *
      8     4
    depth         area       volume     outflow1  * * *
       0.        519.7           0.           0.
     0.49       522.98        255.1        70.13
     4.89       552.57      2623.37      3240.19
     6.12       560.79      3304.34      4696.03
     7.65      1686.48      5867.43      5941.38
     9.17      1707.03      8461.94     10840.53
    157.5      3700.18    409467.66   4010638.25
   305.82      5693.33   1106102.75    15601987.
  END FTABLE      1
END FTABLES
```

WinHSPF 软件对应的部分，先点击(Reach Editor)，弹出如图 6-35 所示对话框。

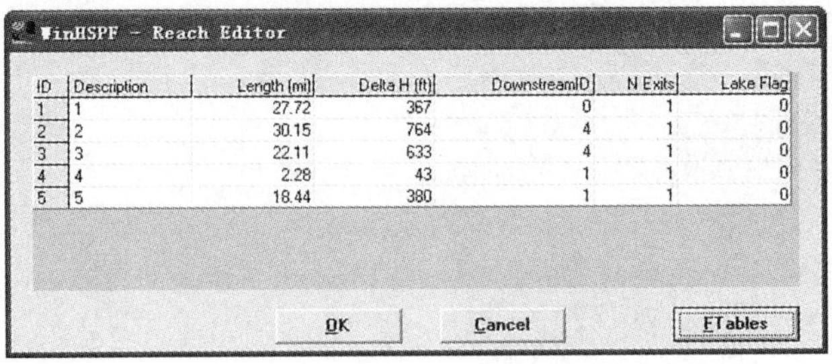

ID	Description	Length (mi)	Delta H (ft)	DownstreamID	N Exits	Lake Flag
1	1	27.72	367	0	1	0
2	2	30.15	764	4	1	0
3	3	22.11	633	4	1	0
4	4	2.28	43	1	1	0
5	5	18.44	380	1	1	0

图 6-35　Reach Editor 编辑器

点击“FTable”，弹出如图 6-36 所示对话框。

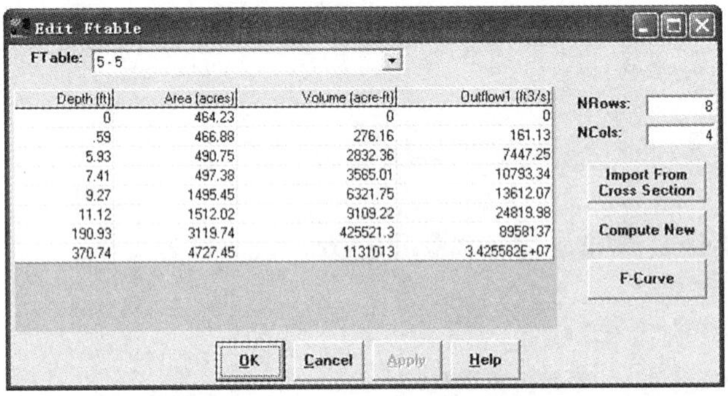

Depth (ft)	Area (acres)	Volume (acre-ft)	Outflow1 (ft3/s)
0	464.23	0	0
.59	466.88	276.16	161.13
5.93	490.75	2832.36	7447.25
7.41	497.38	3565.01	10793.34
9.27	1495.45	6321.75	13612.07
11.12	1512.02	9109.22	24819.98
190.93	3119.74	425521.3	8958137
370.74	4727.45	1131013	3.425582E+07

图 6-36　FTable 编辑对话框

点击“F－Curve”，会显示出不同河段的流量与水深的关系曲线(见图 6-37)。

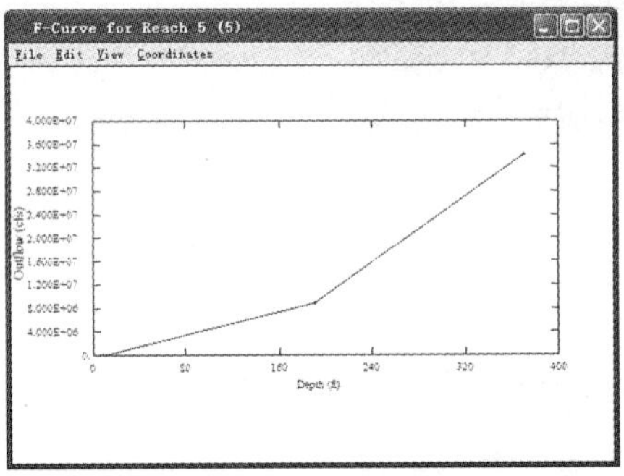

(Reach5)

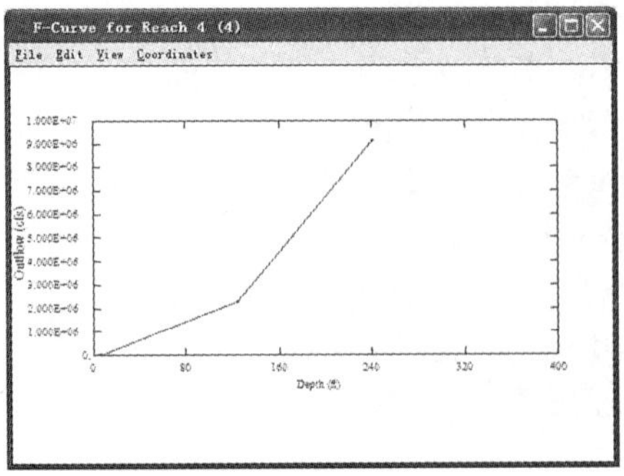

(Reach4)

图 6-37　河段流量与水深关系

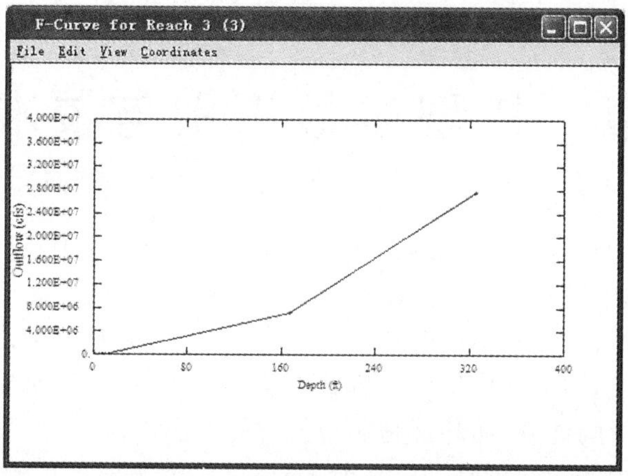

(Reach3)

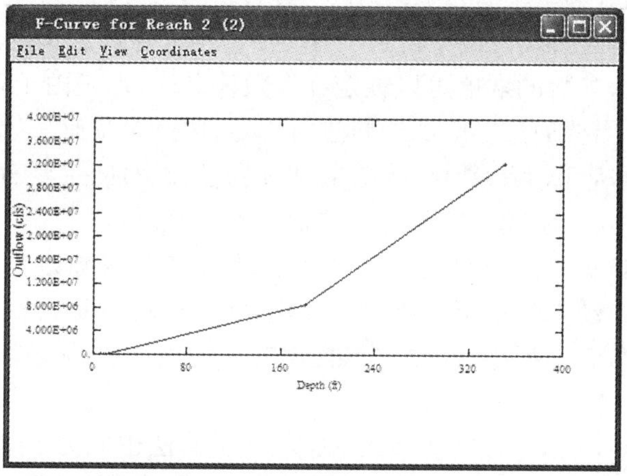

(Reach2)

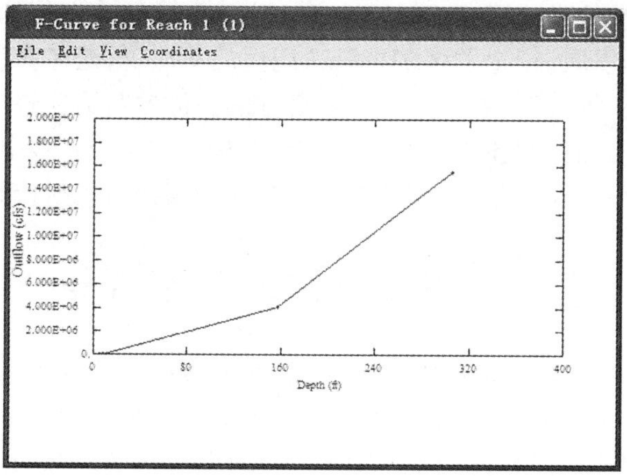

(Reach1)

续图 6-37

第 7 章　模型参数识别与校准方法

对于任何一种模型而言,模型参数的确定是模型运行过程中重要的一环。在运用水文模型模拟水文过程中,由于自然水循环过程复杂多变,存在着高度的非线性和不确定性,为了与实际更相符,水文模型中涉及的参数一般较多,而且参数之间甚至存在着相关性,并非独立,因此在运用水文模型模拟流域水循环过程中,如何确定这众多参数的具体值,是一项复杂而艰巨的任务,而却又是非常关键的工作。

通常,水文模型中的参数可以分成三类:①具有明确物理意义的参数,这类参数可以通过直接测量或者试验等手段直接获取;②不具有物理意义的经验性参数,这类参数没有实际的物理意义,只能通过实际的情况进行率定;③具有物理意义的经验参数,这类参数具有一定的物理意义,参数的取值可以锁定在有效范围内,但是由于现阶段缺乏有效的手段,难以直接获取,也需要通过实际的资料进行率定,因此也带有一定程度的经验性。

模型参数率定,或者称为参数优化、参数估计和参数识别,主要有两种方式,即手动参数率定和自动参数率定。手动参数率定更多地依赖于调参者的经验,通过对比模拟值与实测值,调参者根据自身对模型的理解与判断,选择相应的参数进行调整,这种方式费时耗力,效率比较低。自动参数率定主要通过优化算法,根据一定的目标函数,确定收敛准则,进行自动化的参数率定程序,这种方法的效果与优化算法的选择息息相关,一般比手动率定更有效率。

随着水文模型的广泛运用,自动参数率定的优化算法也成为了水文学中的研究重点。优化算法主要用于寻找全局最优解,常用的基本优化算法有梯度法、牛顿法、变尺度算法、单纯形法等,这些传统的优化算法面对复杂的水文模型往往难以得到令人满意的结果,而随着优化算法的不断发展,产生了许多更具适用性的算法,如遗传算法、模拟退火算法、蚁群算法、差异演化算法等,这些智能算法具有更好的稳健性与适应性。一些成熟的算法已经开发成计算机系统,如运用比较广泛的 PEST 工具。本章重点探讨一下遗传算法的基本理论和优化步骤,最后介绍基于 PEST 的 HSPF 模型参数自动校准过程。

7.1　遗传算法的基本理论

遗传算法(Genetic Algorithm, GA)是由美国 Michigan 大学的 John Holland 教授于 1975 年首先提出来的,John Holland 教授与其学生们和研究团队进行的这项研究用于揭示自然界的自适应过程,并设计成具有自然属性的人工系统。20 世纪 80 年代,Goldberg 基于前人的成果进一步归纳总结,形成了遗传算法的基本理论。遗传算法是一种基于生物进化论和遗传学理论的优化算法,体现着"物竞天择、适者生存、优胜劣汰"的自然选择过程。遗传算法对模型结构、约束条件、目标准则、参数数量等没有严格的限制,能够自适应进行全局最优搜索,能够处理传统优化算法无法解决的非线性、高维度和不确定的优化问题，被广泛应用于各个领域。

运用遗传算法求解一个具体问题时，首先随机生成一组初始解，也称为初始种群，初始种群中的每个单一个体代表了问题的一个解，不同的个体一般携带着不同的染色体，也即不同的解有不同的取值，染色体的实质是不同基因的组合，在新一代种群的繁衍中，基因可以通过交叉和变异组成新的染色体，即新的解集，并根据染色体的优劣进行选择，选择机制应保证适应度较高的个体能够保留较多的基因，而适应度较低的个体则保留较少的基因，甚至被淘汰，经过这种选择操作，产生一个更具适应性的种群，形成比上一代更优的新一代。经过种群的不断进化，最终在一定的准则下可以得到最优染色体，即可以收敛于优化问题的最优解。

7.1.1 遗传算法的计算流程

遗传算法中种群的进化基于三个基本操作：交叉、变异和选择。基于三个基本操作，遗传算法的计算流程可以归纳为如下几步，如图 7-1 所示。

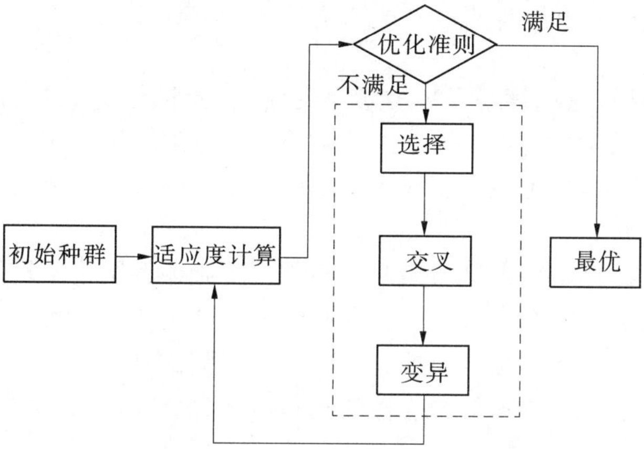

图 7-1 遗传算法计算流程

(1)确定种群个体数目，随机生成初始种群，对每个个体的染色体基因进行编码。例如，针对水文模型中的参数率定，可以选择 N 个敏感性参数形成个体数目为 $N\times M$ 的初始种群，并根据参数的有效范围，在参数取值范围内随机生成参数的值，并对参数进行编码处理。

(2)根据适应度函数，计算种群中每个个体的适应度，结合优化准则，若满足条件，则停止进化，选择最优染色体，得到最优解，结束计算，否则进行第(3)步。在水文模型中，适用度函数通常为模型中所构建的目标函数，目标函数反映了模型的模拟效果。通过模型模拟结果与实测结果的对比计算，形成各种反映模拟效果的指标，作为目标函数，遗传算法通过目标函数进行自适应搜索，求得最优解。优化准则通常为目标函数达到某一取值范围或者进化次数达到最大进化次数要求。

(3)进行选择操作，赋予每个个体的基因进入下一代的概率，适应度高的基因被选中的概率高；适应度低的基因被选中的概率低，被淘汰概率高。对于水文模型的参数率定过程，在 $N\times M$ 的种群数量中，每 M 个个体代表了某个参数的所有基因，通过一定的原则，选择适应度高的基因进入下一代。

(4)拟定一定的交叉率和交叉原则,重新组合种群中的基因,生成新的个体。交叉操作是基于对种群的编码来进行的,对于编码的基因序列按一定方式进行互换操作,形成新的基因序列,产生新的染色体组。

(5)拟定一定的变异率和变异原则,生成新的基因,并组合成新的个体。变异是交叉操作的辅助手段,却又非常重要。通过交叉操作,可以使解集跳出局部范围,防止模型陷入局部最优解。

(6)经过交叉和变异操作产生新一代的种群,并重新进行第(2)步计算。新一代种群总体上优于上一代,并按上述方式不断繁衍。

7.1.1.1 编码

遗传算法是基于基因的组合而生成一个个的个体,并不能直接识别空间数据,因此需要对种群个体进行编码,形成遗传算法能够识别的基因型串状结构数据。通常有二进制编码法和浮点数编码法,形成基因串,并组合成"染色体"串。基因长度和编码形式对算法收敛有显著的影响,不同的编码方式影响了交叉、变异操作。

7.1.1.2 初始种群

初始种群是遗传算法计算过程中的第一组解集,通常通过随机的方式生产,不同的随机环境将产生不同的初始种群,对算法的收敛速度和收敛结果有显著影响。此外,种群的数量也是一个关键的因素,也决定了初始种群的分布状况,从而影响算法的收敛性。

7.1.1.3 适应度函数

遗传算法在进化搜索最优解的过程中,不需要受到模型结构及其他外部条件的限制,通常是通过适应度函数来判定每一代个体中染色体的优劣,以此进行优胜劣汰的选择。所以,适应度函数的选择显得格外重要,直接影响了算法的收敛状况,通常可以把问题的目标函数作为适应度函数,也可以根据需要进行构建,反映解集的优劣。

7.1.1.4 选择

遗传算法中的选择操作是算法中重要的一环,选择的意义在于从当前种群中获取优秀的个体基因,并遗传至下一代,提高下一代的适应度。生物在自然进化和遗传的过程中,对所处的生存环境适应能力较强的个体将有更多的机会繁衍下一代,而对生存环境适应能力较差的个体将面临被淘汰的危险。基于此类自然规律,遗传算法通常以适应度函数代表自然选择条件,对种群中的个体进行优胜劣汰的选择。选择操作的作用体现在保持种群大小不变的情况下,保留种群个体中适应度高的基因,淘汰种群个体中适应度低的基因。具体可以通过计算所有个体的适用度总和,再根据每个个体适应度占总体的比例算出选择概率,最后可以用轮盘法、排序法、最优个体保留法等方法进行选择操作。

7.1.1.5 交叉

交叉操作,在自然进化过程中,是指两个相互配对的染色体按某种方式,相互交换部分基因序列,形成新的染色体,从而产生出新的个体或物种。交叉操作是遗传算法区别于其他算法的重要特征,通过交叉操作可以产生新的解集,因此它在遗传算法中有着重要地位,是产生新个体新解集的主要方法。遗传算法中,在交叉运算之前,需要对群体个体中的染色体进行配对,随机配对是目前比较常用的配对方法,即将种群中个体的染色体以随机的方式组成配对组，而交叉操作则是在这些特定配对组中两两进行互换的。交叉算法的构建主要包括交叉点位置的确定和基因交换方式的确定，这与实际的研究问题有关，通常使其不要过多地破坏基因编码序列中表示优良特性的优良基因，又需要保证有效地产生较好的新基因序列。此外，交叉算法的实现与编码方式存在密切关系，需要协调考虑。

7.1.1.6　变异

自然界的生物在繁衍下一代的过程中，基因进行重新组合的过程会产生一些“意外”，即会发生基因变异现象，从而产生出新的染色体，表现出新的生物特性，为种群注入了新的元素，虽然基因突变的概率非常小，但它的作用却是巨大的，它使生物产生了与上代无关的因子，使生物存在了新的进化可能。基于生物的遗传基因突变，遗传算法中也引入了变异操作的概念来产生新的基因。遗传算法中的变异运算，是指将染色体的基因编码序列中某些基因值用其他等位基因来替换，从而形成一个新的基因。遗传算法中的变异操作是产生新的解的辅助方法，但它却也是必不可少的一个环节，它可以扩宽种群的多样性，能够克服遗传算法陷于局部最优的弊病。变异操作一般与交叉操作配合运用，共同承担着对搜索域的全局搜索和局部搜索任务。变异操作的构建包括变异点位置的确定和基因值替换方式的确定。同样，变异操作与编码方式有着紧密联系，有基本位变异、均匀变异、高斯变异、二元变异等方式。

7.1.2　遗传算法的特点

水文过程是一个高度非线性和不确定的系统，传统的优化算法面对此类问题并不能表现出良好的稳定性及效率性，而遗传算法基于自然的“适者生存”法则，相比于传统优化算法，具有如下特点：

(1)自适应性。遗传算法求解非线性问题的过程中，在确定编码方式、适应度函数及选择、交叉、变异操作后，不再需要外部信息的支持，算法自身将利用进化过程中产生的个体，进行适应性的搜索，一切遗传信息会进行自行组织。由于自然的选择规律是“适者生存，优胜劣汰”，因而适应度高的“适者”具有较高的“繁衍”概率，适应度高的个体具有更适应环境的基因结构，也即该解更能趋向于最优的结果。此外，通过基因交叉重组和基因突变等遗传操作，能产生更适应环境的后代，并保持着物种的多样性和传递性。遗传算法的这种自组织、自适应特征，使它同时具有能根据环境变化来自动发现环境的特征和规律的能力。自然选择消除了算法求解过程中的一个最大障碍，既需要事先描述问题的全部特点，并要说明针对问题的不同特点算法应该采取的措施。因此，利用遗传算法，可以解决众多复杂的非线性问题。

(2)并行性。遗传算法按并行方式搜索一个种群数目的多点，而不是单点。它的并行性表现在两个方面，一是遗传算法是内在并行的，即遗传算法本身特别适合大规模并行。最简单的并行方式是让几百甚至数千台计算机各自进行独立种群的演化计算，运行过程中甚至不进行任何通信(独立的种群之间若有少量的通信一般会带来更好的结果)，等到运算结束时才通信比较，选取最佳个体。这种并行处理方式对并行系统结构没有什么限制和要求，可以说，遗传算法适合在目前所有的并行机或分布式系统上进行并行处理，而且对并行效率没有太大影响。二是遗传算法的内含并行性。由于遗传算法采用种群的方式组织搜索,因而可同时搜索解空间内的多个区域,并相互交流信息。使用这种搜索方式,虽然每次只执行与种群规模 n 成比例的计算,但实质上已进行了大约 n^3 次有效搜索,这就使遗传算法能以较少的计算获得较大的收益。

(3)通用性。遗传算法不需要受限于其他辅助知识,而只需要确定影响搜索方向的目标函数或者相应的适应度函数,属于黑箱子系统,只考虑输入输出之间的关系,没有显式的数学表达,决策变量与目标函数之间的关系不需要通过求导、递进等严格的数学演绎算法进行计算,是一种能够自动执行的框架式算法。另外,遗传算法强调概率转换规则,而不是确定的转换规则,因此遗传算法可以解决各类问题,具有广泛的通用性,可以直接地应用于各类优化问题。

7.2 多目标遗传算法

在实际的生活和生产中,我们面对的诸多现实问题往往不仅是为了满足一个单一的目标,而通常要解决一个具有多目标的优化问题。对于水文模型模拟自然过程也是如此,一般需要满足多个目标函数,才能使模型的模拟效果达到理想水平,为此,解决多目标优化问题具有重要的实际意义。

多目标优化算法与单目标优化算法对于解的定义存在明显的不同之处,在单目标优化算法中,一般可以寻找全局最优的解以满足唯一的目标,而对于多目标优化算法而言,往往是无法得到全局最优的解,同时使所有目标达到最优的,也即目标与目标之间有可能存在冲突,优化了某个目标,可能就影响了另一个目标的最优值。当然,对于一般的多目标优化问题,可以在搜索空间范围内找到一组解集,这组解集内的解比解集外的任何一个解都能使所有目标函数更优,解集内的某个解则无法保证使所有的目标都优于其他内部解,这个解集通常被称为 Pareto 最优解集,或者称为非支配解集,解集外的解被称为支配解。由于 Pareto 最优解集中的解无法完全找到一个比其他都好的集,因此解集内的解都是满意解。

对于多目标优化问题,一种常用的解决办法是将多目标组合成一个单目标,就变成了一种简单的单目标优化问题。根据实际情况,不同的目标可以赋予不同的权重。这种方式需要量化目标之间的重要性,以给定确定的权重,目标的解受权重的影响显著,而对于目标之间没有可比性或者无法确定目标之间重要性的情况无法得到令人满意的结果。

遗传算法是建立在生物进化论基础上的优化算法,它具备了有效的全局搜索能力,能求解复杂的非线性组合优化问题,基于遗传算法的种种特点,遗传算法特别适合求解多目标优化问题。早在 1984 年,Schaffer 就进行了多目标遗传算法(VEGA)的研究,得到了令人满意的效果。在 1994 年,基于 Goldberg 的非支配理论,N. Srinivas 和 K. Deb 提出了一种新的多目标遗传算法运算方式,称为非支配排序遗传算法(NSGA),提高了算法收敛速度和收敛效果,使解集在 Pareto 解空间中更均匀地分布;2000 年,K. Deb 改进了 NSGA 算法,提出了 NSGA - Ⅱ算法,进一步提高了 NSGA 算法的性能。

7.2.1 多目标优化问题

多目标问题一般存在多个目标,该优化问题一般表述为如下的数学模型:

$$x = [x_1, x_2 \cdots, x_n]^{\mathrm{T}}$$

$$\min/\max \quad f(x) = [f_1(x), f_2(x), \cdots, f_m(x)]^{\mathrm{T}} \quad i = 1,2,\cdots,m \tag{7-1}$$

$$\begin{cases} g_j(x) \leqslant 0 & j = 1,2,\cdots,J \\ h_k(x) = 0 & k = 1,2,\cdots,K \\ x \in X \end{cases}$$

式中:x 表示自变量向量,代表了不同的影响因素;$f(x)$ 表示目标向量,代表不同的目标;$g_j(x)$ 表示不等式约束;$h_k(x)$ 表示等式约束;$x \in X$ 表示解空间。

多目标优化问题的最优解与单目标优化的最优解有着本质上的不同,多目标优化问题最优解定义如下:

若 $x' \in X$,且不存在另一点 $x \in X$,使得 $f(x)$ 优于 $f(x')$,则称 x' 是多目标优化的一个 Pareto 最优解。所有 Pareto 最优解构成的集合称为 Pareto 最优解集。对于一个给定的多目标问题,所有的 Pareto 最优解对应目标向量构成了多目标问题的 Pareto 前沿。

多目标优化是一类重要的优化问题,有着广泛的实际应用。由于各个目标之间一般是互相竞争的,一般无法找到唯一的最优解,使各个目标同时达到最优。因此,多目标优化的求解至今仍是一个难点,对大规模的问题尤为如此。因此,多目标问题只能求出 Pareto 最优解,使目标之间的冲突降至最低。除一些特殊的多目标规划外,绝大多数多目标规模不能直接求解,一般采用的方法是将多目标优化问题转化为优化方法比较成熟的单目标优化问题,可以采用权重法、距离法和极大—极小方程法来组合多目标函数,构建单一目标。在这方面,还有许多可供使用的方法,如分层序列法、平方和加权法、理想点法、虚拟目标法等数学规划的方法。

对于多目标优化问题的求解,首先是要在搜索空间内寻求一个 Pareto 最优解集。在这个解集中,对于每个 Pareto 最优解来说,一个目标性能的改善是以另一个目标性能的降低为代价的,故使多个目标同时达到最优值是不可能的,而只能是在它们中进行协调权衡,使得各个目标函数尽可能地都达到近似最优,这就需要使用者根据实际需要进行选择,取决于具体问题的具体特征。

7.2.2 多目标遗传算法

传统的多目标求解方法,即将多目标函数组合成单一的目标函数,虽然基本上能保证函数收敛于 Pareto 最优解,但收敛的结果往往是单一的点,由于多目标问题通常是存在多个 Pareto 最优解的,因此传统的多目标求解方法并不能保证决策者了解 Pareto 解集的总体情况,使决策存在一定的偏向性。此外,传统的多目标算法严重依赖于权重或者距离比重,当某些目标存在不确定性时,目标之间无法明确给出重要性或优先性时,算法往往得不到令人满意的解。

遗传算法是建立在生物进化论与遗传学理论的基础上,借鉴自然"适者生存,优胜劣汰"的规律进行选择。它具有自适应性和隐含并行性的特点,而且对全局信息能进行有效的搜索。此外,遗传算法是基于种群的搜索过程,而不是集中于一个单一的点,从这个意义上来说,遗传算法特别适合求解多目标优化问题,因为遗传算法突破了点对点的搜索方法,针对于整个种群,在整个解空间同时开始寻优搜索,注重区域搜索和空间扩展的平衡,这样就可以尽可能多地生成多个 Pareto 最优解,并能使其均匀地分布在 Pareto 最优目标域上,而不仅仅像传统的多目标解法那样收敛于单一的点。

在 Schaffer 于 1984 年将遗传算法引入多目标优化领域以来,基于遗传算法的多目标优化受到了重视,在 20 世纪 90 年代涌现了诸多多目标遗传算法。而 1995 年由 N. Srinivas 和 K. Deb 提出的非支配排序遗传算法(Nondominated Sorting Genetic Algorithm, NSGA)是应用最为广泛的多目标遗传算法之一,该算法在多目标领域表现出很大的优势,利用它可以得到分布均匀的 Pareto 最优解。其基本思路是对所有的个体按不同的等级分类,在运行选择操作之前,种群已经根据支配与非支配关系进行了分级排序,找出该种群中的所有非支配个体,并赋予它们一个共享的虚拟适应度值,得到第一个非支配最优层;然后,忽略这组已分层的个体,对种群中的其他个体继续按照支配与非支配关系进行分层,并赋予它们一个新的虚拟适应度值,该值要小于上一层的值,对剩下的个体继续上述操作,直到种群中的所有个体都被分层。同级个体的虚拟适应度值相同,这样就保证了同级个体有同样的复制概率,以维持种群多样性。

在同个等级内,适应度共享,对于在共享半径内的所有个体的虚拟适应度计算如下:

$$f(i) = \frac{f'(i)}{\sum s[d(i,j)]} \tag{7-2}$$

式中:$f(i)$ 为个体共享后的虚拟适应度;$f'(i)$ 为个体共享前的适应度;$s[d(i,j)]$ 为共享函数,计算过程如下:

$$s[d(i,j)] = \begin{cases} 0 & d(i,j) \geqslant \sigma_s \\ 1 - \left(\frac{d(i,j)}{\sigma_s}\right)^2 & d(i,j) < \sigma_s \end{cases} \tag{7-3}$$

式中:σ_s 表示共享半径;$d(i,j)$ 表示个体之间的距离函数。

NSGA 与简单的遗传算法的主要区别在于:该算法在选择操作执行之前根据个体之间的支配关系进行了分层。其选择、交叉和变异运算与简单遗传算法没有本质区别。NSGA 的特点在于将多个目标函数计算转化为虚拟适应度计算。

2000 年 Deb 等针对 NSGA 算法中核心的非支配分类方法进行改进,同时引入了精英策略及聚集距离的计算,最终提出了带精英策略的非支配前沿分类遗传算法 NSGA - Ⅱ,从而大大提高了算法的性能并最大限度地克服了 NSGA 算法的缺陷。

NSGA - Ⅱ采用的非支配分层方法,可以使好的个体有更大的机会遗传到下一代;适应度共享策略则使得准 Pareto 面上的个体均匀分布,保持了群体多样性,克服了超级个体的过度繁殖,防止了早熟收敛。算法流程如图 7-2 所示。

先随机产生规模为 N 的初始种群,非支配分类后,通过遗传算法的选择、交叉和变异这三个基本操作得到下一代,作为第一个子代种群;然后从第二代开始,将父代种群与子代种群合并,进行快速 Pareto 前沿分类,同时对每个 Pareto 前沿等级中的个体进行聚集距离的计算,根据非劣前沿等级及个体间的聚集距离选取合适的个体组成新的父代种群;最后，通过遗传算法的基本操作再产生新的子代种群，依次类推，直至满足程序结束的条件。

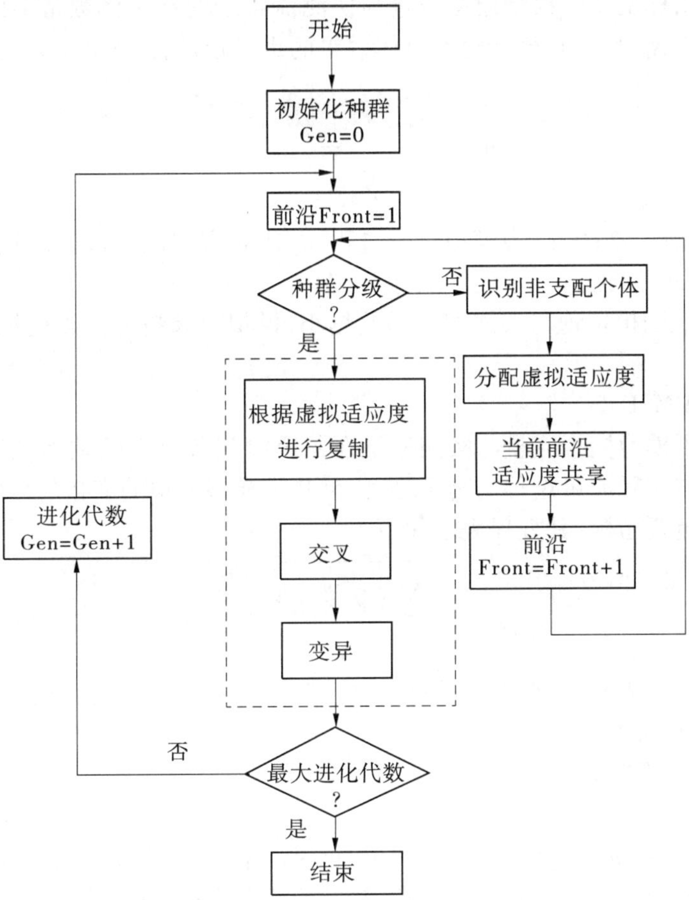

图7-2　NSAG－Ⅱ算法计算流程

7.3　目标函数的构建

运用水文模型模拟自然水循环过程后，需要对模拟的效果进行评价，通常会采用一些指数评价模拟效果的好坏，也即构建目标函数评价模拟效果与实测流量过程的吻合程度。在自动参数率定的过程中，更是需要目标函数作为率定的判断条件，作为在多目标遗传算法中的适应度函数。

一般而言，不同的目标函数代表了水文过程的不同特征，目标函数的选择对模拟效果具有非常显著的导向作用。为了能够更好地模拟流域水文过程，选择目标函数时，通常考虑以下几个方面：①模拟流量与实测流量的总水量平衡；②模拟流量与实测流量的变化趋势基本一致；③洪峰流量、基流流量相对吻合。根据以上基本原则，通常会运用水量平衡误差、均方误差、评价高水和低水的纳什效率系数等基本指标构建水文模型模拟效果的目标函数，以下列出了几个主要的水文模型模拟效果评价指标：

(1)总水量平衡误差。

水量平衡误差指标反映了模型模拟流量与实测流量之间在总体数量上的差别，表明了模型模拟的水量平衡误差，是衡量模型总体效果的重要指标，其方程表示如下：

$$R = \frac{\sum_{i=1}^{N}(Q_i - q_i)}{\sum_{i=1}^{N} q_i} \tag{7-4}$$

式中：R 代表水量平衡误差；Q_i 代表模拟流量过程；q_i 代表实测流量过程；i 代表时间序列过程；N 代表时间序列总长度。

R 值越接近 0，表明模拟值与实测值的误差越小，模拟效果越好。当模拟值与实测值总量一致时，$R = 0$。

(2)均方误差(RMSE)。

均方误差反映了模型模拟流量与实测流量在每个时间节点上的差别，能够评价模型模拟的流量过程线与实际流量过程的吻合程度，反映了模型模拟的变化趋势的好坏，是衡量模型模拟过程的重要指标，其方程表示如下：

$$R = \sqrt{\frac{\sum_{i=1}^{N}(Q_i - q_i)^2}{N}} \tag{7-5}$$

式中：R 代表均方误差；Q_i 代表模拟流量过程；q_i 代表实测流量过程；i 代表时间序列过程；N 代表时间序列总长度。

R 值越小，模拟效果越好。

(3)纳什效率系数。

纳什效率系数是由 Nash 和 Sutcliffe 于 1970 年提出来的，它直接体现了模拟流量与实测流量过程拟合程度的好坏，是用来评价模型精度的重要指标，其方程表示如下：

$$R = 1 - \frac{\sum_{i=1}^{N}(Q_i - q_i)^2}{\sum_{i=1}^{N}(q_i - \bar{q})^2} \tag{7-6}$$

式中：R 代表纳什效率系数；Q_i 代表模拟流量过程；q_i 代表实测流量过程；$\bar{q}$ 代表实测流量的均值；i 代表时间序列过程；N 代表时间序列总长度。

R 值越接近 1，表示模拟效果越好。

(4)确定系数。

确定系数是相关性系数的平方，反映了模型模拟值与实测值之间的线性相关程度。确定系数的取值范围为 0 ~ 1，越接近 1，表示两者之间的相关性越好，即表明模拟值与实测值的变化趋势越一致，其表达方程为：

$$R = \left[\frac{\sum_{i=1}^{N}(Q_i - \bar{Q})(q_i - \bar{q})}{\sqrt{\sum_{i=1}^{N}(Q_i - \bar{Q})^2}\sqrt{\sum_{i=1}^{N}(q_i - \bar{q})^2}}\right]^2 \tag{7-7}$$

式中：R 代表确定系数；Q_i 代表模拟流量过程；$\overline{Q}$ 表示模拟流量的均值；q_i 代表实测流量过程；$\overline{q}$ 代表实测流量的均值；i 代表时间序列过程；N 代表时间序列总长度。

R 值越接近 1，表示模拟效果越好。

（5）低流量的纳什系数。

对于水文过程，径流中的基流流量是需要重点研究的对象。因此，为了提高基流流量的模拟效果，运用了对数型纳什效率系数，用于反映低流量的模拟精度，其表达式如下：

$$R = 1 - \frac{\sum_{i=1}^{N}(\ln Q_i - \ln q_i)^2}{\sum_{i=1}^{N}(\ln q_i - \ln \overline{q})^2} \tag{7-8}$$

式中：R 代表纳什系数；Q_i 代表模拟流量过程；q_i 代表实测流量过程；$\overline{q}$ 代表实测流量的均值；i 代表时间序列过程；N 代表时间序列总长度。

（6）高流量的纳什系数。

洪峰流量的模拟对于防洪有着重要的意义，因此对于径流中的高流量值也需要进行重点研究，基于纳什系数，可以体现高流量的模拟精度，其表达式如下：

$$R = 1 - \frac{\sum_{i=1}^{N}(q_i + \overline{q})(Q_i - q_i)^2}{\sum_{i=1}^{N}(q_i + \overline{q})(q_i - \overline{q})^2} \tag{7-9}$$

式中：R 代表纳什系数；Q_i 代表模拟流量过程；q_i 代表实测流量过程；$\overline{q}$ 代表实测流量的均值；i 代表时间序列过程；N 代表时间序列总长度。

7.4 基于 PEST 的 HSPF 模型参数自动校准

7.4.1 PEST 率定方法

PEST（Parameter ESTimation）是由澳大利亚布里斯班 Watermark Numerical Computing 咨询公司的 John Doheay 博士研制的。PEST 是独立于模型的参数估计和不确定性分析的综合软件。自从 PEST 的第一个版本在 1994 年颁布以来，在生物、地球物理、机械、航空、化学以及水文等领域得到成功应用。从 2002 年 2 月以来，PEST 也一直是免费软件，模型的研究已深入地下和地面水模型。PEST 可用于任何程序语言编写的模型程序，用户不必有模型程序源代码，也不用了解太多模型的内部工作原理。PEST 通过模型的输入和输出文件与模型交流，模型用户对模型不用做任何改变，应用 PEST 对模型参数进行自动率定非常方便。在参数率定的过程中，用户可自由干涉，在优化过程的任何阶段，敏感和不敏感的参数能够被区分。用户可让一些棘手的参数（不敏感或高度相关的参数）保持当前值，这样参数优化过程就不会受到这些参数的影响。

PEST 用的是非线性评价方法 Gauss – Marquardt – Levenberg 方法，这个方法集中了逆海森方法和最速下降法的优点，能够朝着目标函数更快而有效地收敛。舒晓娟等将 PEST 应用在 WetSpa 分布式水文模型中，表明 PEST 能较快得到优化解，并且不用修改水文模型和 PEST 的源程序，只需要按照 PEST 用户手册要求写几个文本文件就可以实现 PEST 与 WetSpa 分布式水文模型的耦合。PEST 对初值的依赖比较大，不同的初始值可能得到差别较大的率定结果，这主要是模型的非线性、不确定性和参数间的高相关性导致的。因此，需先通过试错法得到合适的初值，在此基础上通过 PEST 得到优化解。

7.4.2 PEST 算法的特点

PEST 算法具有以下几个优点：

(1)独立性。PEST 作为一个非线性参数估计模型，独立存在于任何模型之外。可广泛应用于各种模型参数估计、预测分析中，可用于任何程序语言编写的模型程序，用户不必有模型程序源代码，也不用了解太多模型的内部工作原理。PEST 通过模型的输入和输出文件与模型交流，模型用户对模型不用做任何改变，应用 PEST 对模型参数进行自动率定非常方便。

(2)效率高。PEST 用的是非线性评价方法 Gauss - Marquardt - Levenberg 方法，这个方法集中了逆海森方法和最速下降法的优点，能够朝着目标函数更快而有效的收敛。

(3)使用方便。应用 PEST 校准 HSPF 模型或其他模型时，不用修改水文模型和 PEST 的源程序，只需要按照 PEST 用户手册要求写几个文本文件就可以实现 PEST 与模型的耦合。在参数率定的过程中，用户还可区分敏感和不敏感的参数，用户可让一些棘手的参数(不敏感或高度相关的参数)保持当前值，这样参数优化过程就不会受到这些参数的影响。

为了保证 PEST 得到最优化参数，还需满足以下条件：

(1)模型读取的输入文件可能是二进制也可能是 ASCII 码，PEST 需要这些输入文件都是 ASCII 格式。

(2)模型输出文件可能是二进制也可能是 ASCII 码，PEST 需要这些输出文件都是 ASCII 格式。

(3)模型必须能够运行系统命令，并在没有用户干扰的情况下完成。

(4)PEST 采用 Gauss - Marquardt - Levenberg 方法进行参数估计，优点是相比别的模型较少次数运行就能得到最优结果，但该方法要求参数是连续的。

7.4.3 PEST 参数优化算法理论

假设待校验模型参数存储矩阵为 x，而观测值存储矩阵为 y，则 x 与 y 的关系可以表示为：

$$y = M(x) \tag{7-10}$$

在式(7-10)中 x 表示具有 n 个(待校验参数的数目)元素的矩阵，而 y 为 m 个(观测值的个数)元素的矩阵。M 表示为一非线性函数，通过该函数将模型参数与实际观测值关联在一起。通过将式(7-10)进行线性化处理可得下式：

$$\hat{y} = \hat{y} + H(\hat{x} - x) \tag{7-11}$$

上式中 $\hat{x}$ 表示参数矩阵，$\hat{y}$ 表示模型结果的矩阵。其中 H 为 m 行 n 列的雅可比偏导数矩阵，该矩阵的计算公式如下：

$$H[i,j] = \partial M(\hat{x})[i]/\partial x[j] \tag{7-12}$$

其中 i,j 分别表示 H 矩阵的行数及列数。

利用 PEST 模型校验工具在进行模型校验时，通过不断对矩阵 H 循环更新，逐次循环，加入增量矩阵 u：

$$\begin{cases} u_k = (H_k^{\mathrm{T}} O H_k)^{-1} H_k^{\mathrm{T}} O(y - \hat{y}_k^-) \\ \hat{x}_k^+ = \hat{x}_k^- + u_k \end{cases} \tag{7-13}$$

上式中 k 表示循环次数，矩阵上标"－"代表矩阵更新前的计算值，而"＋"表示矩阵更新后的计算值。T 为矩阵转置符号。O 表示为 m 行 m 列的观测值权重矩阵。

假设有两类观测值时，权重矩阵 O 的对角线元素为每一个观测在整个模型误差中的相对权重，而非对角线元素均为零。由式(7-13)可以得到模型校验的目标函数如下所示：

$$\phi = [\hat{y} - y - H(\hat{x} - x)]^{\mathrm{T}} O[\hat{y} - y - H(\hat{x} - x)] \tag{7-14}$$

采用 PEST 模型校验的算法及计算过程可概括为以下几个部分：首先，确定模型初始参数矩阵 $\hat{x}_k^-$，然后进入整个模型的校正阶段，并将模型的模拟结果存入矩阵 $\hat{y}_0^-$ 中，与此相对应的观测值存储于矩阵 y 中；而后使用一阶泰勒级数展开式对矩阵 H_0 进行数值求解；最后应用式(7-13)计算模型参数增量矩阵 u_0 及更新矩阵 $\hat{x}_1^+$，并将 $\hat{x}_1^+$ 的值存入参数矩阵 $\hat{x}_1^-$，通过循环迭代直至模型达到收敛的基本要求。

7.4.4 基于 PEST 的 HSPF 模型的目标函数设置

PEST 算法的核心是对目标函数求解最小值，目标函数则是模型参数计算值与实际观测值的差异函数，而模型的计算值主要依赖于模型的参数。

不同目标函数强调的流量特征不同，目前已有的目标函数包括流量均方差、保证率流量偏差、异方差最大似然值、Nash－Sutcliffe 效率系数、可决系数、平均百分比误差绝对值、平均导数误差平方等。地表水文自动校准主要考虑径流总量（日、月、年流量）、各种流量组分（基流、洪峰）和流量频率（10%、50%、90%保证率）等多个方面的拟合效果，因此在 PEST－HSPF 自动校准过程中建议采样日流量偏差、月流量偏差和 1%，5%、10%、25%、50%、75%、90%超流量天数（Exceedence times for flow）偏差 3 个目标函数，把它们与实测值的加权误差作为自动校准的总目标函数，计算公式如下：

$$\min F(\theta) = f_1(\theta) + f_2(\theta) + f_3(\theta) \tag{7-15}$$

其中

$$f_1(\theta) = \sum_{i=1}^{N} [(Q_{\mathrm{obs},i} - Q_{\mathrm{sim},i}(\theta)) \cdot \omega_{1,i}]^2 \tag{7-16}$$

$$f_2(\theta) = \sum_{j=1}^{N_m} [(\sum_{i=1}^{n_j} Q_{\mathrm{obs},i} - \sum_{i=1}^{n_j} Q_{\mathrm{sim},i}(\theta)) \cdot \omega_{2,j}]^2 \tag{7-17}$$

$$f_3(\theta) = \sum_{i=1}^{E_t} [(EX_{\mathrm{obs},i} - EX_{\mathrm{sim},i}(\theta)) \cdot \omega_{3,i}]^2 \tag{7-18}$$

式中：$f_1(\theta)$、$f_2(\theta)$和$f_3(\theta)$分别表示日流量偏差、月流量偏差和超流量天数偏差的目标函数；$F(\theta)$为校准参数集；Q 和 EX 分别代表日流量和超过某一流量值的天数；下标 obs 和 sim 分别表示观测值和模拟值；N 是模拟的天数；N_m 为统计的月份数量，一般设置为 12；n_j 是每个月天数；E_t 为模拟的超流量天数类型数量。

由于多目标优化中，通过权重相加将多目标转化为单目标。由于三个目标数量级不同，因此为了避免各目标函数数量级的不同导致某些子目标的作用被忽视，需合理确定权重。Doherty(2004)建议将权重确定为各目标初始偏差的倒数，使得各目标函数对总偏差贡献大致相等或在同一个数量级内，即

$$\left.\begin{aligned}
\omega_{1,i} &= \frac{1}{(|Q_{\text{obs},i}|+\phi)\cdot\lambda_1},\lambda_1 = \sqrt{\sum_{i=1}^{N}\left[(Q_{\text{obs},i}-Q_{\text{obs},i}(\theta))\cdot\frac{1}{(|Q_{\text{obs},i}|+\phi)}\right]^2} \\
\omega_{2,i} &= \frac{0.01}{\sqrt{\left|\sum_{j=1}^{n_j}Q_{\text{obs},i}\right|}\cdot\lambda_2},\lambda_2 = \sqrt{\sum_{j=1}^{N_m}\left[\left(\sum_{i=1}^{n_j}Q_{\text{obs},i}-\sum_{i=1}^{n_j}Q_{\text{obs},i}(\theta)\right)\cdot\frac{0.01}{\sqrt{\left|\sum_{i=1}^{n_j}Q_{\text{obs},i}\right|}}\right]^2} \\
\omega_{3,i} &= \frac{300}{\lambda_3},\lambda_3 = \sqrt{\sum_{i=1}^{E_t}\left[(EX_{\text{obs},i}-EX_{\text{obs},i}(\theta))\cdot 300\right]^2}
\end{aligned}\right\} \tag{7-19}$$

式中：权重 $\omega_{1,i}$计算公式中的分子 1，$\omega_{2,i}$公式中 0.01 和 $\omega_{3,i}$中 300 为系统默认的经验系数，目的是调整 3 个子目标的偏差，但一般很难将它们调整到一个数量级范围内，需要进一步的校准；ϕ 为大于等于零的实数，作用是避免由于零流量出现造成的计算错误，一般默认为 0.001；λ_1、λ_2、λ_3 分别为日流量、月流量和超流量天数的权重修正系数，取模型第一次迭代时各目标函数误差值的平方根，经过权重修正后，3 个子目标的初始偏差都等于 1；其他变量含义同前。

7.4.5 PEST 结构

PEST 根据模型估计值与实测值的对比误差，反复调整参数，经过一定的迭代次数，获取在一定误差范围内的最优参数(见图 7-3)。

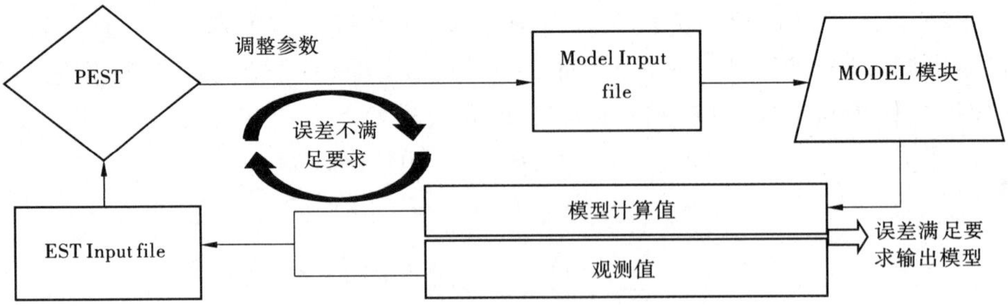

图 7-3　PEST 模型寻优结构图

PEST 主要结构有：

(1)PEST 输入文件。包括原始 UCI 文件、模板文件以及修正后的 UCI 文件、补充文

件，如图 7-4 所示。

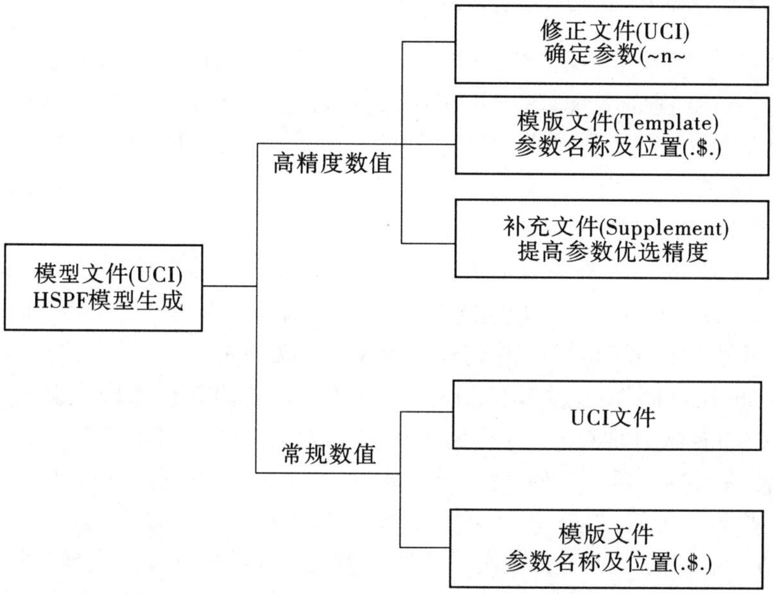

图 7-4　PEST – HSPF 输入文件图

（2）tsproc 程序。运行 tsproc 应用程序完成 pst 主控文件的生成、创建模型输出文件，如图 7-5 所示。

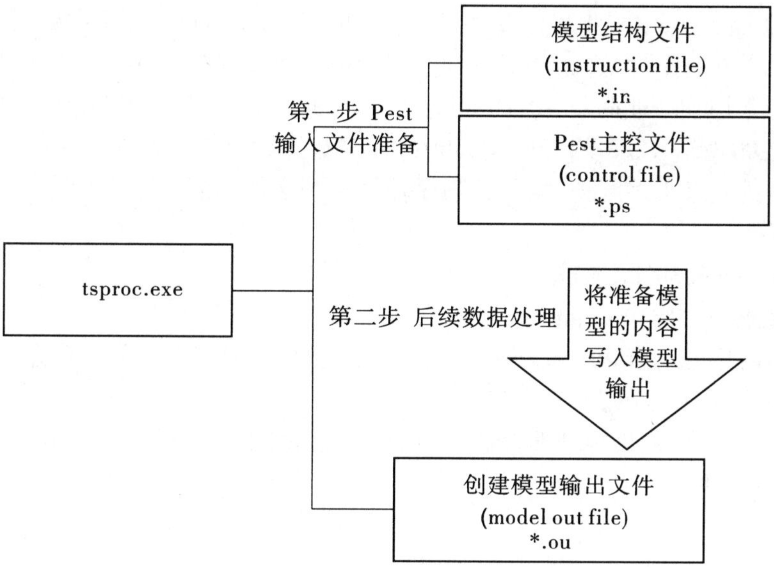

图 7-5　PEST – HSPF 自动率定运行图

（3）run 运行程序。正常运行 PEST – HSPF 需要有 6 大件，即 HSPFMSG. wdm、Pest、pest. fnn、pest. hlt、tsproc、XHSPFX。此外，run 程序为批处理文件，非必须。

7.4.6 PEST - HSPF 自动率定步骤

EST - HSPF 自动校准过程是 HSPF 的输入与输出文件与 PEST 的交互和迭代的过程,PEST 通过 tsproc 程序读取 HSPF 的输出文件,经过 GML 算法寻优并获得率定参数,再写入 HSPF 重新模拟,直至满足迭代终止条件。涉及文件:①HSPF 程序的 UCI 主文件和输入、输出 WDM 文件;②PEST 程序的 pst 主文件、PEST 指令文件 ins、参数校准模板文件 tpl 和 PEST 时间序列处理文件 tsproc. dat 等。

(1)获取 HSPF 的 UCI 与 WDM 文件:打开 HSPF 软件,输出校准参数(如日流量),获得 UCI 文件(如:example1. uci),并连同输入和输出的 WDM 文件拷贝到 PEST 工作目录,同时修改 WDM 引用位置(也可合并到同一个 WDM 文件中)。

(2)template 文件制作:用文本编辑器打开 CUI,在文档首行按回车键增加一空白行,填入“ptf $”($可换成其他符号,具体见 Manual),找到需要校准的参数,将原来的数字替换为“$符号名$”,如$ infilt $,另存为 example1. tpl 文件,即完成了 template 文件的制作。

(3)校准参数初始值:打开空白文本文档,按“参数名称 转换函数 变动范围 初始值 最小值 最大值 所属参数组 倍数 基准”排列出所有待校准参数,另存为 initpar. dat 文件即可。如:lzsn log factor 8.0 1.0 20.0 lzsn 1.0 0.0(下个参数另起一行)。

(4)校准参数组文件:打开空白文本文档,按“组名称 数量变动方式 每次变动值 最小变化值 导数计算方法 导数控制参数 1 导数控制参数 2”,另存为 group. dat 文件即可。如:lzsn relative 0.01 2e-4 switch 2 parabolic(下个参数另起一行)。

(5)日期文件制作(可选):打开一个空白文本文档,按“mm/dd/yyyy hh:mm:ss”格式输入,设置输出时间间隔,如:01/01/1970 00:00:00 02/01/1970 00:00:00…. 12/01/1975 00:00:00 12/31/1975 00:00:00(月数据输出格式)。

(6)模型批处理文件制作:按执行顺序输入相关文件,如:

```
@ echo off
xhspfx example1. uci > nul
tsproc < tsproc1. in > nul
```

(首行作用是关闭 HSPF 和 tsproc 运行窗口,防止与 PEST 冲突,nul 为了使相应计算结果不在电脑屏幕上显示。)

(7)生成指令文件:即完成步骤(6)中的 in 文件制作,打开空白文本文档,按读取顺序写入相应的文件,如:

```
tsproc. dat
tsproc. rec
n
n
```

(表示先读取 tsproc1. dat,再运行 tsproc. rec,后面的两个 n 表示在批量运行时不覆盖原来文件 * . pst 和 * . ins(仅在文件准备过程有效);对于使用 sup 文件的模型,需要增加 xhspfx. in 文件,写入“example1. uci”回车“example1. sup”。)

(8)生成 PEST control 文件和 model out instruction 文件:打开 tsproc. dat 文档(可仿照案例修改制作),将 CONTEXT model_run 前加上#,表示忽略,运行的是 pest_prep。点击 tsproc. exe,输入“tsproc. dat”作为输入文件,“tsproc”作为记录文件(或其他名)。

```
START SETTINGS
  DATE_FORMAT mm/dd/yyyy
#CONTEXT model_run
    CONTEXT pest_prep
END SETTINGS
```

(9)RUN PEST 文件:检查生成的 pst 指令文件,修改倒数第二行的 input 文件,一般为 *. uci。将 tsproc1. dat 修改如下,打开 run 批处理文件,运行 PEST,查看 case1. par 和 case. rec。如:

```
START SETTINGS
  DATE_FORMAT mm/dd/yyyy
CONTEXT model_run
#   CONTEXT pest_prep
END SETTINGS
```

本次将 PEST 应用于滇池流域盘龙江水文模拟中,根据经验确定初始敏感参数,见图 7-6、图 7-7,径流模拟结果见图 7-8;经过 PEST 自动率定后,敏感参数见图 7-9、图 7-10,模拟结果见图 7-11。从两次模拟观测对比结果图可以看出,自动率定后的结果更接近观测值,效果更好。可见 PEST 程序能够较方便地进行参数率定,率定后的结果有一定的精度,还可根据需要再进行手动微调,以实现更精准的模拟效果,但总体而言,PEST 能够大大减小手动调参带来的烦琐工作,值得推荐。

本节仅作初略对比,PEST - HSPF 更深入的应用见第 8、9、10 章。

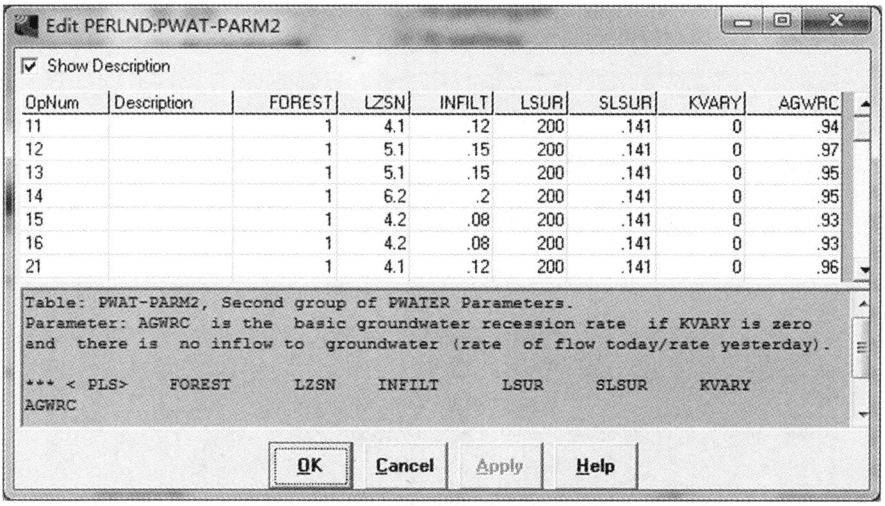

图 7-6 敏感参数手动设定值(1)

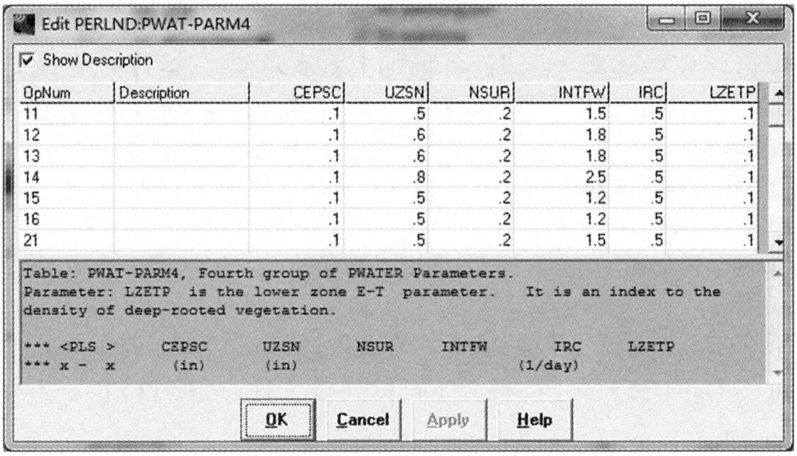

OpNum	Description	CEPSC	UZSN	NSUR	INTFW	IRC	LZETP
11		.1	.5	.2	1.5	.5	.1
12		.1	.6	.2	1.8	.5	.1
13		.1	.6	.2	1.8	.5	.1
14		.1	.8	.2	2.5	.5	.1
15		.1	.5	.2	1.2	.5	.1
16		.1	.5	.2	1.2	.5	.1
21		.1	.5	.2	1.5	.5	.1

```
Table: PWAT-PARM4, Fourth group of PWATER Parameters.
Parameter: LZETP  is the lower zone E-T  parameter.   It is an index to the
density of deep-rooted vegetation.

*** <PLS >       CEPSC       UZSN       NSUR       INTFW       IRC      LZETP
*** x -  x        (in)       (in)                           (1/day)
```

图 7-7　敏感参数手动设定值(2)

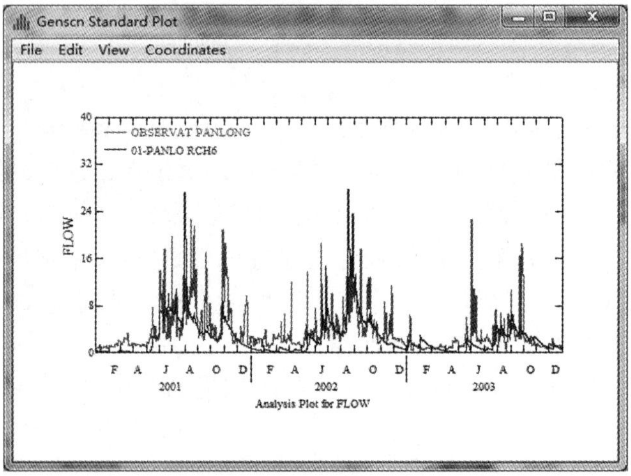

图 7-8　手动率定模拟结果

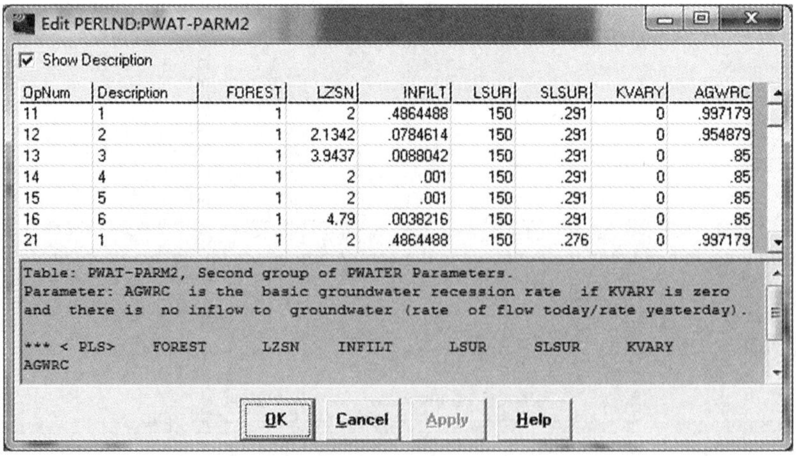

OpNum	Description	FOREST	LZSN	INFILT	LSUR	SLSUR	KVARY	AGWRC
11	1	1	2	.4864488	150	.291	0	.997179
12	2	1	2.1342	.0784614	150	.291	0	.954879
13	3	1	3.9437	.0088042	150	.291	0	.85
14	4	1	2	.001	150	.291	0	.85
15	5	1	2	.001	150	.291	0	.85
16	6	1	4.79	.0038216	150	.291	0	.85
21	1	1	2	.4864488	150	.276	0	.997179

```
Table: PWAT-PARM2, Second group of PWATER Parameters.
Parameter: AGWRC  is the  basic groundwater recession rate  if KVARY is zero
and  there is  no inflow to  groundwater (rate  of flow today/rate yesterday).

*** < PLS>     FOREST      LZSN     INFILT      LSUR      SLSUR      KVARY
AGWRC
```

图 7-9　自动率定参数取值(1)

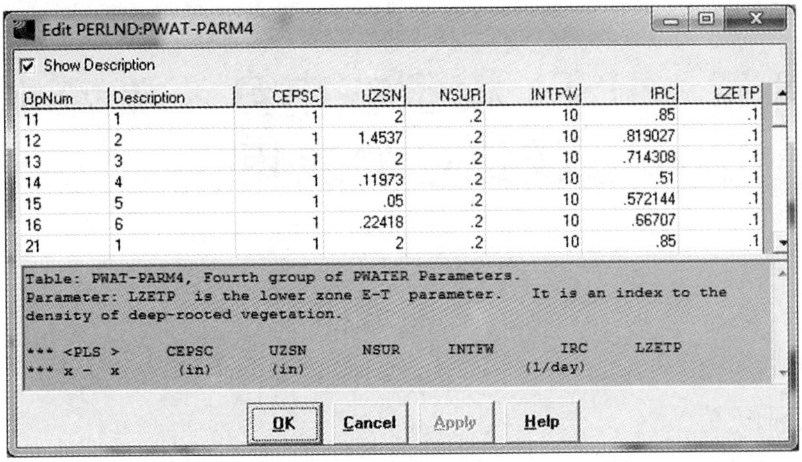

图 7-10　自动率定参数取值(2)

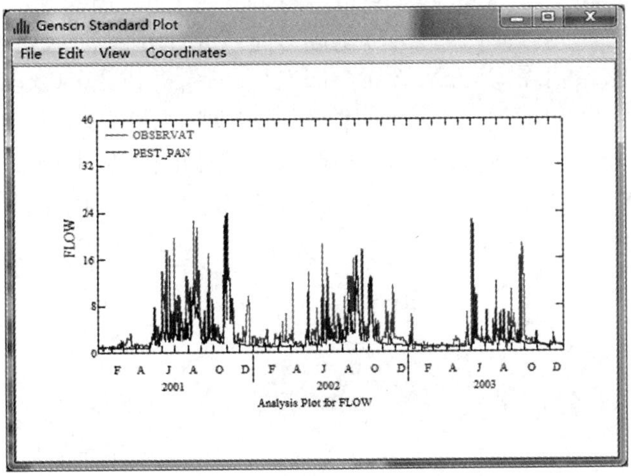

图 7-11　自动率定模拟结果

第 8 章　HSPF 模型在南盘江流域水文模拟中的应用

8.1　流域概况

8.1.1　地理位置

南盘江流域是珠江流域源头的一个流域（见图 8-1），地处云贵高原西部，跨云南、贵州、广西三省（区），位于 102°15′～106°27′E，23°15′～25°57′N，地势西北高、东南低。北部以乌蒙山余脉马雄山为南北盘江分水岭，海拔为 2 200 m。西北和西部有乌蒙山和梁王山与金沙江支流牛栏江和普渡河为分界，最高分水岭梁王山峰海拔 2 820 m；西南及南部有哀牢山与红水河水系相隔，其分水岭在个旧老厂一带，海拔 2 660 m；东部以金钟山与郁江接壤，分水岭海拔 2 000 m 左右。就总体而言，南盘江流域地貌特征以岩溶高原湖盆及岩溶山原为主，这一地貌类型的核心部分是南盘江流域的沾益、曲靖、陆良、路南、师宗、罗平以及玉溪、通海等地。其间还分布着大小不等的盆地。流域内山地丘陵约占 89.1%。盆地和湖泊约占 10%。

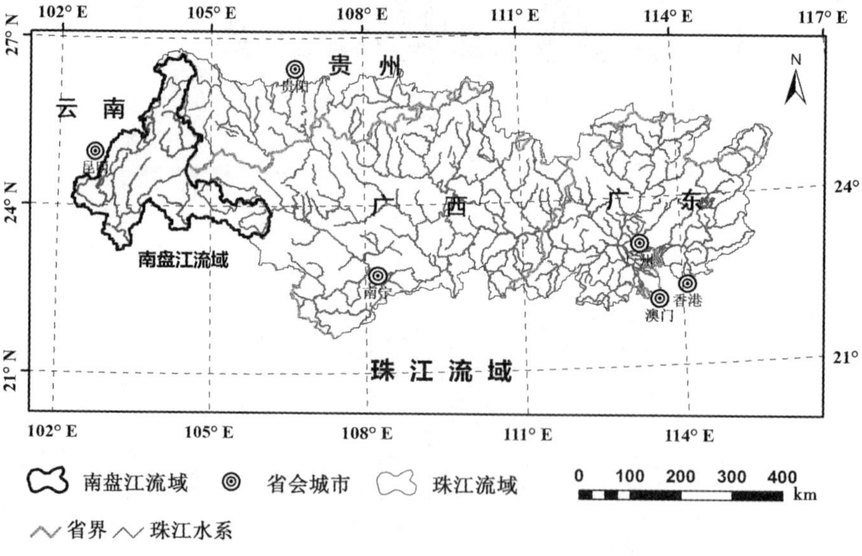

图 8-1　南盘江流域地理示意图

8.1.2　水系特征

南盘江为珠江正源，发源于曲靖市沾益县马雄山南麓，由北向南流经沾益、曲靖、陆良，折转向西到宜良、华宁、弥勒，又转向南到开远、泸西，然后向东和东北方向进入峡谷，流经师宗、罗平等县，汇入支流黄泥河后出云南省境，为云南、贵州和广西的界河，再沿着贵州、广西边界至贵州省蔗香（双江口）与北盘江交汇。珠江从发源地至入海口全长2 214 km，南盘江河段从马雄山至蔗香全长 908.72 km，其中在云南境内长 677 km。云南省境内流域面积达43 249 km^2，占珠江流域面积的 9.5%。

云南省境内南盘江的主要一级支流有 7 条，如图 8-2 所示，从干流右岸汇入的有海口河、曲江、泸江和清水江 4 条，从左岸汇入的有巴盘江、甸溪河和黄泥河 3 条。各一级支流水系特征见表 8-1。

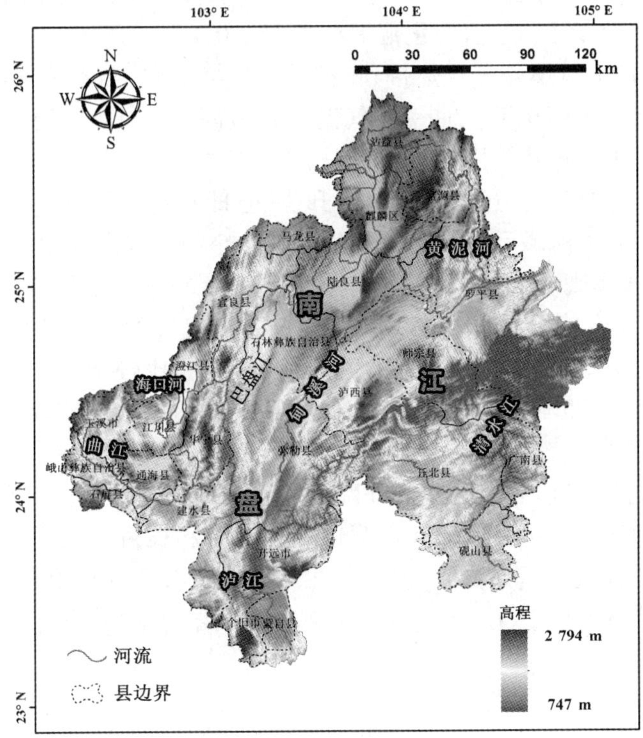

图 8-2 南盘江流域水系示意图

表 8-1 南盘江流域水系特征

河流名称	发源地点	流域面积（km^2）	多年平均流量（m^3/s）	河长（km）	天然落差（m）	平均比降（‰）
海口河	梁王山、关岭	1 121	3.6	16	392	24.5
巴盘江	石林、山神庙	1 216	14.6	71.5	660	9.2
曲江	九溪、吴文村	4 103	36.3	208.2	804	3.9
泸江	宝秀、赤瑞湖	4 342	13.7	144.4	382	2.7
甸溪河	梁河及雄壁	3 322	30	215.7	735	3.4
清水江	砚山、听湖	5 376	56.5	166.5	1 173	7
黄泥河	白水、潘家洞	8 264	170	220	1 328	6

8.1.3 水文气象

南盘江流域地处云贵高原,由于河床下切形成高山深谷。盆地也呈阶梯状下降,因而高差悬殊,水文气象特征差异显著。

(1)降水:南盘江流域属于亚热带季风气候,降水多受季风影响,有明显的干、湿季之分。干季温暖降水量少(约占年降水量的20%),湿季湿润多雨(约占年降水量的80%)。流域内多年平均降水量约为1 046 mm,但地形地势复杂,高低悬殊,年降水量地区分布差异比较大,高低可相差5倍之多。流域内降水由北向东南递增,由北向西递减,形成了一个多雨区(罗平一带)和一个少雨区(蒙自一带)。降水量年际变化比年内变化小,流域内不同地区年降水量变差系数 C_v 值变化范围在0.13~0.22。

(2)气温:南盘江流域属于北亚热带和暖温带,为半湿润、半干旱气候的过渡带,多年平均气温变化幅度在13~20 ℃。月平均气温7月最高,为19.6~25.6 ℃,1月最低,为4.7~12.6 ℃,春夏气温回升较快,从2月到雨季来临之前,每月平均上升3~5 ℃以上,这是本流域春季温度的特点。虽然月气温回升快,但日温差变化较大,白天与夜间温度可以相差10~15 ℃。故本流域另一特点是年气温变化小而日气温变化大,所以大部分地区无严寒或者酷热天气出现。

(3)蒸发:南盘江流域以大体积蒸发皿E-601为代表的水面蒸发量在890~1 725 mm,3~5月蒸发量最大,11~12月最小。在空间分布上,比较干旱的蒙自、开远、建水一带为高值区,可达到1 725 mm。罗平、富源等地降水量较多,水面蒸发一般较少。蒸发量年际间变化不大。年变差系数 C_v 值一般低于0.1。

(4)径流量:南盘江流域径流年内分配与降水量的分配基本一致,径流深变化在855~1 300 mm,高值区在罗平,低值区在蒙自的大屯海和长桥海一带。流域内年平均径流深为395.8mm,年径流变差系数 C_v 值变化在0.25~0.45。产流高值区年降水量多,C_v 值小;产流低值区年降水量少,C_v 值大。流域内最大年径流量为260亿 m^3,最小年径流量为104亿 m^3,多年平均径流量为171亿 m^3。

8.2 数据库建立

8.2.1 空间地理数据

流域空间地理信息数据是模型的重要输入数据,地理基础数据反映了下垫面的基本情况,模拟过程包括如下基本地理基础数据:①精度为90 m分辨率的全流域DEM数据;②全流域边界及水系图;③2000年全流域土地利用类型图。

8.2.1.1 DEM数据

本书中模型运用的DEM数据是来自中国科学院计算机网络信息中心科学数据中心,采用SRTM 90 m分辨率原始高程数据。SRTM(Shuttle Radar Topography Mission)是由美国太空总署(NASA)和国防部国家测绘局(NIMA)联合测量。本书截取的DEM数据,覆盖了南盘江全流域范围,即东经102°15′~106°27′,北纬23°15′~25°57′。DEM数据反映了流域的高程变化,是流域地形地势的数字化体现,可用于计算流域坡度,提取河网水系等,如图 8-3 所示。

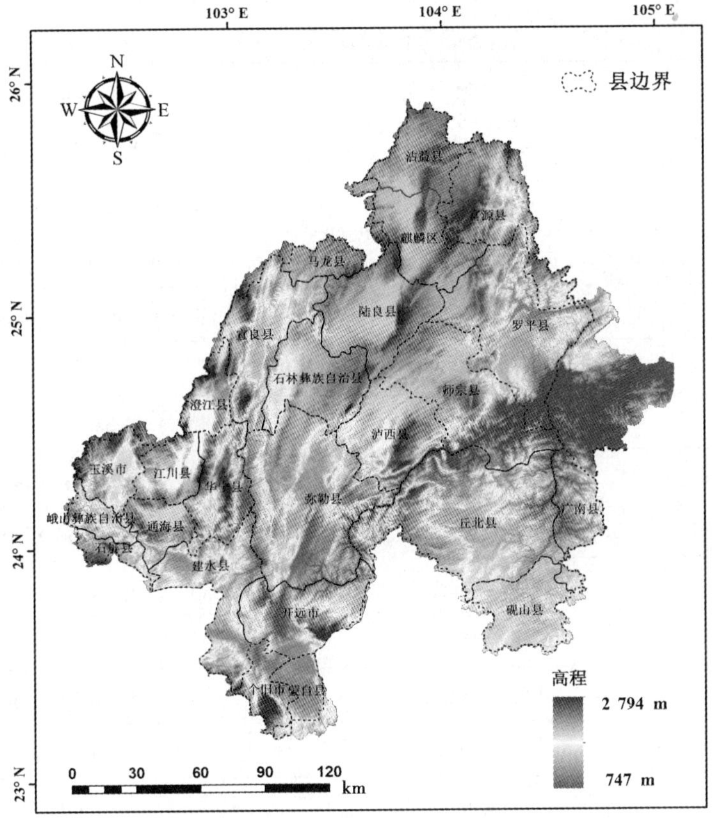

图 8-3　南盘江流域数字高程图(DEM)

8.2.1.2　河网水系

利用地理信息处理软件,如 ArcGIS 软件、BASINS 软件等,结合 DEM 数据,可以用 D8 方法,生成河网水系并用于子流域划分,然后提取描述流域地形地貌的参数,包括汇流面积、汇流长度、平均坡度和河网密度等。河网水系、流域平均坡度等数据反映了流域河道的基本形态,与水流的走向、速度等关系密切,因此河网水系数据对于汇流过程的模拟有重要影响作用。

8.2.1.3　土地利用数据

模型中土地利用数据来自国际组织 ESA(European Space Agency)提供的共享数据,为 2000 年土地利用类型图(http://www.gvm.jrc.it/glc2000)。该项目将土地利用类型划分为 24 种类型,见表 8-2。本研究区南盘江流域中的土地利用类型占了其中的 12 种,如图 8-4(a)所示。根据研究的需要,结合南盘江流域的特征,将这 12 种土地利用类型进行重新合并归类,其中常绿针叶林、常绿阔叶林、灌木、疏林合并归类为森林,将高山和亚高山草甸、斜坡草地合并归类为草地,将滨海湿地、河流、湖泊合并归类为水体,退化耕地和退化森林合并归类为未利用地,综上,可以将南盘江流域土地利用类型划分成 5 类,如

图 8-4(b)所示,分别是林地、草地、耕地、水体和未利用地。研究区各土地利用类型中(见表 8-3),面积最大的是林地,达到了 19 261.75 km^2,占总面积的 46.7%;其次是耕地,达 12 659.94 km^2,占总面积的 30.7%;水体和未利用地的面积相对较少,总和占 5.0%。

表 8-2　土地利用类型分类

序号	名称	Classnames
1	落叶针叶林	Needle leaved deciduoud forest
2	常绿针叶林	Needle leaved evergreen forest
3	常绿阔叶林	Broad leaved evergreen forest
4	落叶阔叶林	Broad leaved deciduoud forest
5	灌木	bush
6	疏林	sparse woods
7	滨海湿地	seaside wet lands
8	高山和亚高山草甸	alpine and sub-alpine meadow
9	斜坡草地	slope grassland
10	平原草原	plain grassland
11	沙漠草原	desert grassland
12	草甸	meadow
13	城市	city
14	河流	river
15	湖泊	lake
16	沼泽地	swamp
17	冰川	glacier
18	赤裸岩地	bare rocks
19	砾石	gravels
20	沙漠	dersert
21	耕地	farmland
22	高山和亚高山平原	alpine and sub-alpine plain gras
23	退化耕地	Mosaic of cropping
24	退化森林	Forest Mosaic / Degraded Forest

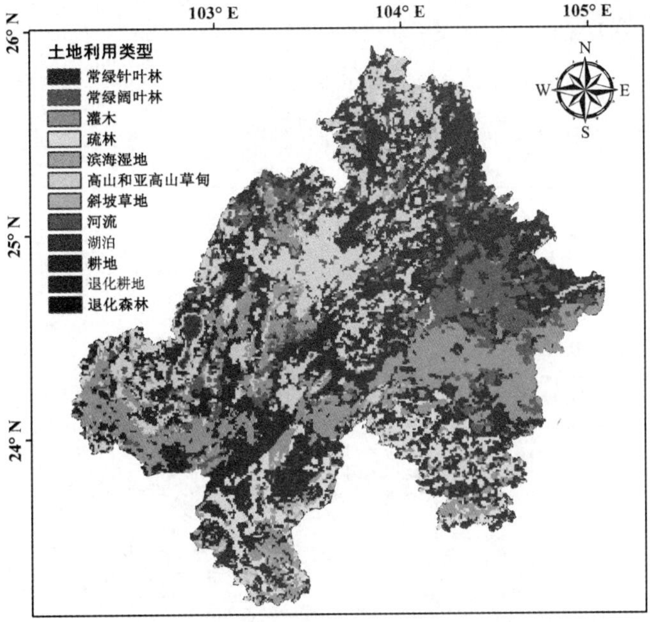

(a)

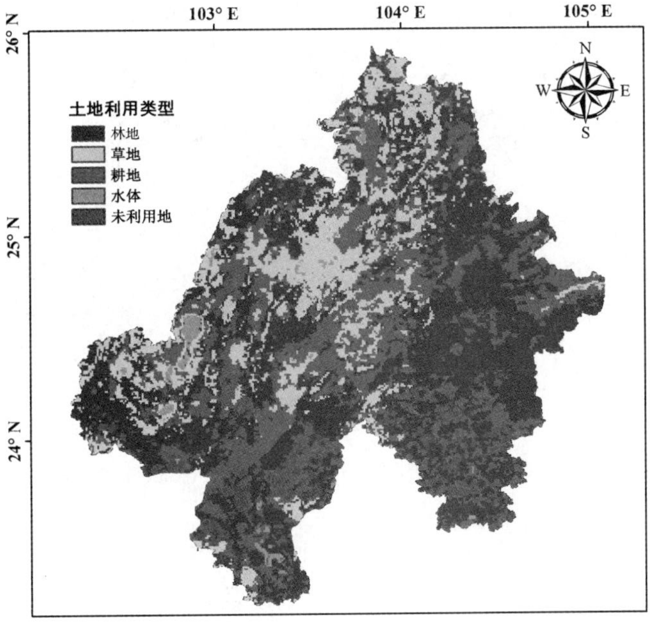

(b)

图 8-4　南盘江流域 2000 年土地利用类型

表 8-3　土地利用类型面积分布统计

土地利用类型	林地	草地	耕地	水体	未利用地	合计
面积(km^2)	19 261.75	7 265.00	12 659.94	463.41	1 616.47	41 266.58
面积百分比(%)	46.7	17.6	30.7	1.1	3.9	100.0

8.2.2 气象水文数据

南盘江流域内的气象水文数据主要来自流域内的 5 个国家一级气象站和 29 个水文站,站点分布如图 8-5 所示。

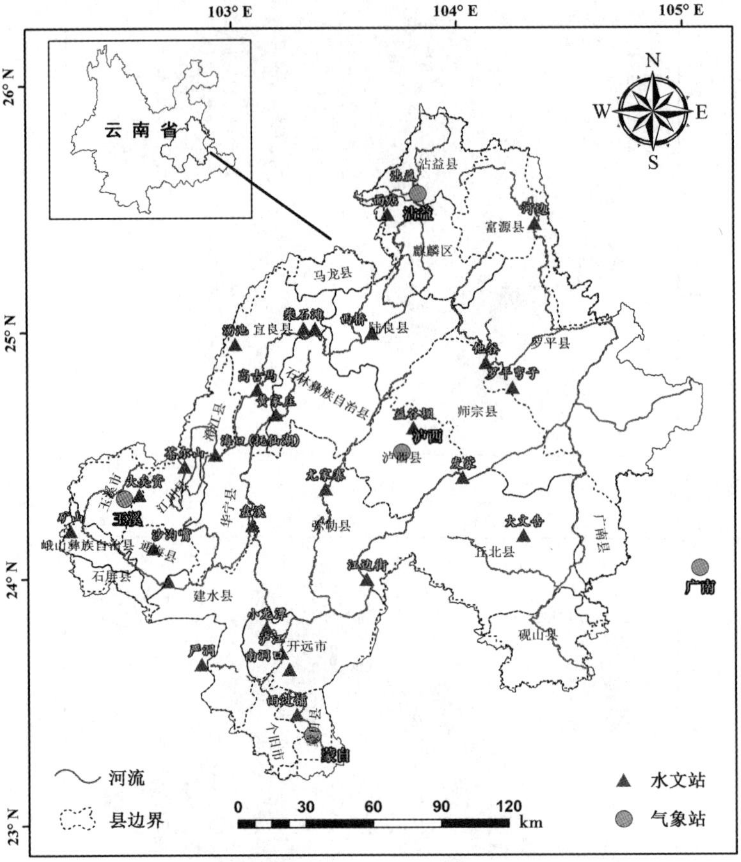

图 8-5 南盘江流域气象水文站点分布

8.2.2.1 气象数据

气象数据为主要的输入数据,包括降水(雨和雪)、气温、平均风速、相对湿度、太阳辐射和云量等。

气象数据主要来源于 5 个一级气象站,分别为沾益站、玉溪站、泸西站、蒙自站和广南站。数据包括 1999 ~ 2011 年日降水数据、平均温度数据、最高温度数据、最低温度数据、风速风向数据和日照时数数据。

8.2.2.2 水文数据

南盘江流域水文数据主要为降水和径流数据,本研究采用水文数据包括:29 个站逐月降水资料,13 个站逐日降水资料,21 个站逐月平均流量资料,4 个站逐日平均流量资料(高古马、小龙潭、江边街、发蒙),站名和资料起止时间见表 8-4 和表 8-5。水文模型校准过程中采用的逐日降雨和逐日径流数据具体如下。

1. 逐日降雨数据

逐日降雨数据来自多个气象水文站点，包括沾益、西桥、高古马、黄家庄、海口、盘溪、泸西、玉溪、小龙潭、江边街、泸江、他谷、河边、发蒙、西山、尤家寨、罗平弯子、蒙自、广南等19个气象水文站，年份为2000～2009年。降雨数据比较充分，缺测数很少。

表8-4 南盘江流域水文站名和资料起止时间(逐月)

站名	站别	资料类别及系列起止年份							
		月降水量		月蒸发量		月平均水位		月平均流量	
		序号	资料年限(年)	序号	资料年限(年)	序号	资料年限(年)	序号	资料年限(年)
茶尔山	降水	1	1964～2009	1	1991～2009				
柴石滩	水文	2	1961～2009			1	1960～2009	1	1961～2009
大文告	降水	3	1964～2009						
大矣资	水文	4	1979～2009			2	1980～2009	2	1980～2009
发蒙	水文	5	1959～2009	2	1990～2009	3	1960～2009	3	1960～2009
高古马	水文	6	1953～2009	3	1966～2009	4	1953～2009	4	1953～2009
海口(抚仙湖)	水位	7	1948～2009	4	1952～2009	5	1952～2009		
河边	水文	8	1958～2009	5	1965～2009	6	1958～2009	5	1958～2009
黄家庄	水文	9	1978～2009	6	1980～2009	7	1978～2009	6	1979～2009
江边街	水文	10	1956～2009	7	1965～2009	8	1954～2009	7	1954～2009
矿山	降水	11	1983～2009						
泸江	水文	12	1958～2009			9	1998～2009	8	2000～2009
罗平弯子	降水	13	1964～2009						
面店	水文	14	1977～2009	8	1982～2009	10	1986～2009	9	1967～2009
鸣鹫	水文	15	1964～2009			11	1970～2001	10	1970～2001
南洞口	水文	16	1964～2009	9	2002～2009	12	1960～2009	11	1960～2009
盘溪	降水	17	1960～2009						
沙沟嘴	降水	18	1988～2009						
他谷	水文	19	1958～2009	10	1965～2009	13	1958～2009	12	1958～2009
汤池	水文	20	1953～2009			14	1953～2009	13	1955～2009
西桥	水文	21	1951～2009	11	1979～2009	15	1955～2009	14	1955～2009
西山	水文	22	1969～2009	12	1979～2009	16	1970～2009	15	1970～2009
小兑冲	水文	23	1955～2009			17	1955～2009	16	1955～2009
小龙潭	水文	24	1960～2009			18	1960～2009	17	1960～2009
严洞	水文	25	1967～2009	13	1967～2009	19	1967～2009	18	1967～2009
益谷坝	水文	26	1960～2009			20	1960～2009	19	1960～2009
尤家寨	水文	27	1956～2009	14	1965～2009	21	1953～2009	20	1953～2009
雨过铺	降水	28	1952～2009	15	1980～2009				
沾益	水文	29	1951～2009	16	1965～2009	22	1960～2009	21	1961～2009

2. 逐日流量数据

逐日流量数据来自高古马站、小龙潭站、江边街站、发蒙站 4 个站点，年份为 2006 ~ 2009 年。

表 8-5　南盘江流域水文站名和资料起止时间（逐日）

站名	站别	资料类别及系列起止年份			
		日降水量		日平均流量	
		序号	资料年限（年）	序号	资料年限（年）
发蒙	水文	1	2006 ~ 2009	1	2006 ~ 2009
高古马	水文	2	2006 ~ 2009	2	2006 ~ 2009
海口（抚仙湖）	水位	3	2006 ~ 2009		
河边	水文	4	2006 ~ 2009		
黄家庄	水文	5	2006 ~ 2009		2006 ~ 2009
江边街	水文	6	2006 ~ 2009	3	
泸江	水文	7	2006 ~ 2009		
罗平弯子	降水	8	2006 ~ 2009		
盘溪	降水	9	2006 ~ 2009		
他谷	水文	10	2006 ~ 2009		
西桥	水文	11	2006 ~ 2009		
西山	水文	12	2006 ~ 2009		
小龙潭	水文	13	2006 ~ 2009	4	2006 ~ 2009
尤家寨	水文	14	2006 ~ 2009		
沾益	水文	15	2006 ~ 2009		

8.3　模型建立

8.3.1　子流域划分

对于南盘江流域的模拟，根据 DEM 空间数据，考虑空间的差异性，通过设定子流域的面积阈值和出口，将整个流域利用 BASINS 划分成 30 个子流域分别进行模拟，各个子流域的编码及分布如图 8-6 所示。子流域面积阈值划分主要依据 7 个一级支流流域：海口河、曲江、泸江、清水江、巴盘江、甸溪河、黄泥河，出口主要设定在河流交汇处，以及主要水文站点处，方便模型的率定与校准。各个子流域之间的河道汇流结构如图 8-7 所示。

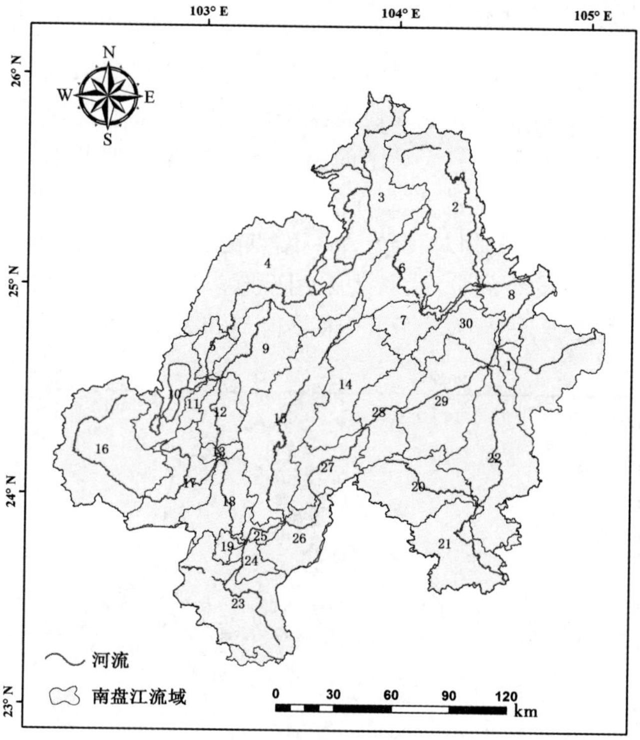

图 8-6　子流域空间分布

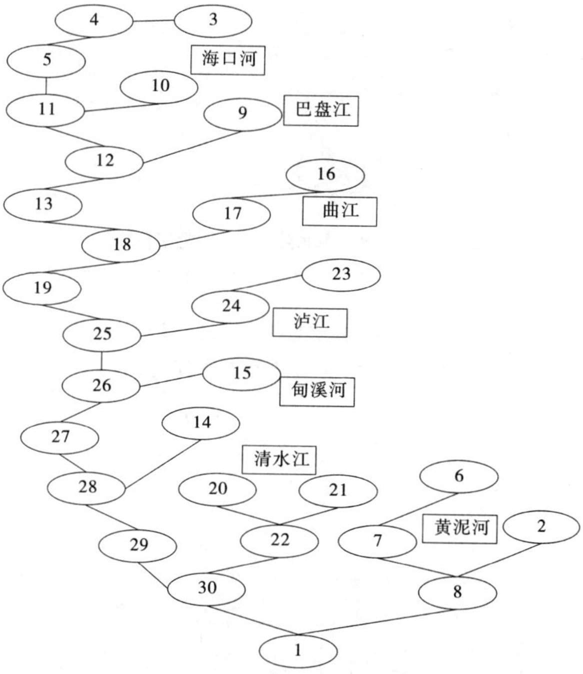

图 8-7　南盘江水系汇流结构

8.3.2 站点数据的空间分布

模型模拟过程中，由于受有限资料的约束，通常无法获得流域面上每一点的数据，因此通常采用某个气象水文站点的数据来代表某个面上的气象水文状况，即用“以点带面”的手段处理数据在空间上的分布。当某个面上的水文气象状况相对一致时，单一的水文气象站点能比较好地反映该面上的水文气象状态。本研究基于支流水系进行子流域划分，子流域内部的水文气象状况相对一致，单一站点能够充分反映子流域面上的水文气象状态。对于水文气象站点的空间分布，首先采用泰森多边形法进行初次分配，如图 8-8 所示，再结合流域的具体特征，进行人为修正，最终得到如表 8-6 所示分配结果。

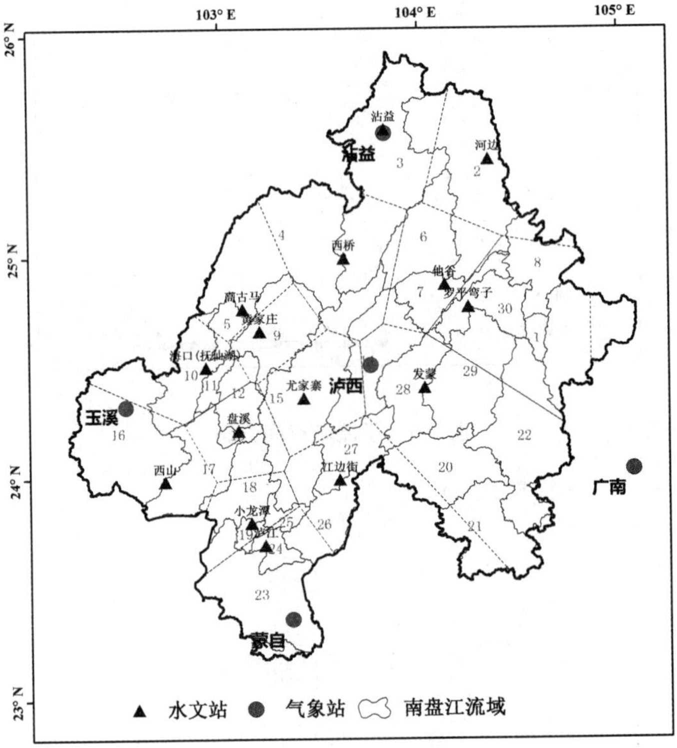

图 8-8 水文气象站点泰森多边形分配

表 8-6 水文气象站点子流域分配

序号	子流域编码	水文站点	气象站点
1	3	沾益	沾益
2	4	西桥	沾益
3	5	高古马	沾益
4	10、11	海口(抚仙湖)	沾益
5	9	黄家庄	沾益
6	12、13	盘溪	玉溪

续表 8-6

序号	子流域编码	水文站点	气象站点
7	16、17	西山	玉溪
8	18、19	小龙潭	蒙自
9	23、24、25	泸江	蒙自
10	15	尤家寨	泸西
11	26、27	江边街	泸西
12	20、21、22、28、29	发蒙	泸西、广南
13	6、7	他谷	泸西
14	2	河边	沾益
15	1、8、30	罗平弯子	泸西、广南

8.3.3 参数选定

8.3.3.1 模型参数率定

本次模型校准率定过程采用自动率定与手动率定相结合的办法，首先运用 PEST 进行参数的自动率定过程，初步确定参数的取值。其次，根据模拟的结果，进行人工细微调整，使模型的模拟效果更加理想。手动率定的过程，首先是对年径流总量进行校准，再对月平均径流量进行校准，最后再考虑日径流过程和场次洪水的模拟校准。对于模拟的效果，通过对比模拟的径流量与实测的径流量，运用确定性系数 R^2 和 Nash – Suttcliffe 系数 Ens 进行判断，评价模拟径流量与观测径流的误差。

运用 HSPF 水文模型进行流域径流的模拟，在输入所需资料后，需要对模型的参数进行率定，才能使模型的模拟效果达到合理范围。手动参数估计和验证是一个非常重要而且复杂的过程，主要通过对比模拟值和实测值，进行不断地重复调试和检验，需要使用者对模型参数具备充分的认识。手动参数率定校准的过程主要包括年径流总量、月径流总量以及日径流量和场次洪水的校准，当前一阶段的校准满足标准后，才进入下一阶段的率定。每个阶段都有对应的一组敏感性参数可供调整，使模型模拟效果得到改善。

8.3.3.2 参数选定与范围

为了使模型模拟效果更好，本次将 PEST 自动参数率定应用于 HSPF 调参过程中。选定主要参数以及估计值范围，获取模拟值，并与观测值进行对比，判断模型模拟效果，直到误差控制在允许的范围内。

1. 年径流总量调整（水量平衡）—— 主要参数 *LZSN*、*LZETP*、*INFILT*

首先需要校准的是年径流总量，对于年径流总量的校准主要通过调整 *LZSN*、*LZETP*、*INFILT* 等参数来改善模拟效果。年径流总量首先必须保持平衡，即降雨扣除蒸发和土壤含水等于径流量。当水量不平衡时，需要考虑调整蒸发或者降雨，可以通过对降雨数据乘以调整系数，改变降雨量，也可以改变蒸发量。

LZSN 代表了下土壤层的蓄积能力，降低它的值可以降低蒸发量，从而提高产流量，增大年径流总量，对于年径流总量的调整，*LZSN* 是最重要的一个参数。

LZETP 代表下土壤层的蒸散发系数，它影响着下土壤层的蒸散发量，增加它的值可以增加下土壤层的蒸散发量，从而减少年径流总量，当蒸散发量对流域的径流量有显著影响时，改变 *LZETP* 的值对年径流量的影响比较明显。

2. 月径流量调整 —— 主要参数 *INFILT*、*AGWRC*

当年径流总量校准完成后，即模拟值与实测值的误差控制在允许范围内，就进入下一阶段校准，对月径流量进行校准，主要通过调整参数 *INFILT* 和 K_G 进行校准。在模型中，径流成分可以分为地表径流、壤中流、上土壤层蓄水量、下土壤层蓄水量以及地下水量，利用 *INFILT* 则可以很好地将径流总量分配到各种成分中，而参数 K_G 对基流成分的多少有着重要影响。

INFILT 是关于下渗能力的参数，对年径流总量也有重要影响，它控制着地表产流量和基流量的分配比例。降低 *INFILT* 会提高地表的径流量，而降低下渗量，减少基流量，从而减少下土壤层蒸发量，增大年径流总量。通过这个参数的调整改变地表产流量和基流量的分布，对于大流量级数的线形有很明显的调节作用。

AGWRC 代表地下水退水率，流域退水过程受流域的众多因素影响，如气象条件、土壤性质、土地利用类型等，降低它的值会使退水变得平缓，降低基流量。此外，林地中的 *AGWRC* 值一般比草地、耕地等要高。

3. 日径流及场次洪水调整 ——主要参数 *INTFW*、*UZSN*、*IRC*

当完成前两阶段的校准后，就需要对日径流过程或者个别比较大的暴雨产生的洪水进行校准。这些雨量大的暴雨事件对径流峰值的产生有着重要作用，因此需重点考虑，主要通过调整参数 *INTFW* 和 *UZSN* 进行校准。此外，调整 *INTFW* 也能对场次洪水进行校准。

INTFW 为壤中流出流量，降低 *INTFW* 会使峰现时间提前，峰形变陡。可以通过此参数来调整洪水过程的线形，使场次洪水与实际观察拟合得更好。

UZSN 代表了上土壤层的蓄积能力，降低它的值会增加径流的产流量，特别是在产流的最初阶段，而且不同的月份可以取不同的值，通过调节 *UZSN* 可改变流量曲线的线形。值得注意的是，*UZSN* 值也影响径流总量，调整它时，需要注意保证径流总量的变化控制在合理范围内。

IRC 为壤中流消退系数，影响着水量暂存期间产流量的大小，因而影响着水位（流量）曲线中退水阶段的过程曲线，也就是峰值与基流这个落水阶段。

主要参数的取值范围见表 8-7。

表 8-7　主要参数的取值范围

参数名称	最大取值范围		通常取值范围		估计范围		注释
LZSN	2.00	15.00	3.00	8.00	3.00	6.00	下土壤层蓄水量
INFILT	0.001	0.5	0.01	0.25	0.08	0.20	下渗能力
LZETP	0.10	0.90	0.20	0.70	0.1	0.6	下土壤层蒸散发系数
AGWRC	0.85	0.999	0.92	0.99	0.92	0.99	退水系数
INTFW	1.00	10.00	1.00	3.00	1.00	2.5	壤中流入流系数
UZSN	0.05	2.00	0.10	1.00	0.1	0.5	上土壤层蓄水量
IRC	1.0E-30	0.999	0.3	0.85	0.3	0.85	壤中流消退系数

8.4　水文模拟结果

根据所获取的资料，运用 HSPF 模型对南盘江全流域进行 2006～2009 年水文径流过程的模拟，模拟的率定期为 2006～2007 年，选用 2008～2009 年数据用于模型的验证。模拟期内各个水文站点的年均降水如图 8-9 所示，其中，罗平弯子站 2006～2009 年期间降水最丰富，率定期 2006～2007 年的年平均降水量为 1 458.55 mm，验证期 2008～2009 年的年平均降水量为 1 159.95 mm，而盘溪站的降水最少，率定期年平均降水量为 616.2 mm，验证期年平均降水量为 677.5 mm，其他站点率定期和验证期的降水情况见图 8-9。

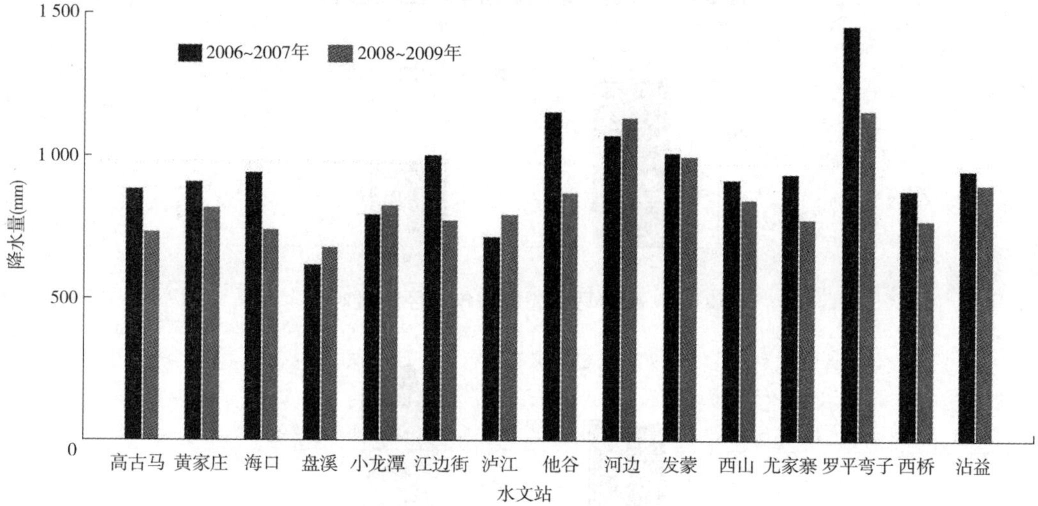

图 8-9　水文站年均降水示意图

按照模型校准率定的基本过程，选取高古马、小龙潭、江边街、发蒙四个水文站点的逐日径流资料作为实测径流过程参考站点，并统计四个站点实测的平均月径流量和平均年径流量。经过参数的自动率定过程和手动率定过程，最后得到如下模拟结果。

8.4.1　年径流量

利用 GenScn 绘制高古马、小龙潭、江边街、发蒙四个水文站点率定期（2006～2007 年）的年均径流模拟效果如图 8-10～图 8-17 所示，结果表明，HSPF 模型能够准确地模拟南盘江流域年径流的总量。高古马站率定期内年均径流量的模拟值与实测值相对误差控制在 10% 以内，2006 年实测年均径流量为 41.6 m^3/s，模拟值为 45.7 m^3/s，比实测值略高，相对误差为 9.86%；2007 年实测年均径流量为 68.2 m^3/s，模拟值为 64.8 m^3/s，比实测值略低，相对误差为 -4.99%。高古马站验证期年均径流量的模拟值与实测值相对误差在 5% 以内，2008 年实测年均径流量为 61.2 m^3/s，模拟值为 60.3 m^3/s，比实测值略低，相对误差为 -1.47%；2009 年实测年均径流量为 32.2 m^3/s，模拟值为 30.6 m^3/s，比实测值略低，相对误差为 -4.97%。由此，以高古马站为控制站，高古马以上流域的模拟效果很好。小龙潭、江边街和发蒙站的年径流模拟的效果也很理想（见表 8-8），相对误差大都控制在±6%以内,均小于±10%,相对误差最小的是江边街站2006年的年均径流量模拟值,仅为-0.64%。由此表明,整个流域的年径流量模拟效果比较理想。

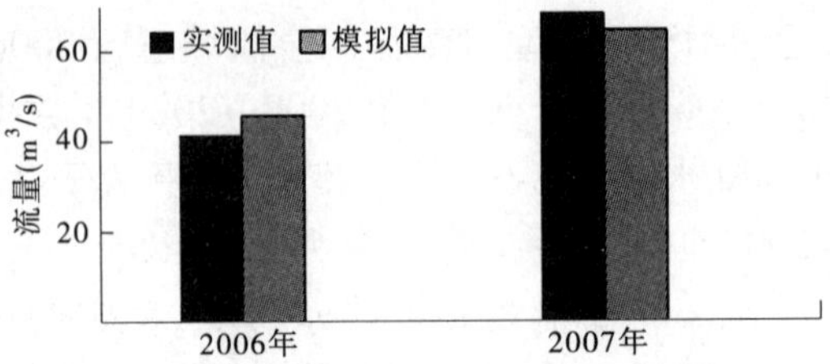

图8-10　高古马站率定期年均径流量对比

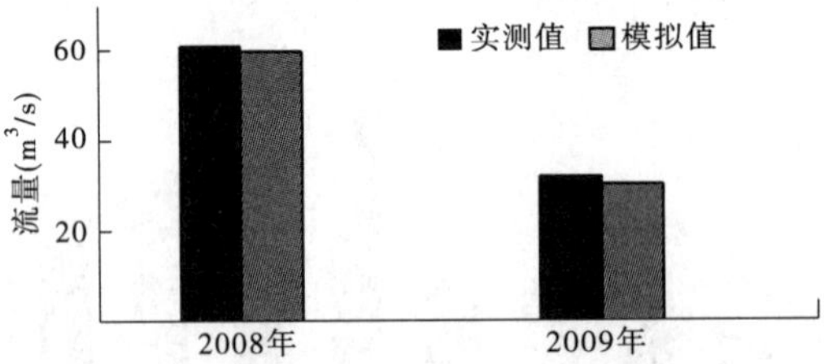

图8-11　高古马站验证期年均径流量对比

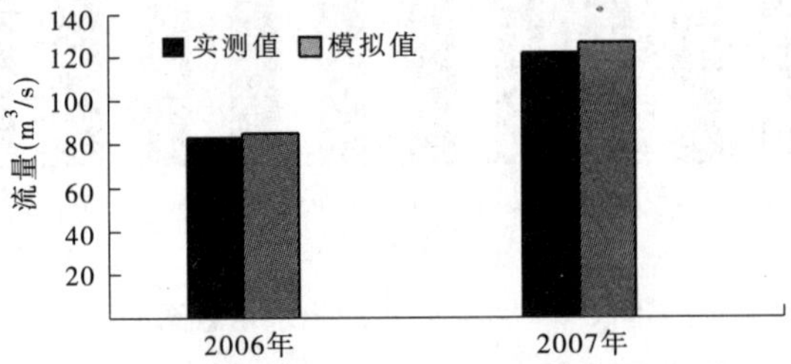

图8-12　小龙潭站率定期年均径流量对比

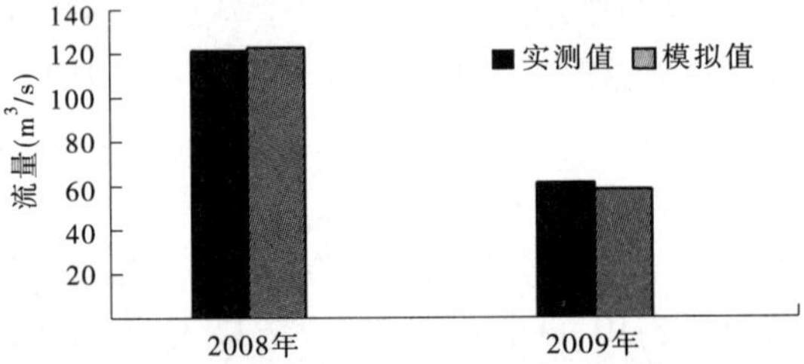

图8-13　小龙潭站验证期年均径流量对比

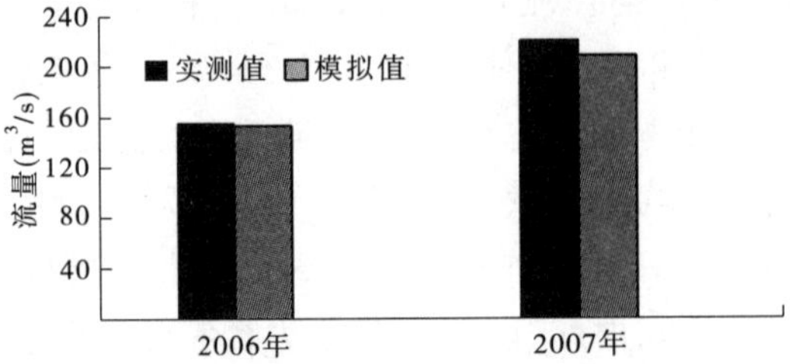

图8-14　江边街站率定期年均径流量对比

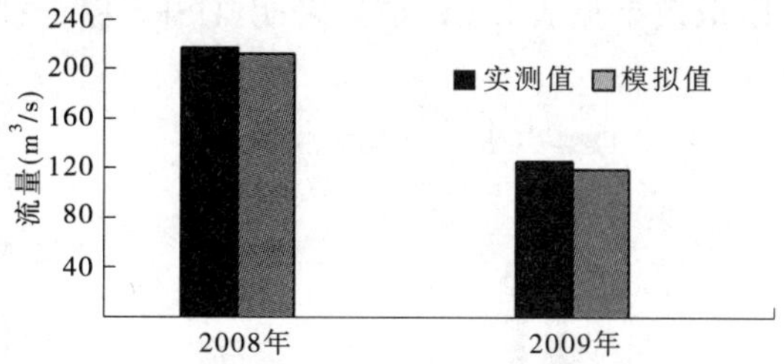

图 8-15　江边街站验证期年均径流量对比

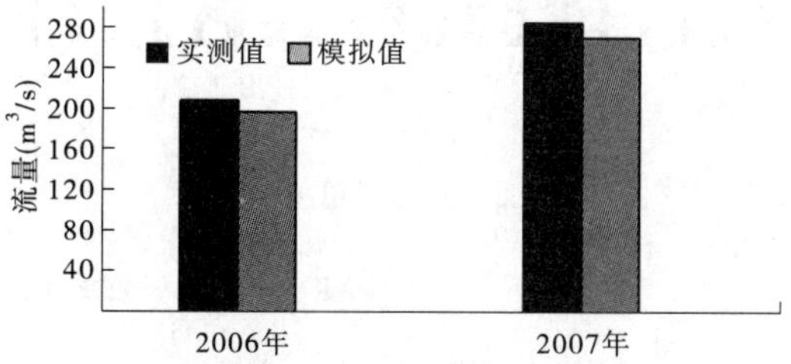

图 8-16　发蒙站率定期年均径流量对比

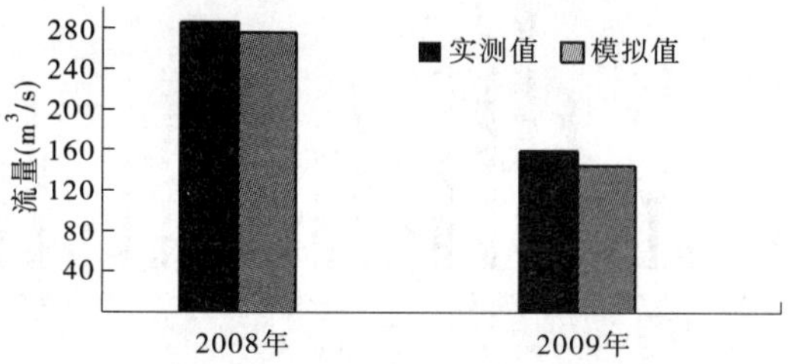

图 8-17　发蒙站验证期年均径流量对比

表 8-8　年径流模拟效果

水文站	项目	2006 年	2007 年	2008 年	2009 年
高古马	实测值(m^3/s)	41.6	68.2	61.2	32.2
	模拟值(m^3/s)	45.7	64.8	60.3	30.6
	相对误差(%)	9.86	-4.99	-1.47	-4.97
小龙潭	实测值(m^3/s)	83.6	122	122	61.7
	模拟值(m^3/s)	85.7	127	123	59
	相对误差(%)	2.51	4.10	0.82	-4.38
江边街	实测值(m^3/s)	156	222	218	126
	模拟值(m^3/s)	155	210	213	120.8
	相对误差(%)	-0.64	-5.41	-2.29	-4.13
发蒙	实测值(m^3/s)	197	269	286	160
	模拟值(m^3/s)	187	255	277	146
	相对误差(%)	-5.08	-5.20	-3.15	-8.75

8.4.2　月径流量

利用 GenScn 绘制高古马、小龙潭、江边街、发蒙四个水文站点月径流模拟效果如

图 8-18 ~ 图 8-25 所示,模拟效果见表 8-9。结果表明,HSPF 模型能够准确地模拟南盘江

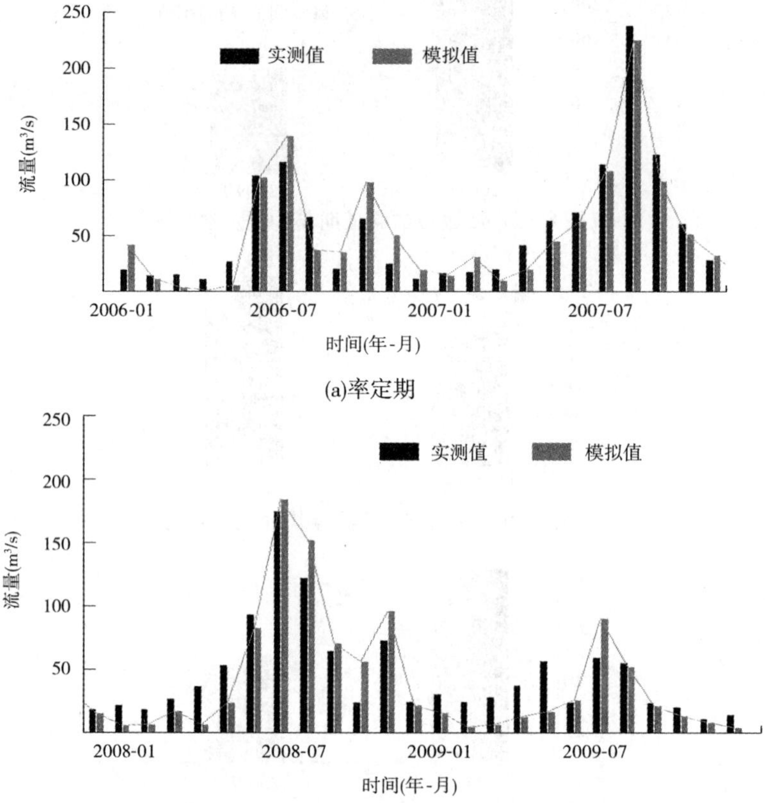

(a)率定期

(b)验证期

图 8-18　高古马月径流模拟对比(一)

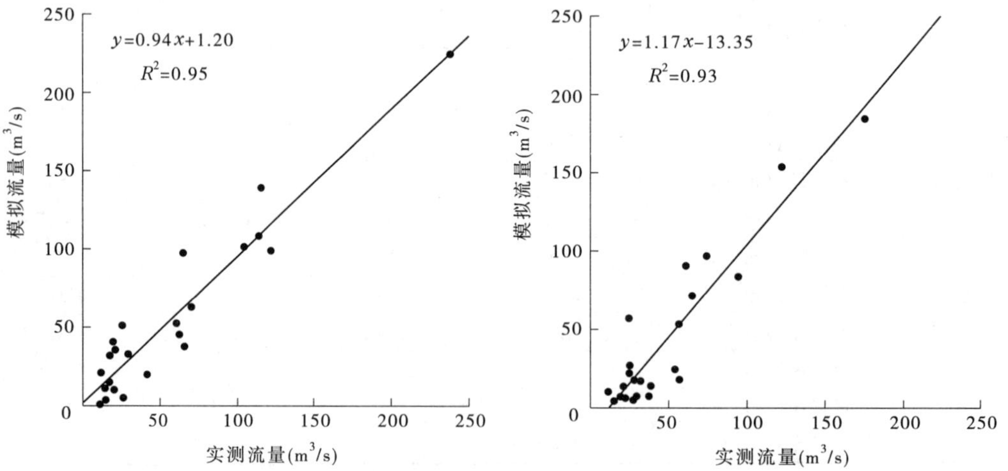

(a)率定期

(b)验证期

图 8-19　高古马月径流模拟对比(二)

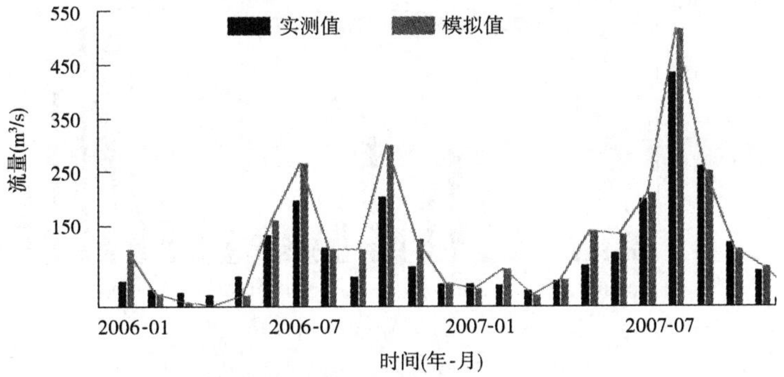

(a)率定期

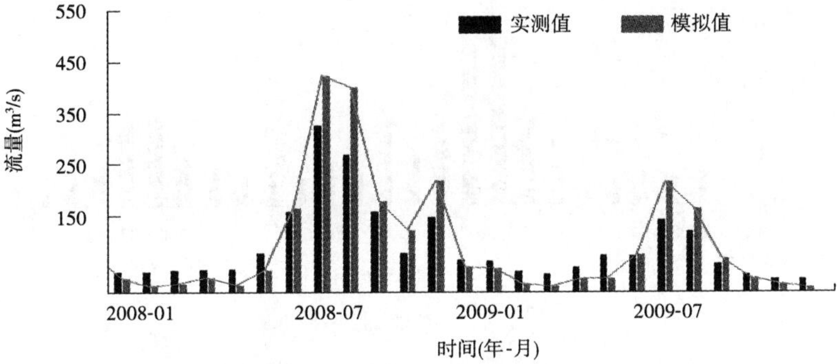

(b)验证期

图 8-20　小龙潭月径流模拟对比(一)

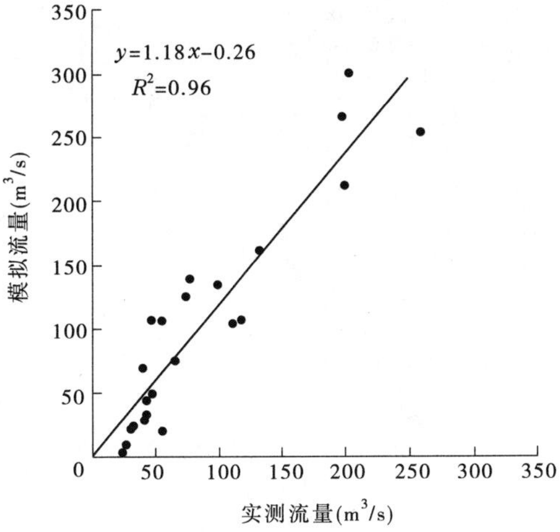

(a)率定期

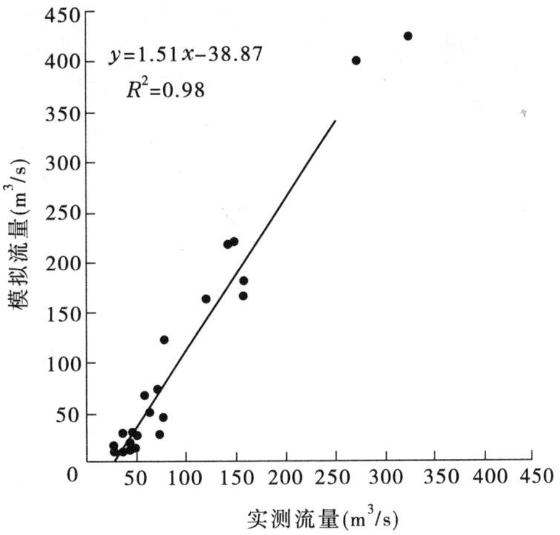

(b)验证期

图 8-21　小龙潭月径流模拟对比(二)

流域月径流过程。在整个模拟期内,模拟效果都达到了理想水平。高古马站率定期内月径流量的模拟值与实测值的相关系数为 0.95,纳什效率系数为 0.90;高古马站验证期内月径流量的模拟值与实测值的相关系数为0.93,纳什效率系数为0.72,其他站点模拟值与

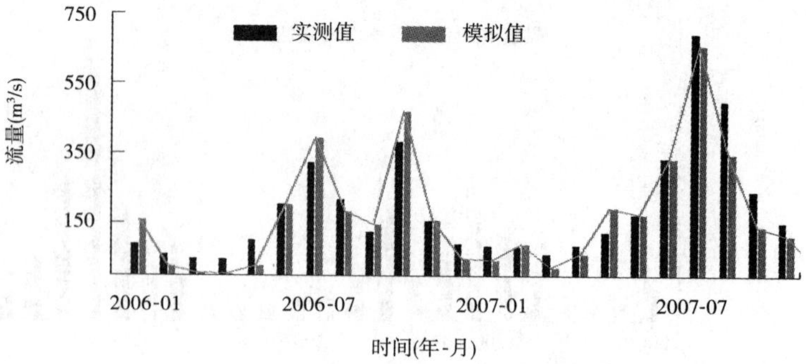

(a)率定期

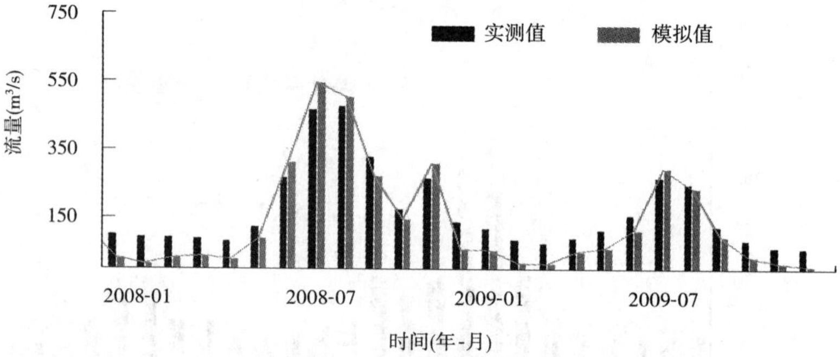

(b)验证期

图 8-22　江边街月径流过程对比(一)

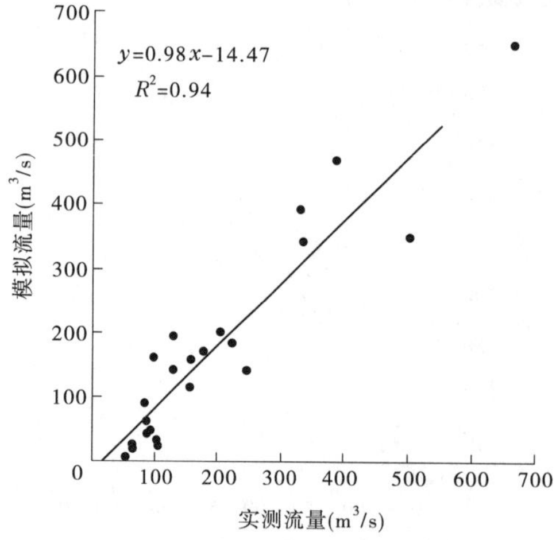

(a)率定期

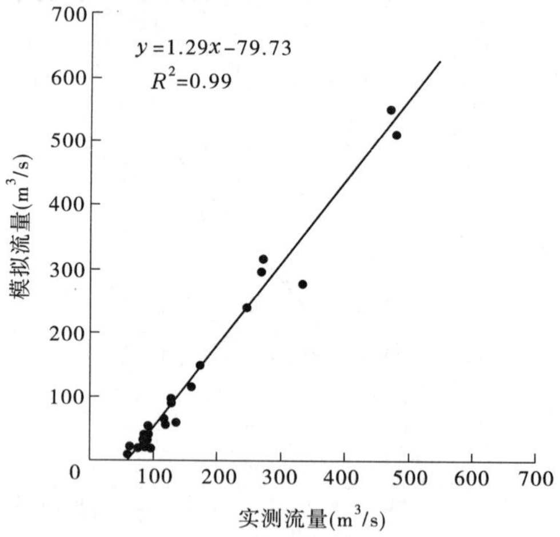

(b)验证期

图 8-23　江边街月径流过程对比(二)

实测值的相关系数和纳什效率系数见表 8-9。总体而言,验证期的相关系数要高于率定期的相关系数,纳什效率系数则是率定期的高于验证期的,四个站点的模拟值与实测值的相关性均很高,相关系数均在 0.93 以上,而纳什效率系数均在 0.71 以上,表明月径流模拟效果理想,也体现了不同评价方法侧重点的不同,综合多种评价方法更能表现模拟效果的好坏。基于两种模拟效果评价方法,分布于流域不同断面的高古马、小龙潭、江边街和发蒙站的月径流模拟的效果都达到了较好水平,由此表明整个流域的月径流模拟效果比较理想。

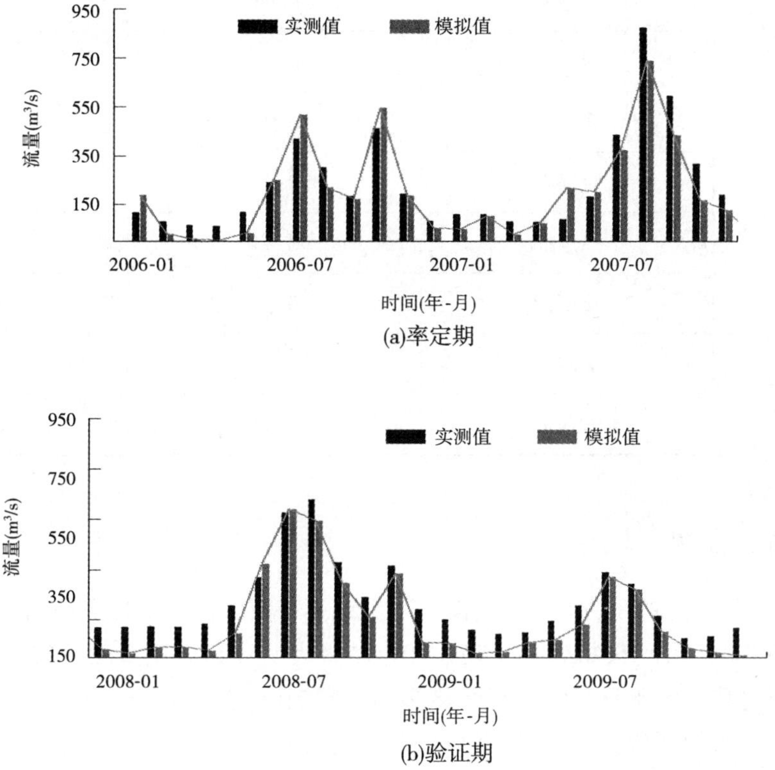

图 8-24　发蒙月径流过程对比(一)

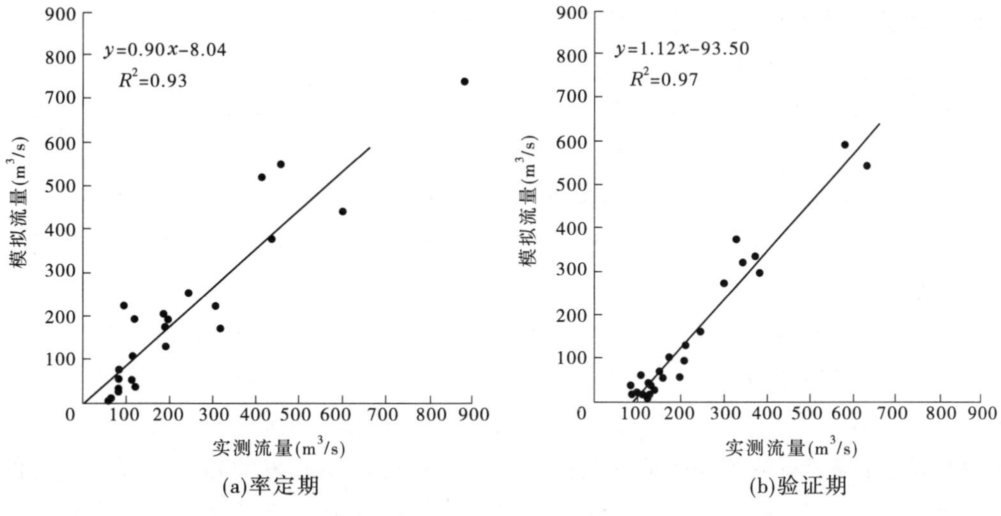

图 8-25　发蒙月径流过程对比(二)

表 8-9　月径流模拟效果

水文站	时期	相关系数 R^2	纳什效率系数 *Ens*
高古马	率定期	0.95	0.90
	验证期	0.93	0.72
小龙潭	率定期	0.96	0.82
	验证期	0.98	0.73
江边街	率定期	0.94	0.86
	验证期	0.99	0.80
发蒙	率定期	0.93	0.84
	验证期	0.97	0.71

8.4.3　日径流量

利用 GenScn 绘制高古马、小龙潭、江边街、发蒙四个水文站点日径流模拟效果如图 8-26 ~ 图 8-33 所示，模拟效果见表 8-10。结果表明，HSPF 模型能够较好地模拟南盘江流域日径流过程。由于日径流过程受诸多因素影响，存在较大的不确定性，因此对于日径流过程模拟效果的评价标准与月径流过程不同。对于南盘江流域日径流过程的模拟，在整个模拟期内，模拟效果都达到了理想水平。高古马站率定期内日径流量的模拟值与实测值的相关系数为 0.82，纳什效率系数为 0.66；高古马站验证期内月径流量的模拟值与实测值的相关系数为 0.80，纳什效率系数为 0.59。对于日径流模拟过程，相关系数反映了模拟值与实测值趋势的一致性，高古马站日径流过程模拟值与实测值的相关性均在 0.8 以上，达到理想水平；纳什效率系数可以反映模拟值与实测值的吻合程度，大于 0.6 可认为比较理想，高古马站纳什效率系数率定期内达到了理想水平，而验证期为 0.59，非常接近标准，主要是由于验证期 2009 年为较枯年，位于上游的高古马站流量较小，相对地受人为干扰明显，影响了模拟效果。其他站点模拟值与实测值的相关系数和纳什效率系数见表 8-10。

总体而言，四个站点的模拟值与实测值的相关性很高，相关系数均在 0.80 以上，四个站点的模拟值与实测值的吻合程度也很高，除高古马站验证期纳什效率系数为 0.59 外，其他站点纳什效率系数均在 0.60 以上，表明日径流模拟效果比较理想。基于两种模拟效果评价方法，分布于流域不同断面的高古马、小龙潭、江边街和发蒙站的日径流模拟的效果都达到了较好水平，由此表明整个流域的日径流模拟效果比较理想。

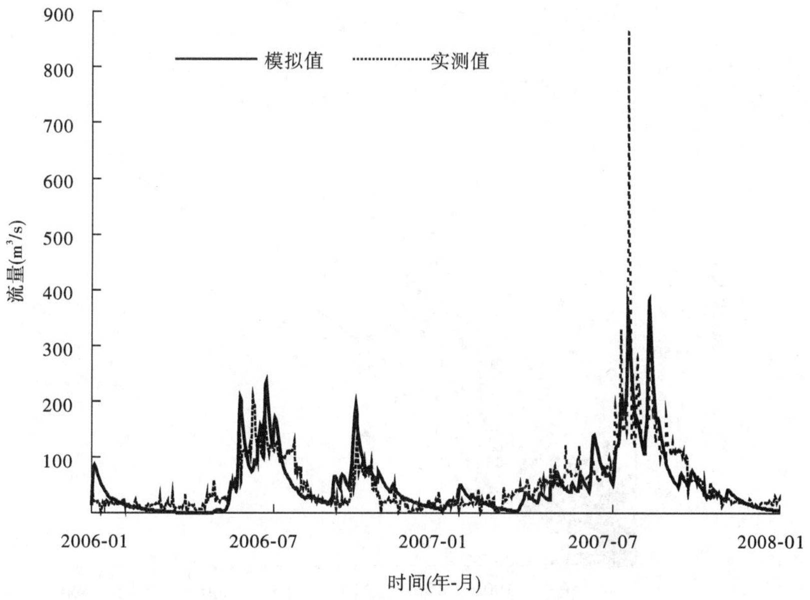

(a)率定期

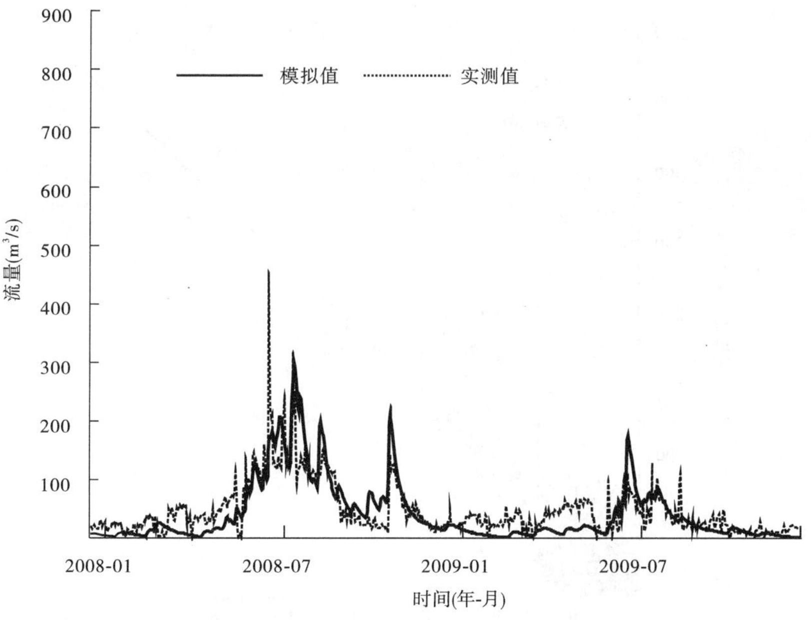

(b)验证期

图 8-26　高古马日径流模拟对比(一)

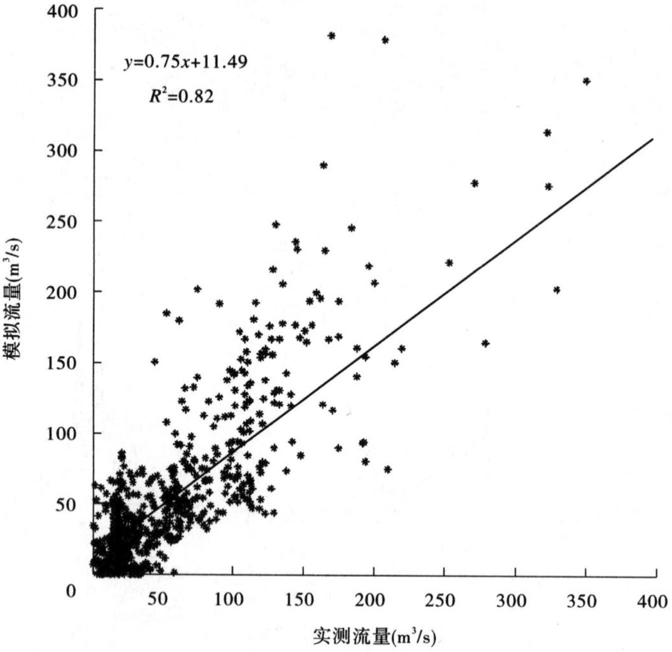

(a)率定期

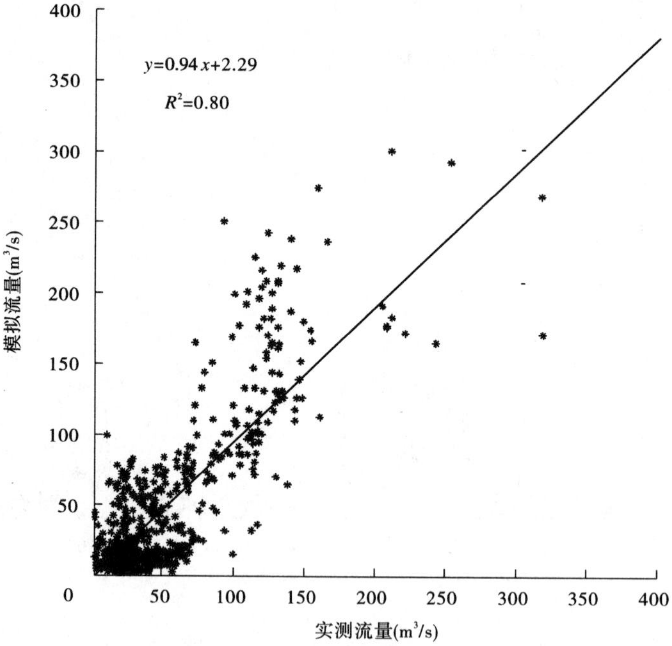

(b)验证期

图 8-27　高古马日径流模拟对比(二)

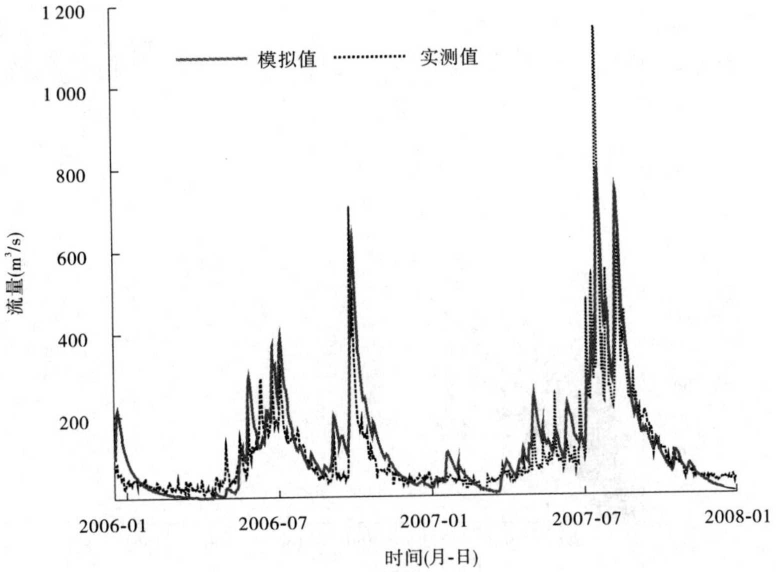

(a)率定期

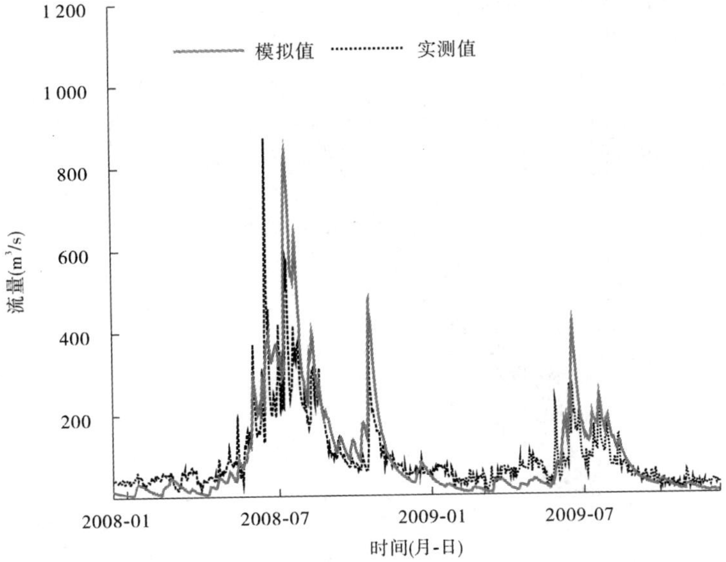

(b)验证期

图 8-28　小龙潭日径流模拟对比(一)

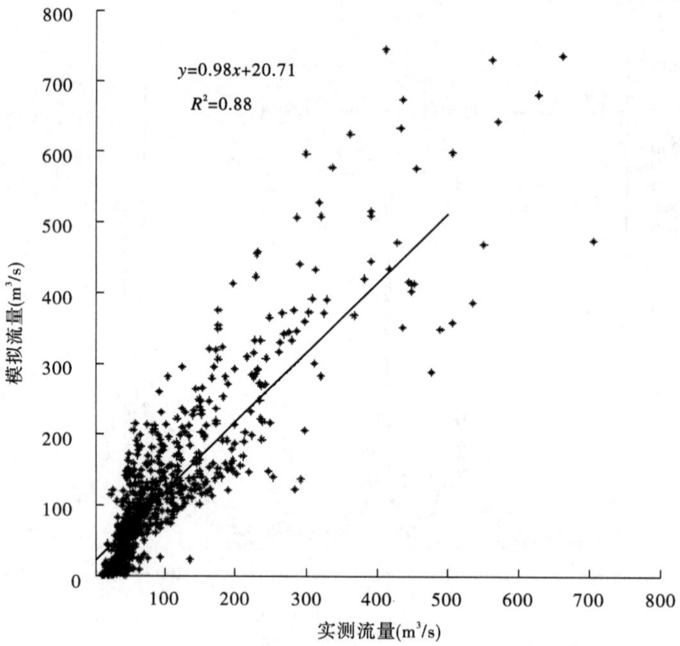

(a)率定期

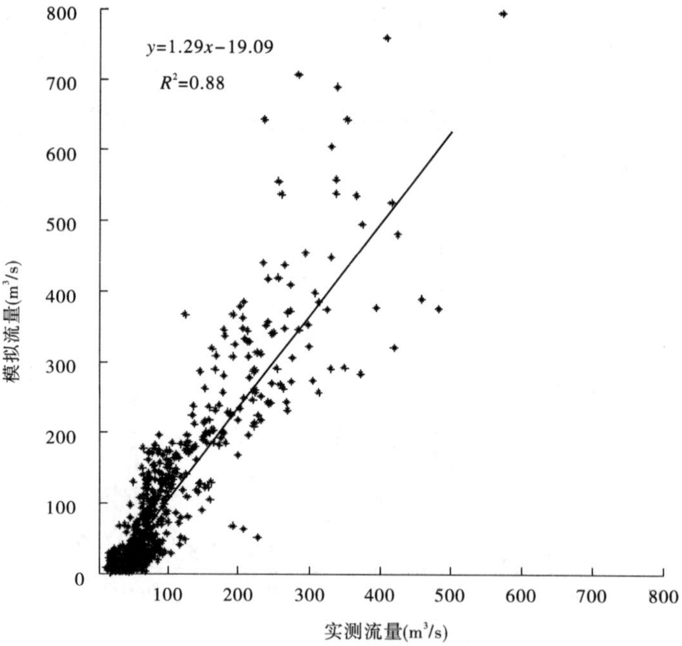

(b)验证期

图 8-29 小龙潭日径流模拟对比(二)

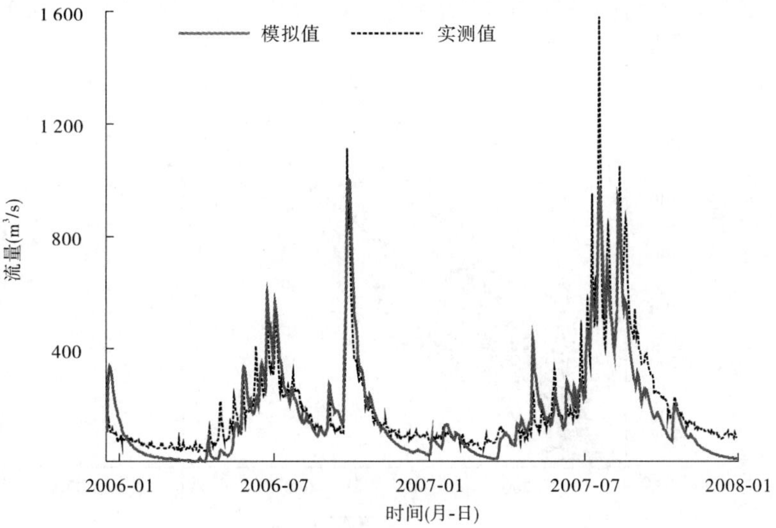

(a)率定期

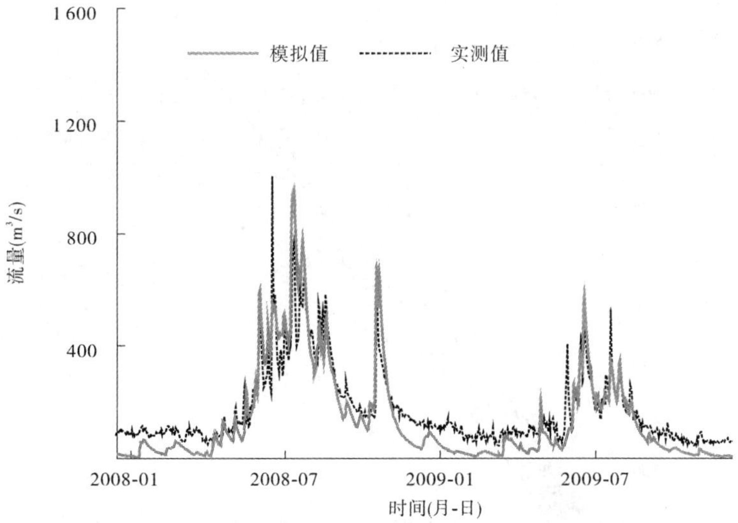

(b)验证期

图 8-30　江边街日径流模拟对比(一)

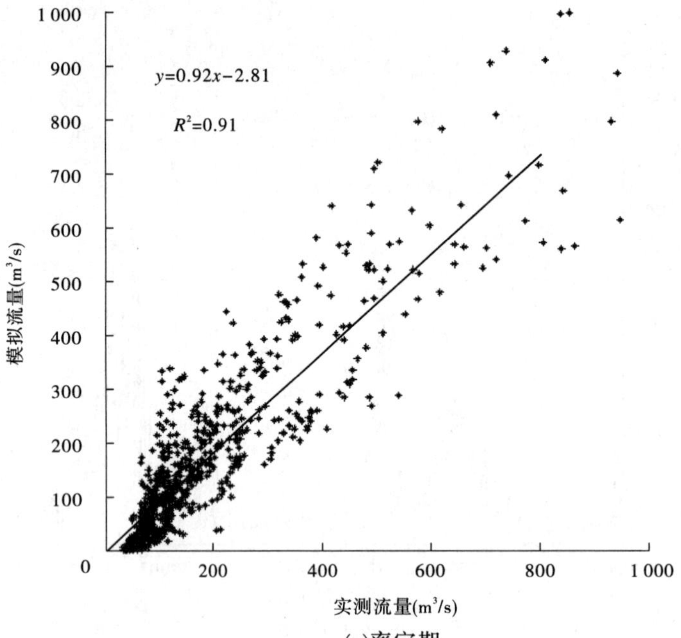

(a)率定期

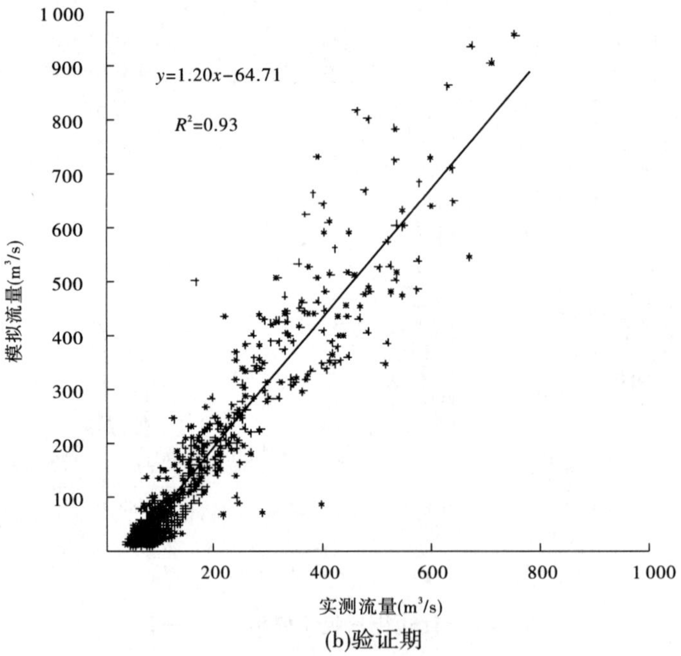

(b)验证期

图 8-31 江边街日径流模拟对比(二)

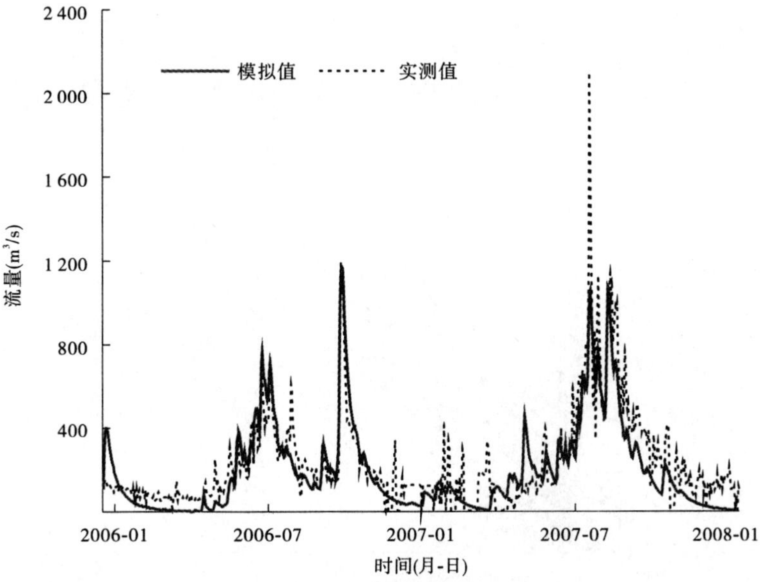

(a)率定期

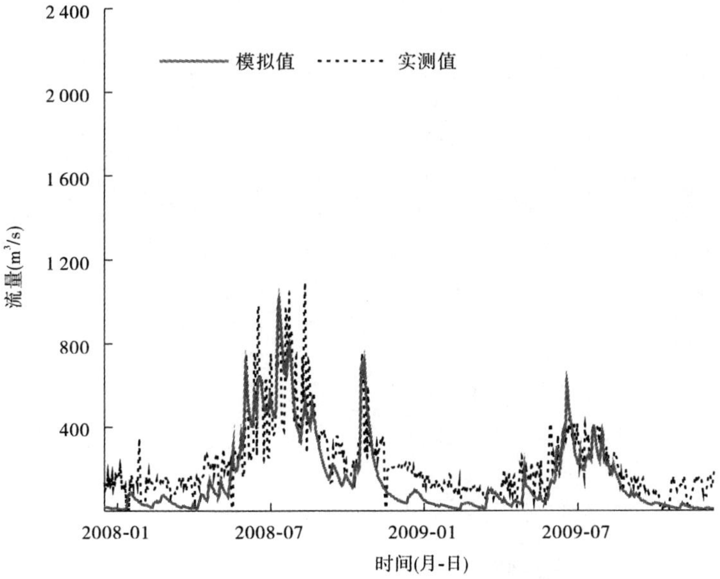

(b)验证期

图 8-32　发蒙日径流模拟对比(一)

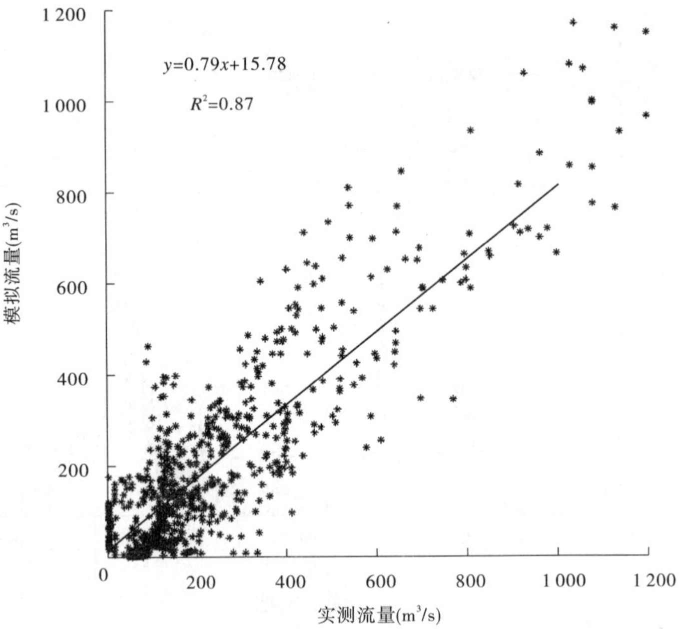

(a)率定期

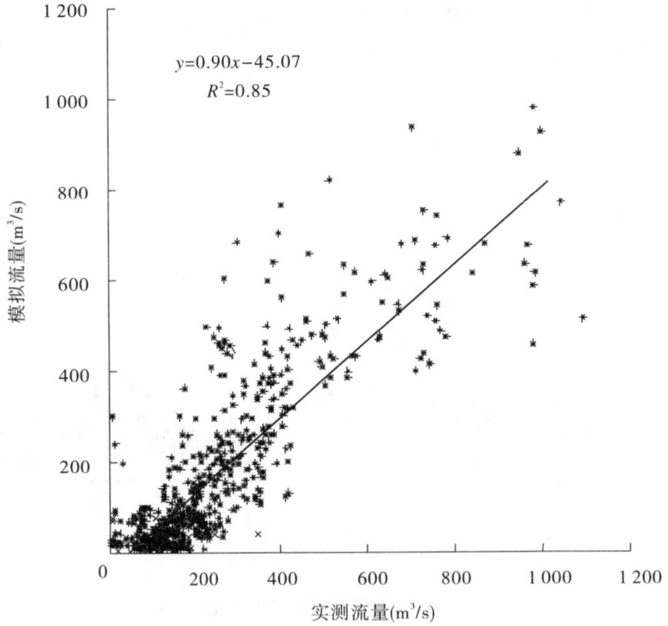

(b)验证期

图 8-33　发蒙日径流模拟对比(二)

表 8-10　日径流模拟效果

水文站	时期	相关系数 R^2	纳什效率系数 *Ens*
高古马	率定期	0.82	0.66
	验证期	0.80	0.59
小龙潭	率定期	0.88	0.70
	验证期	0.88	0.64
江边街	率定期	0.91	0.81
	验证期	0.93	0.70
发蒙	率定期	0.87	0.74
	验证期	0.85	0.65

第9章　HSPF模型在滇池流域非点源模拟中的应用

9.1　流域概况

9.1.1　地理位置

滇池流域地处云贵高原,流域东北有嵩明梁王山脉,与蟒蛇河和牛栏山分界;北部为长重(蛇)山,与普渡河相隔;南接晋宁照壁山;西边为滇池湖滨上的西山。四周群山环抱,中间为滇池盆地。受地质构造及地质历史中外营力的长期作用,形成了以滇池为中心,北高南低,南北狭长型不对称阶梯状山间盆地形态地貌特征。整个流域面积2 920 km^2,沿北偏东方向延伸呈弯月形,南北长约109 km,东西宽47 km。

9.1.2　水文气象

滇池流域属亚热带湿润季风气候,年平均气温14.7 ℃,最高月平均气温19.7 ℃,极端最高气温31.5 ℃,极端最低气温-7.8 ℃。年日照时数2 081~2 470 h,无霜期227 d,相对湿度74%。

滇池盆地海拔在1 890~1 920 m,日照充足,晴空少雨,多年平均降水量只有899 mm,且降水时空分布很不均匀,根据昆明气象站44年统计资料,年降水量最多为1 386 mm(1986年),年降水量最少为660 mm(1987年)。年内降水分布集中在每年的5~10月,期间降水量占全年降水总量的80%~85%。由于流域境内日照充足,蒸发非常大,常年水面蒸发量高达1 226~1 614 mm,陆面蒸发也在500~600 mm,流域年平均蒸发量大于降水量。尤其是在滇池湖区,年平均蒸发量明显大于降水量,水资源损失严重。

滇池流域具有独特的南北狭长型地貌结构,流域风向常年比较稳定。主导风向为西南风,风力不大,平均风速在2.2~3.0 m/s。

9.1.3　水资源特征

滇池流域是云南的政治、经济、文化中心,2000年,流域内工业总产值占全省的32%,人口296.1万人,人均占有水资源量不足300 m^3,相当于全国平均水平的1/7,是全国严重缺水地区之一,水资源利用率高达60%。

滇池湖区2000年农田灌溉面积为23万亩,年灌溉用水量2.81亿 m^3,沿湖工业用水量2.21亿 m^3,城市供水0.66亿 m^3,滇池总供水为5.09亿 m^3 以上,若遇上枯水年份,滇池水资源缺口是2.0亿 m^3,缺水情势十分严峻。

9.1.4 湖泊特征

滇池属长江流域金沙江水系的内陆高原湖泊,位于昆明主城区下游的西南部,东经102°37′~102°48′,北纬24°40′~25°03′,距市区约5 km,由内湖(草海)、外湖(外海)两部分组成,形似弓形,南北长约40 km,东西宽12.5 km,湖岸长163.2 km,当滇池水位在1 187.4 m(黄海高程)时,平均水深5.3 m,最大水深10.9 m,湖面面积约309 km^2,库容为15.6亿m^3。流域多年平均水资源量9.7亿m^3,扣除多年平均蒸发量4.4亿m^3,实有水资源量5.3亿m^3。草海位于滇池北部,外海为滇池主体,面积约占滇池的96.7%。草海、外海各有一个人工控制出口,分别为西北端的西园隧道和西南端的海口中滩闸。

9.1.5 水系特征

滇池主要入湖河流有新河、大青河、盘龙江、宝象河、大河等20余条,河流呈向心状注入湖区。大一些的入湖河流上游都建有水库,入湖流量不大(见表9-1)。海口河为滇池的唯一天然出口,泄水能力很小,目前也为人工所控制。同时,鉴于草海污染十分严重,为了保护滇池主体外海水质,1996年在滇池北部草海以及草海与外海连接处分别兴建了西园隧洞和海埂节制闸,将滇池水体人为分隔成相对独立的两大水体。在枯水期和平水期,节制闸基本上处于关闭状态,草海和外海水体互不交换,进入草海的水流直接由西园隧洞外排,而外海水体由海口河出水。只在汛期,为了防洪才将海埂处节制闸开启。滇池实际上是一个半封闭型的湖泊,换水周期长、动力交换特性比较差。

表9-1 滇池流域主要入湖河道基流统计

入湖河道名称	河长(km)	流域面积(km^2)	径流量(万m^3)	基流流量(m^3/s)	基流总量(万m^3)
盘龙江	95.3	903	26 141	1.54	2 427
海河(含东北沙河)	18.9	35.7	696	0.03	52
宝象河	48	344	7 551	0.79	1 242
马料河	20.2	81	1 131	0.02	31
洛龙河	14	147	2 396	0.31	485
捞鱼河	28.7	127	2 531	0.27	419
梁王河	23	65	1 272	0.03	54
大河	27	171	4 098	0.31	484
柴河	44	306	6 733	0.67	1 058
东大河	26	195	4 656	0.41	644
古城河	8	41	983	0.05	84
新河(含西北沙河)	21	106	3 572	0.15	233

9.2 数据库建立

9.2.1 地理基础数据

地理基础数据反映了下垫面的基本情况，模拟过程包括如下基本地理基础数据：①精度为1:50 000的全流域DEM数据；②全流域边界及水系图；③精度为30 m的全流域1999年、2002年和2008年三期土地利用类型，如图9-1所示。1999年、2002年、2008年三期土地利用面积分布见表9-2。

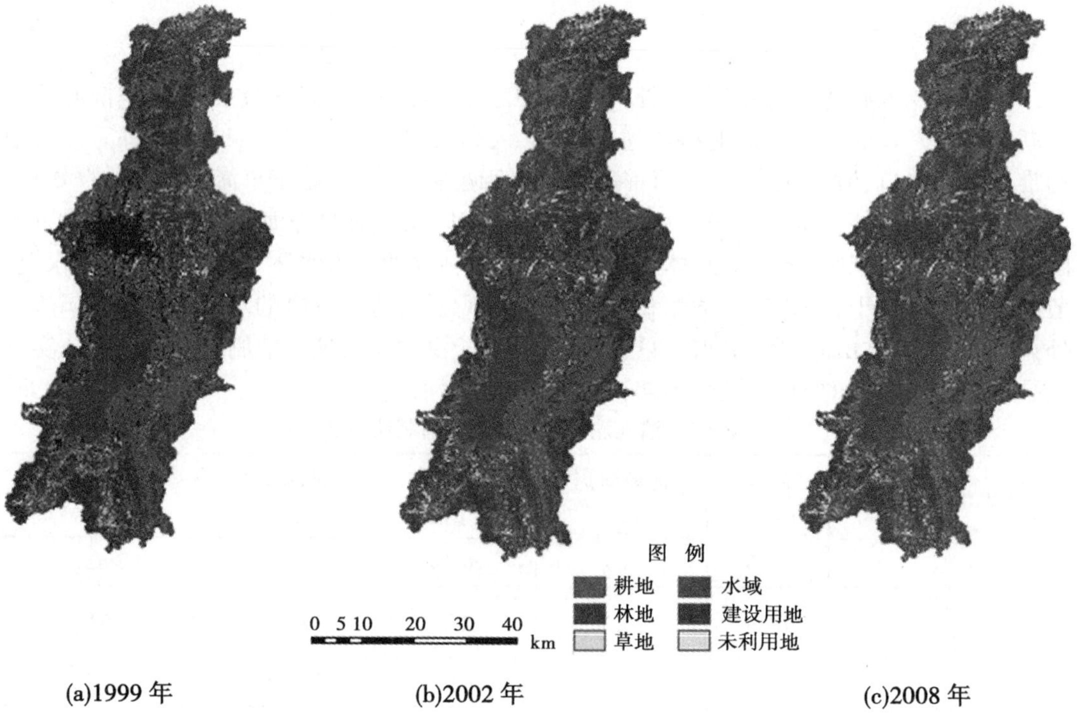

图9-1 滇池流域三期土地利用类型

表9-2 1999年、2002年、2008年三期土地利用面积分布 （单位：km^2）

年份	耕地	林地	草地	水域	建设用地	未利用地	合计
1999年	736.353	1 401.177	85.439 7	313.171 2	304.411 5	66.607 2	2 907.159
2002年	711.463 5	1 363.505	88.737 3	317.102 4	369.364 5	56.986 2	2 907.159
2008年	579.747 6	1 374.393	72.024 3	313.816 5	478.643 4	88.534 8	2 907.159

9.2.2 气象数据

气象数据主要来源于大观楼气象站（见图 9-2），数据包括 2009 年小时数据、1999～2011 年日数据。

（1）2009 年小时数据。

- 空气温度
- 相对湿度
- 风速
- 风向
- 太阳辐射
- 云量

（2）1999～2011 年日数据。

- 降雨
- 空气温度
- 降雨
- 风速
- 风向
- 相对湿度
- 日照时数

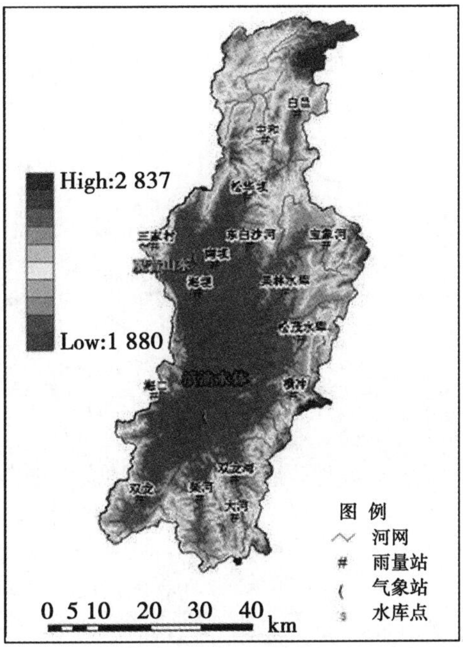

图 9-2　滇池流域站点分布

此外，还包括大观楼的小时降雨数据和蒸发数据：

（1）小时降雨数据：1999～2002 年、2007 年、2010 年的 5～10 月数据。

（2）小时蒸发数据：2000 年、2003 年、2007 年、2009 年全年数据。

9.2.3 水文数据

水文数据主要指降雨和径流数据，降雨和径流数据如下。

9.2.3.1 日降雨数据

日降雨数据来自多个观测点，包括东白沙河、宝象河、柴河、大河、果林、松茂、横冲、海埂、海口、梁王山、双龙湾、双龙、南坝、三家村、白邑、中和、松花坝 17 个雨量站（见图 9-2），年份为 1999～2010 年。大河、东白沙、海埂、双龙、松花坝、梁王山、松茂 7 个站点有 2011 年降雨数据。降雨数据比较充分，缺测数很少（见图 9-3）。

9.2.3.2 日流量数据

日流量数据包括河道流量和水库流量两部分。

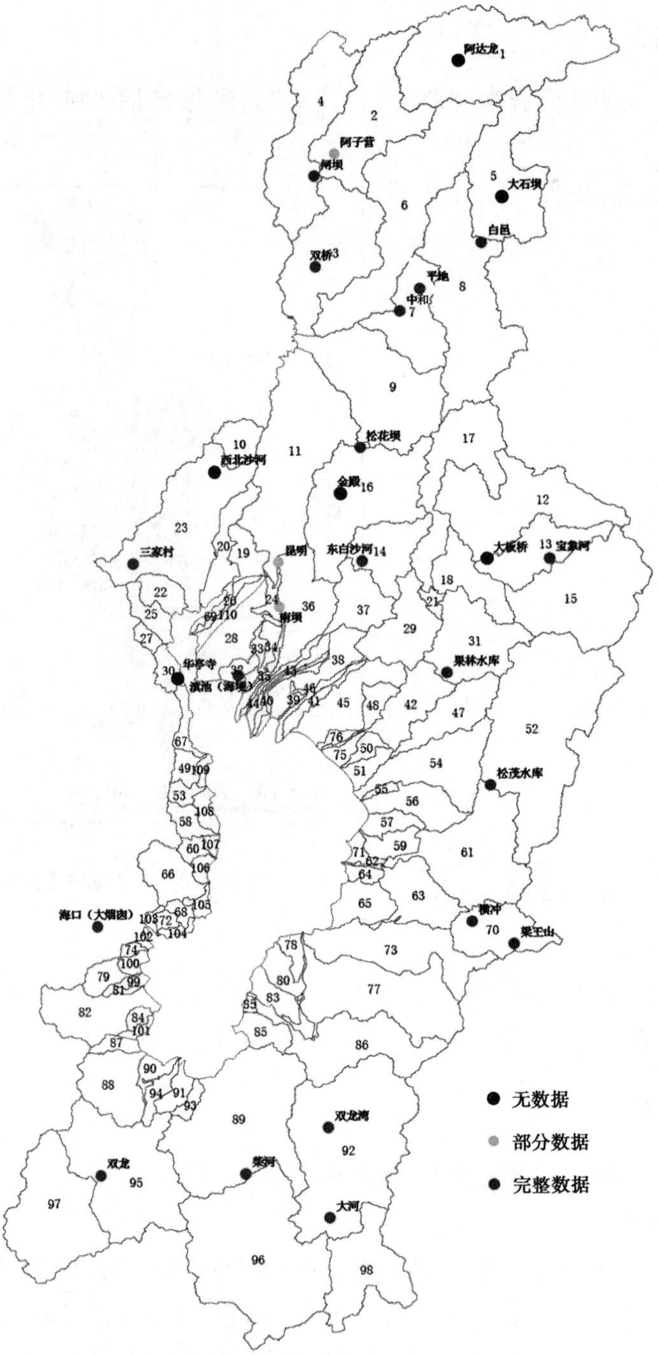

图9-3　滇池流域降雨站点空间分布

1. 河道流量

(1)白邑、中和、盘龙江、宝象河 1999～2010 年日流量。

(2)海口站、西园隧洞 1999～2009 年日流量。

(3)海河、捞鱼河、白鱼河、淤泥河、南冲河、大清河、金家河、马料河、洛龙河、柴河、东大河、古城河、中河等流域2009年7月后部分日流量。

2. 水库流量

滇池流域分布着许多水库(见图9-2),水库下泄量日径流数据包括大河、柴河、双龙、松茂、果林、横冲、松花坝等水库点,时间为1999~2011年。

9.2.4 WDM数据库的建立

在用HSPF模型模拟水文过程之前,需要建立模拟对象的水文气象资料数据库。在BASINS系统中,水文气象资料是以WDM文件的形式储存的。结合BASINS系统中的WDMUtil工具,可以很方便地建立所需的WDM文件。

对于滇池流域,根据所拥有的资料,建立如表9-3所示WDM文件结构。

表9-3 1999年、2002年、2008年三期土地利用面积分布 (单位:km^2)

序号	名称	DSN号	说明	单位	来源
1	PREC	11	小时降雨量	mm	观测
2	EVAP	—	小时蒸发		—
3	ATEM	13	小时气温	℃	观测
4	WIND	14	小时风速	m/s	观测
5	SOLR	15	小时太阳辐射	MJ/m^2	观测
6	PEVT	16	小时潜在蒸散发	mm	计算
7	DEWP	17	小时露点温度	℃	计算
8	CLOU	18	小时云层覆盖量	%	观测
9	TMAX	19	日最高气温	℃	观测
10	TMIN	20	日最低气温	℃	观测
11	DWND	21	日风速	m/s	观测
12	DCLO	—	日云层覆盖		—
13	DPTP	23	日露点温度	℃	计算
14	DSOL	24	日太阳辐射		—
15	DEVT	25	日蒸散发	mm	计算
16	DEVP	—	日蒸发		—
17	DPRE	27	日降雨量	mm	观测

对于气象资料,由于只有大观楼站2009年的小时资料比较完整,因此对于气象资料

如气温、风速等,以大观楼站 2009 年的资料为主,构建 WDM 文件。而对于不同的子流域的降雨资料,根据雨量站点的分布进行就近分配,对每个子流域的降雨资料进行各自的 WDM 构建(见图 9-4、图 9-5)。

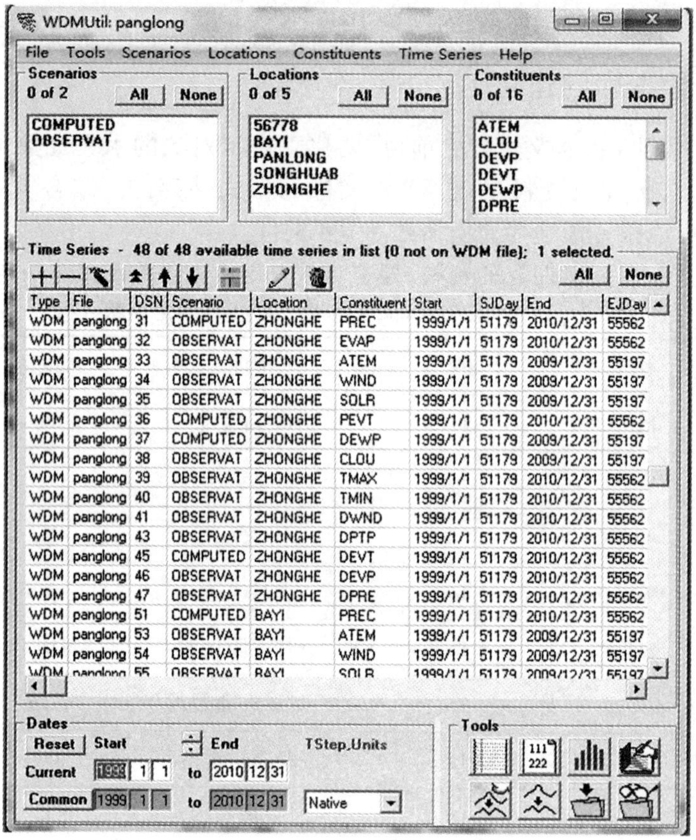

图 9-4 WDM 文件

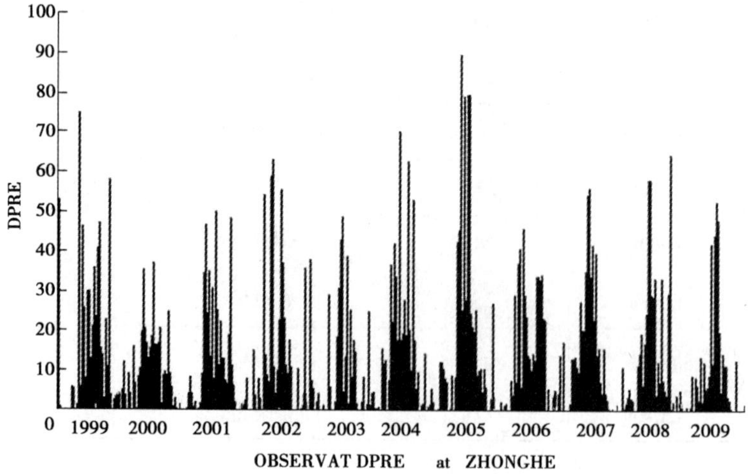

图 9-5 录入的数据情况

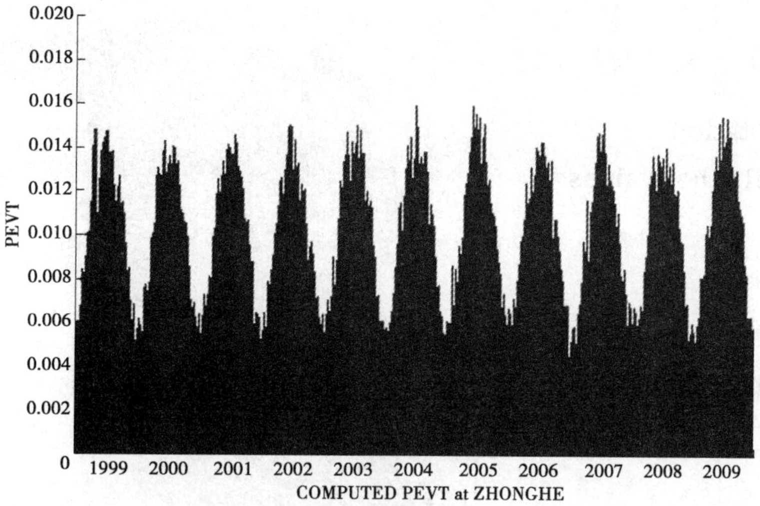

续图 9-5

9.2.5 子流域划分

对于滇池流域全流域的模型,通过将整个流域划分成 15 个片区分别进行模拟,各个片区的分布如图 9-6 所示，包括盘龙江、宝象河、海河、捞鱼河、新运粮河、大清河、柴河、马料河、洛龙河、东大河、白鱼河、南冲、古城河、中河以及滇池沿岸直接入湖片区。子流域划分与水文站点分布见图 9-7。

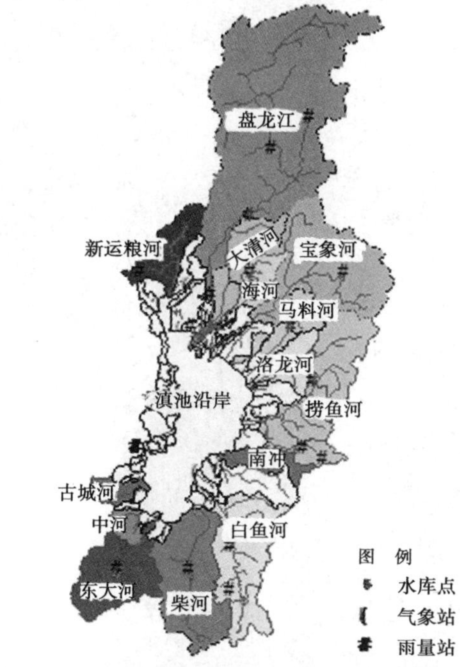

图 9-6 流域各片区分布

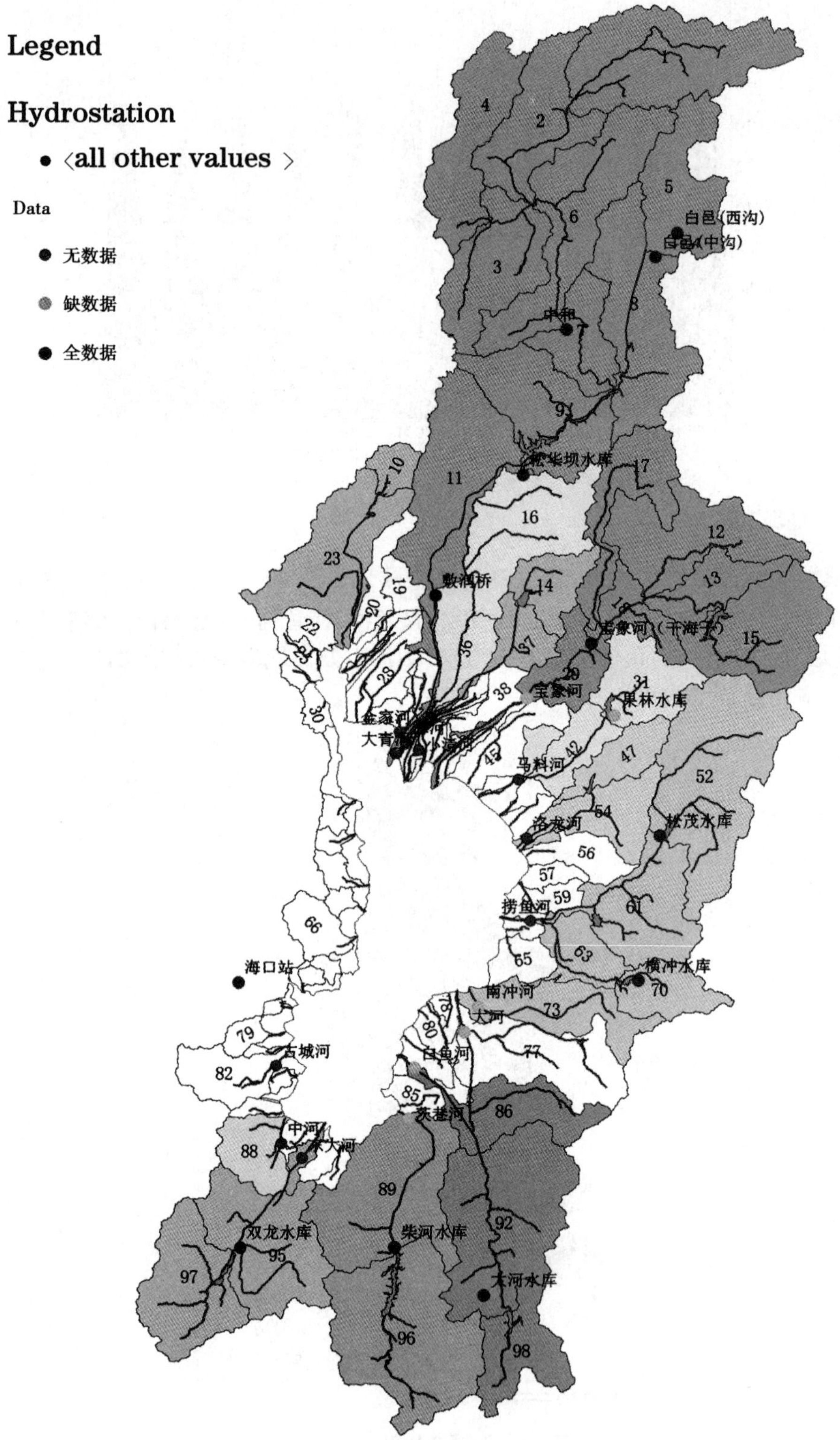

图 9-7　子流域划分与水文站点分布

9.3 模型校准与验证

根据所获取的资料，对滇池全流域进行 1999 ~ 2010 年径流过程的模拟，对于 HSPF 模型，模拟的率定期一般为 3 ~ 5 年，本文选取 2001 ~ 2003 年数据用于模型的率定，2007 ~ 2009 年数据用于模型的验证，对每个子流域片区进行逐个模拟。校准过程首先是对年径流总量进行校准，再对月平均径流量进行校准，最后再考虑场次洪水的模拟校准。对于模拟的效果，通过线性回归法的相关系数 R^2 和 Nash - Suttcliffe 系数 Ens 进行判断，R^2 和 *Ens* 越接近 1，代表效果越好。由于中和、白邑、盘龙江以及宝象河 4 个子流域具备比较完善的资料，因此以这 4 个子流域为基础进行参数估计和校准，以便识别滇池流域的模型参数，并推广到其他子流域。

9.4 结果分析

表 9-4 ~ 表 9-9 是通过运行 HSPF 模型模拟滇池流域的结果的统计数据，分别统计了年径流量、月径流量和日径流量的模拟效果，从总体上来说，年径流总量和月径流总量达到比较好的效果，而日径流量的模拟不尽理想。

9.4.1 年径流量的模拟

表 9-4 和表 9-5 分别是 4 个子流域率定期和验证期的年径流量模拟效果统计数据，从表中可以看出，率定期内，年径流总量的模拟效果非常好，相对误差都控制在 ±10% 以内；验证期内，除宝象河外，其他 3 个子流域的模拟效果理想，都在 ±10% 以内。4 个子流域中，中和流域的模拟效果最好，主要是由于中和流域受人为干扰少，且流量比较大，有效地控制了各种误差；白邑流域也是受人为干扰少的流域，然而，由于白邑流域流量不大，使得测量中的微小误差占总量比重变大，影响测量数据，数据的误差效果会在模拟过程中表现得相对明显，增加了不确定性，影响了模拟效果；盘龙江流域受松华坝水库的影响，通过考虑水库的影响，对于年径流量的模拟达到比较理想的效果；宝象河流域率定期的模拟效果不错，验证期却不理想，主要是宝象河存在一定程度的人为干扰，而且流量偏小，使得干扰效果更明显，模拟效果不佳。由此可以看出，除人为因素外，流量的大小对于流域的模拟效果也有重要的影响。

表 9-4　年径流量模拟效果(2001 ~ 2003 年(率定期))

流域名称	总量($m^3/s \cdot 1095$)		绝对误差($m^3/s \cdot 1095$)	相对误差(%)
	实测	模拟		
中和	2 719	2 800	81	2.9
白邑	1 558	1 478	-80	-5.1
盘龙江	3 933	3 812	-121	-3.1
宝象河	1 633	1 600	-33	-2.0

表 9-5　年径流量模拟效果(2007～2009 年(验证期))

流域名称	总量(m^3/s · 1095)		绝对误差(m^3/s · 1095)	相对误差(%)
	实测	模拟		
中和	3 072	3 182	110	3.6
白邑	1 631	1 541	−90	−5.5
盘龙江	5 840	5 620	−220	−3.8
宝象河	1 495	1 251	−244	−16.3

9.4.2　月径流量的模拟

表 9-6 和表 9-7 分别是 4 个子流域率定期和验证期的月径流量模拟效果统计数据,从表中可以看出,率定期内,4 个子流域的模拟效果都比较好,总量误差都控制在 ±10% 以内,相关系数都超过 0.75,Nash－Suttcliffe 系数都在 0.55 以上;验证期内,4 个子流域的效果也很理想,相关系数都超过了 0.85,而且 Nash－Suttcliffe 系数也都在 0.70 以上。对于月径流过程的模拟,与年径流的模拟效果比较一致,模拟效果最好的是中和流域,率定期和验证期内月均流量的实测值与模拟值很接近,相关系数为 0.936 和 0.963,Nash－Suttcliffe 系数为 0.86 和 0.89,表明了模拟效果非常理想。此外,盘龙江和白邑的模拟效果也比较理想,宝象河流域在率定期中 Nash－Suttcliffe 系数为 0.58,虽然超过了 0.5,在可接受范围内,但也表明月径流的模拟还有待提高。

表 9-6　月径流量模拟效果(2001～2003 年(率定期))

流域名称	月均值(m^3/s · 月天数)		*Re*(%)	R^2	*Ens*
	实测	模拟			
中和	75.64	77.75	−2.79	0.936	0.861 5
白邑	43.32	41.05	5.24	0.874	0.645 6
盘龙江	109.33	105.99	3.06	0.931	0.731 9
宝象河	45.34	44.42	2.03	0.765	0.581 6

表 9-7　月径流量模拟效果(2007～2009 年(验证期))

流域名称	月均值(m^3/s · 月天数)		*Re*(%)	R^2	*Ens*
	实测	模拟			
中和	85.47	88.36	−3.38	0.963	0.896 1
白邑	45.31	42.78	5.59	0.886	0.715 4
盘龙江	162.32	156.05	3.86	0.897	0.785 6
宝象河	41.51	34.77	16.23	0.923	0.772 9

9.4.3 日径流量的模拟

表9-8 和表9-9 分别是4 个子流域率定期和验证期的日径流量模拟效果统计数据，从表中可以看出，率定期内，仅有中和流域的模拟效果认为是比较合理的，其他 3 个流域的 Nash - Suttcliffe 系数都没超过 0.5，认为是不理想的，而且相关系数也不高，表明对于日径流过程的模拟，需要更深入的研究；验证期内的模拟效果相对比较，中和流域、盘龙江流域和宝象河流域的 Nash - Suttcliffe 系数都超过了 0.5，而且相关系数也超过了 0.7，认为模型模拟结果可以接受。另外，值得注意的是，日均值的模拟值和实测值比较接近，相对误差比较小，也即模型模拟在总量上的控制是合理的，只是分配无法达到满意程度。

表 9-8　日径流模拟效果(2001 ~2003 年(率定期))

流域名称	日均值(m^3/s)		*Re*(%)	R^2	*Ens*
	实测	模拟			
中和	2.49	2.55	-2.55	0.817	0.644 2
白邑	1.42	1.35	5.16	0.636	-0.453 8
盘龙江	3.59	3.48	3.07	0.72	0.203 9
宝象河	1.49	1.46	2.00	0.541	0.128 5

表 9-9　日径流模拟效果(2007 ~2009 年(率定期))

流域名称	日均值(m^3/s)		*Re*(%)	R^2	*Ens*
	实测	模拟			
中和	2.81	2.9	-3.35	0.865	0.743 9
白邑	1.48	1.41	5.28	0.669	-0.168 2
盘龙江	5.33	5.12	3.86	0.829	0.601 9
宝象河	1.36	1.14	16.37	0.746	0.538 6

如前所述，对于参数的估计效果，很大程度上依赖于实测资料，而在实际情况中，实测资料并不是完全正确的，无法完全反映流域的真实情况，对于流量的率定，通常认为年径流总量的测量是准确可靠的，如前面所讨论的，在运用 HSPF 模型中，降雨显著影响着径流量，直接将降雨作“以点代面”的处理，将降雨均化到整个子流域的做法将产生误差，事实上，降雨在流域上的时空分布是非均匀性的，例如场次降雨引起的场次洪水，雨量站的监测很难准确记录该降雨在流域空间上和时间上的变异，因此对于日径流或场次洪水的模拟，在无法保证实测资料准确性的情况下，不能过分地以实测资料为基准，否则会与实际过程造成重大误差。另外，对于日径流量，还存在着人为的干扰，并不是天然的径流过程，人类的用水耗水会很大程度改变日径流过程，因此需要对实测的日径流过程进行还原才有可能接近真实的日径流过程，而月径流和年径流则相对会降低人类的干扰作用，因为人类取水之后，大量的水资源在使用过后还会排回河道，使得年径流总量和月径流总量与天然的径流量误差相对较小，更接近真实的情况。但是，在资料许可的情况下，结合使用者的专业知识和经验，仍然可以在允许的精度范围对日径流或场次洪水作出比较合理的模拟。另外，HSPF 模型的适用性是有待验证的，HSPF 模型并不是对所有的区域都能取

得有效的模拟，对于这一点需保证清醒的认识，需要对 HSPF 模型的整体机制、结构以及参数特点有充分的认识，灵活合理地运用该模型。

对于径流资料的还原，通常有分项还原法和降水径流相关法。

(1)分项还原法是以水量平衡为基本原理的还原计算方法。它将影响径流的成因分项细化，利用调查资料逐项还原到天然状况。在还原计算的过程中，理论上应将所有影响径流形成的因素进行还原，但是这会大大增加调查成本，而且对于一些影响因素的调查也十分困难。分项还原法是计算天然年径流的传统方法，还原分项意义明确，概念清晰，易于操作，计算简便。但是分项还原法适用于流域边界明晰，用水、供水、耗水资料条件较好的地区，其还原水量的精确度受限于资料的正确性。例如对于农业用水，在分项还原计算中占有较大比重，但大多缺乏实测记录，在调查中又往往难以取得当年灌溉的准确资料，这就使得还原计算的精度受到影响。其次，分项还原法在还原计算中，未考虑流域内由于地下水开采、城市面积不断扩大对径流的影响。再次，分项还原法在还原计算中会忽略一些对河流径流形成影响较小的因素，但不同的时间和空间条件下，河流形成过程会有所不同，因此对还原因素选择的恰当性也会影响结果的精度。

(2)降水径流相关法是根据一个断面以上未受人类活动影响或影响较小的降水、径流资料建立降水径流相关关系，通过建立的降水径流相关关系和需要还原年份的降水实测资料来计算天然状况的年径流量。降水径流相关法应用的是数理统计的原理和方法，应用起来关系简单明了，但对应用条件的要求比较高。由于要建立相关关系，这种方法要求测站在该流域未遭受人类活动影响(一般取未大量兴建水利工程时)之前有长期可靠的资料记录。用这种方法还原的天然径流量实际上是建立相关关系数据资料所属的那个时段的天然径流量。降水径流相关法利用降水与径流的相关关系还原径流，方法简便明了，对下垫面比较一致且资料较全的地区，具有很好的使用效果，得到广泛的应用。同样，降水径流相关法也有很多的缺点。第一，这种方法的使用条件比较严格，它要求流域的下垫面条件比较一致且具有长期可靠的径流资料。第二，径流是在降水、下渗、蒸发等因子共同作用下形成的，因此一般情况下降水径流之间的关系并不能反映流域的实际情况，应当引入其他的影响因子。第三，由于资料系列长度的原因，降水径流相关法的计算结果不宜外延，外延的精度不准确。

通过以上关于还原的讨论可以发现，对于以行政划界统计各种水资源量的中国，很难有效地将各个行政区的用水情况按天分配到各天然子流域中，无法做到对日径流过程进行有效的还原，加上各种资料的欠缺，简单地进行日径流量的还原，将会造成重大误差。因此，在现有的条件下，运用 HSPF 模型还无法对滇池的日径流过程作准确的模拟，我们应根据实际情况，作有针对性的研究。

9.4.4　其他子流域的模拟

在前面 4 个子流域参数率定的基础上，根据流域的相似性，其他子流域的模型参数与以上 4 个子流域的参数应该是基本一致的，所以直接将参数运用到其他子流域中，图 9-8 ~ 图 9-13 为捞鱼河流域、白鱼河流域和南冲河流域的模拟效果图，可以看出直接将前面率定的参数运用到其他子流域中，得出的效果还是比较理想的，也表明滇池流域基本特征的一致性，其他子流域由于没有实测资料，就不再一一列出。

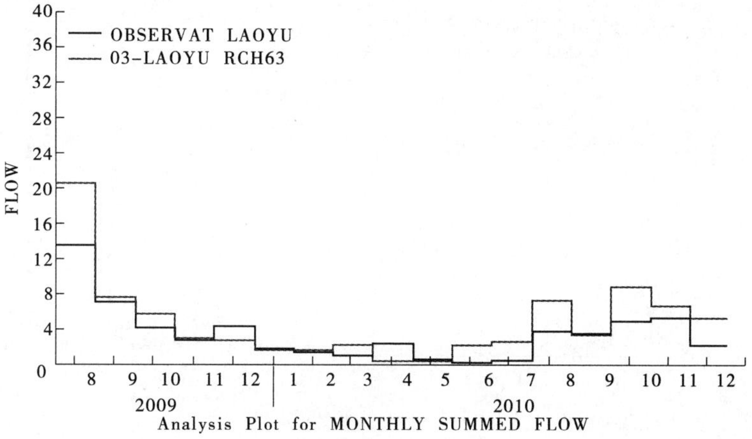

图 9-8　捞鱼河流域月径流模拟

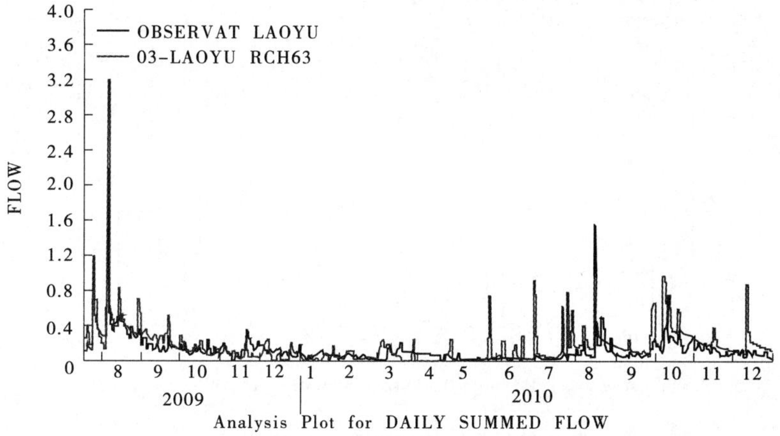

图 9-9　捞鱼河流域日径流模拟

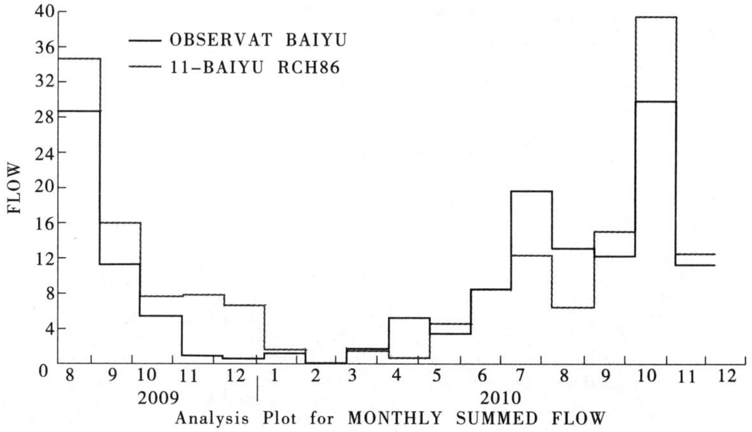

图 9-10　白鱼河流域月径流模拟

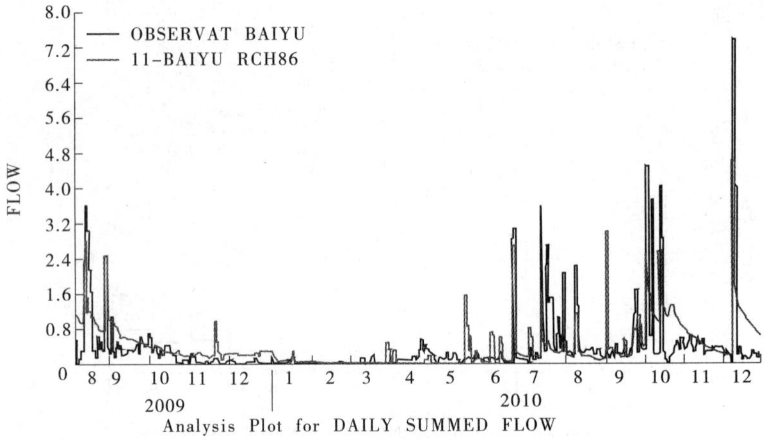

图 9-11　白鱼河流域日径流模拟

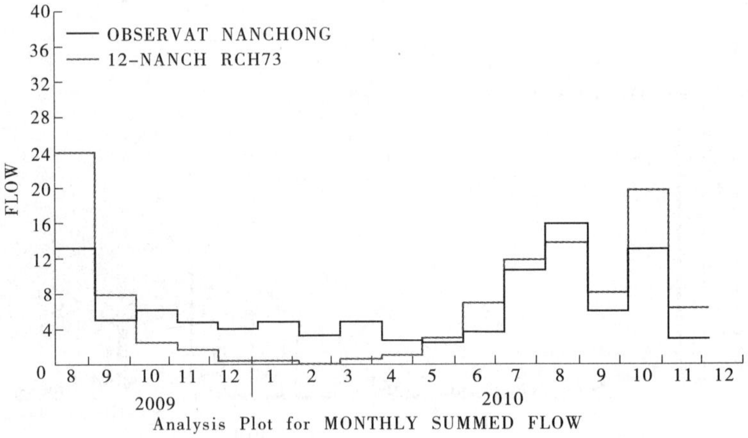

图 9-12　南冲河流域月径流模拟

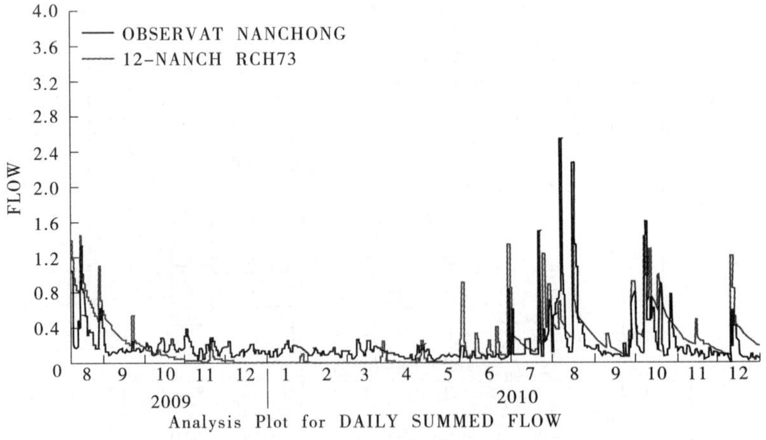

图 9-13　南冲河流域日径流模拟

9.5 泥沙输移模拟与校准

研究泥沙的侵蚀与输移,需要建立在已被率定完成的水文模型基础上。泥沙输移模拟与校准的步骤是:先在原有水文模拟的基础上,添加泥沙计算模块,计算透水面积和不透水面积单元上泥沙输移量,然后通过校准模型,确保泥沙输移符合实际情况。

泥沙输移校准一般来说主要调整一些关键参数(见表 9-10),然后观察这些参数对泥沙含量的影响,以获得更准确的率定参数和信息。

表 9-10 重要参数说明

项目	Fines Availability	泥沙冲刷参数 (Sediment Wash)
透水面积泥沙 (Sediment)	COVER	KESR*
	KRER*	JSER
	AFFIX/NVSI	KGER*
不透水面积颗粒 (SOLIDS)	ACCSDP*	KEIM
	REMSDP	JEIM

注:* 表示重要校准参数。

通过观测值与模拟值的对比,可以发现模型的模拟是否与实际观测情况一致。对于大多数泥沙模型来说,收集的数据应能代表着暴雨期间的泥沙变化曲线。如果没有这些数据,就很难决定泥沙模型率定的精确性。但是可以通过多种时间序列数据对比,也可以通过分析是否有一些反常现象发生,以此来确保泥沙负荷和传输是合理与可行的。

本研究在前述水文模块的基础上,经过适当参数校准,构建 HSPF 泥沙输移模型。因本次仅有中和的泥沙数据,因此仅对中和流域进行校准。

9.5.1 泥沙率定

以 2009 年为泥沙率定期,模拟结果表明年泥沙总量相对误差为 -17.6%,小于 ±20%;月泥沙系列 R^2 值达到 0.99,*Ens* 值为 0.91,对泥沙的率定结果满足要求,表明模型对泥沙负荷的模拟精度是可以接受的(见表 9-11、表 9-12、图 9-14)。

表 9-11 中和流域泥沙年模拟结果评价

流域名称	2009 年总量(t)		绝对误差(t)	相对误差(%)
	实测	模拟		
中和	9 905	8 166.6	-1 738.4	-17.6

表 9-12 中和流域泥沙月模拟结果评价

流域名称	2009 年月均值(t)		R^2	*Ens*
	实测	模拟		
中和	825	681	0.99	0.91

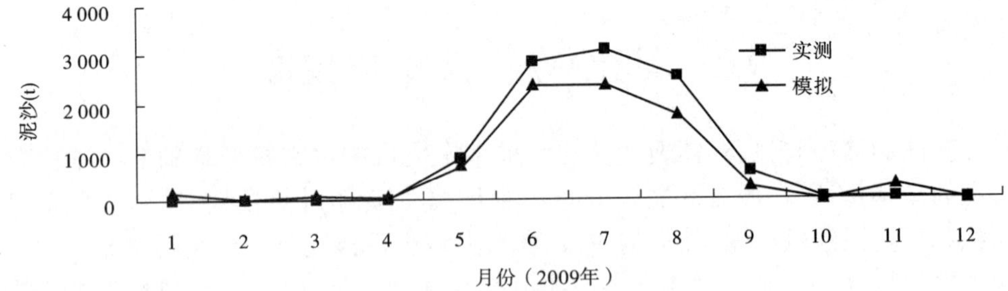

图 9-14　中和流域泥沙模拟效果

9.5.2　泥沙验证

以 2010 年为泥沙验证期，模拟值和实测值相对误差为 0.6%，较模拟期小，但月泥沙系列 R^2 值为 0.77，*Ens* 值为 0.59，比率定期差。总体而言，HSPF 模型对于模拟泥沙有一定的精度，效果较好（见表 9-13、表 9-14、图 9-15）。

表 9-13　中和流域泥沙验证结果评价

流域名称	2010 年总量(t)		绝对误差(t)	相对误差(%)
	实测	模拟		
中和	10 225	10 285.5	60.5	0.6

表 9-14　中和流域泥沙验证结果评价

流域名称	2010 年月均值(t)		R^2	*Ens*
	实测	模拟		
中和	852	857	0.77	0.59

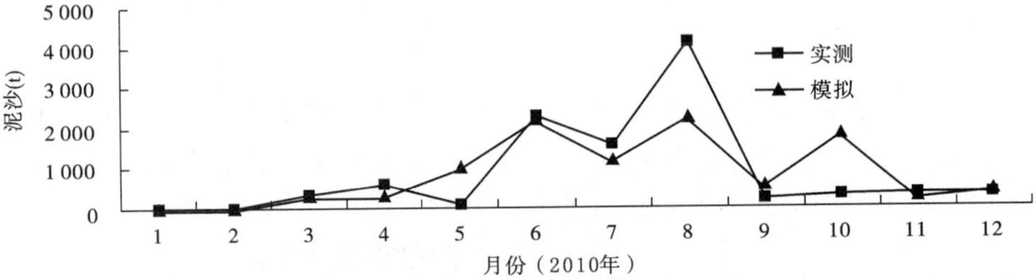

图 9-15　中和流域泥沙验证效果

9.6　氮模拟与校准

专业的水质模拟采用 AGCHEM 模块，AGCHEM 模块包括 NTIR、PHOS 和 PEST 等，对氮、磷和杀虫剂进行完整的模拟。

对氮、磷、杀虫剂等污染物的模拟，是将土壤层划分为 4 层进行模拟的，包括地表、上土壤层、下土壤层和地下层。因此，在对氮、磷、杀虫剂等污染物进行模拟前，首先需要运行 MSTLAY 模块，MSTLAY 模块是将土壤层进行分层处理，并计算出各层土壤的泥沙量和水量,为后续的水质计算打下基础。经过了 MSTLAY 的运行后,就可以进行氮、磷、杀虫剂等污染物的模拟了。

对于氮的模拟过程,最后校准的对象为可溶解性的无机氮,为了保证氮总量的平衡,重点考虑两个方面:①氮的来源,主要包括大气沉降、人类施放以及有机氮的矿化等;②氮的损失,主要指无机氮的损失,主要包括植被吸收、挥发、反硝化及无机氮的固定等。

对于氮源的输入可以通过两种方式进行:①通过 Special Action 模块直接输入各种类别的氮源量;②以大气沉降的形式作为氮输入,包括硝酸盐、氨和有机氮。

9.6.1 数据处理

9.6.1.1 来源

对于氮的来源部分,重点考虑人类施放过程。对于点源部分则可以直接导入数据序列作为输入,进入河道。这里重点处理陆面上的面源。

主要输入为人类施放的农药。根据相关数据,每年施放农药的时间节点为 3 月 18 日、4 月 27 日、4 月 28 日、5 月 2 日、5 月 6 日、5 月 8 日、6 月 15 日、6 月 22 日、7 月 15 日、10 月 11 日、10 月 15 日、10 月 28 日、11 月 12 日、12 月 5 日、12 月 15 日。如表 9-15 所示,为中和流域各子流域氮源的输入量,将总氮分成有机氮和无机氮的形式输入,有机氮和无机氮的比例约为 3:1,无机氮则包含氨态氮和硝态氮,即人类施放的氮分成三大类进行输入:为 NO_3-N、NH_4-N 以及有机氮(ORGN)。对于施放的作用,在 Special Action 中进行设置,施放的量按 1:9的比例分别进入地表和上土壤层。

表 9-15 氮源输入统计 (单位:lb/ac)

时间		子流域 1			子流域 2			子流域 3		
月	日	总氮	无机氮	有机氮	总氮	无机氮	有机氮	总氮	无机氮	有机氮
3	18	0.00	0.00	0.00	0.00	0.00	0.00	1.30	0.32	0.97
4	27	0.00	0.00	0.00	0.00	0.00	0.00	0.00	0.00	0.00
4	28	16.67	4.17	12.50	16.63	4.16	12.47	12.49	3.12	9.37
5	2	0.00	0.00	0.00	0.00	0.00	0.00	5.40	1.35	4.05
5	6	1.04	0.26	0.78	0.58	0.14	0.43	0.47	0.12	0.35
5	8	0.00	0.00	0.00	0.00	0.00	0.00	4.32	1.08	3.24
6	15	19.34	4.83	14.50	19.29	4.82	14.47	14.49	3.62	10.86
6	22	0.00	0.00	0.00	0.00	0.00	0.00	3.34	0.84	2.51
7	15	25.78	6.45	19.34	25.72	6.43	19.29	19.31	4.83	14.49
10	11	8.33	2.08	6.25	8.32	2.08	6.24	6.24	1.56	4.68
10	15	3.64	0.91	2.73	2.02	0.51	1.52	0.68	0.17	0.51
10	28	0.00	0.00	0.00	0.00	0.00	0.00	0.00	0.00	0.00
11	12	1.15	0.29	0.86	0.64	0.16	0.48	0.21	0.05	0.16
12	5	4.61	1.15	3.46	2.56	0.64	1.92	0.86	0.21	0.64
12	15	9.50	2.38	7.13	9.48	2.37	7.11	7.12	1.78	5.34
合计		90.06	22.52	67.55	85.25	21.31	63.94	76.23	19.06	57.17

续表 9-15

时间		子流域 4			子流域 6					
月	日	总氮	无机氮	有机氮	总氮	无机氮	有机氮			
3	18	0.00	0.00	0.00	0.18	0.05	0.14			
4	27	0.00	0.00	0.00	0.00	0.00	0.00			
4	28	25.56	6.39	19.17	25.74	6.44	19.31			
5	2	0.01	0.00	0.01	0.76	0.19	0.57			
5	6	0.33	0.08	0.25	0.44	0.11	0.33			
5	8	0.01	0.00	0.01	0.61	0.15	0.46			
6	15	29.65	7.41	22.24	29.86	7.47	22.40			
6	22	0.01	0.00	0.00	0.47	0.12	0.35			
7	15	39.53	9.88	29.65	39.82	9.95	29.86			
10	11	12.78	3.20	9.59	12.87	3.22	9.65			
10	15	1.14	0.29	0.86	1.31	0.33	0.98			
10	28	0.00	0.00	0.00	0.00	0.00	0.00			
11	12	0.36	0.09	0.27	0.42	0.10	0.31			
12	5	1.45	0.36	1.09	1.66	0.42	1.25			
12	15	14.57	3.64	10.93	14.67	3.67	11.01			
合计		125.40	31.35	94.05	128.82	32.20	96.61			

对于氮的吸附和解吸的过程，主要运用两种方法：①一阶动力学法（first – order kinetics）；②单一值 FREUNDLICH 方程（single value Freundlich method）。可以根据实际情况选择相应的方法，一般可以选择一阶动力学法，并设置其中的主要参数。

9.6.1.2 损失

对于氮的损失部分，主要是无机氮的损失，重点考虑植被吸收方面，植被吸收包括地表、上土壤层、下土壤层的吸收，在 Special Action 中设置植被的收割时间和种植时间，用于植被中氮的清零和重新吸收过程，使植被中的氮含量不会持续增长，按植被的一般生长周期，在年底 12 月进行清零；参数设置则主要设置植被对无机氮的吸收量。植被对无机氮的吸收量可用于模拟结果的校准，因为氮的损失量主要在于植被的吸收，剩余的经过反应后进入河道。图 9-16 ~ 图 9-18 是一些植被对氮的吸收过程。

9.6.1.3 点源

对于点源污染，将一年的总量平均到每一天，构成一个时间序列进行输入。得到如表 9-16 所示每天点源输入数据。

9.6.2 模拟结果

图 9-19 是硝氮（NO_3^- – N）的模拟结果，图 9-20 是氨氮（NH_4^+ – N）的模拟结果，图 9-21是总氮（TN）的模拟结果。对于水质的模拟，不能用水文模拟的精度要求，原则上是先从图形上观察模拟效果的趋势性，然后再通过一些参数进行定量分析，两方面综合分析模拟的效果和精度。

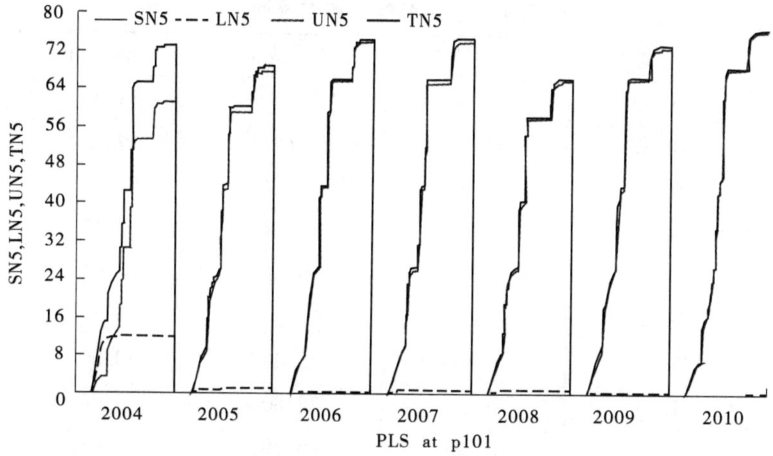

图 9-16　植被吸收氮过程(一)

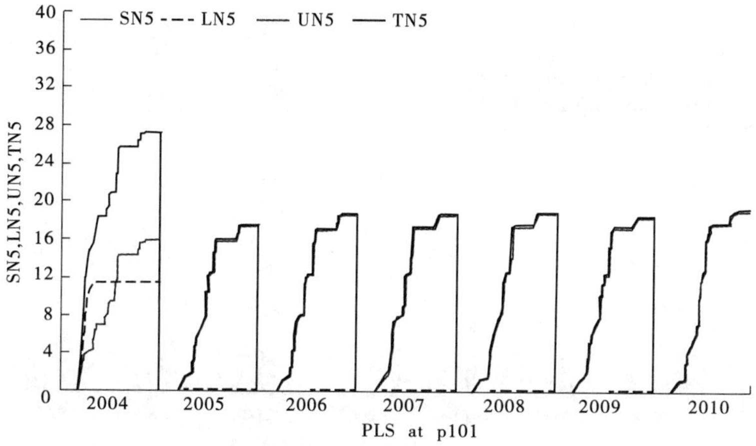

图 9-17　植被吸收氮过程(二)

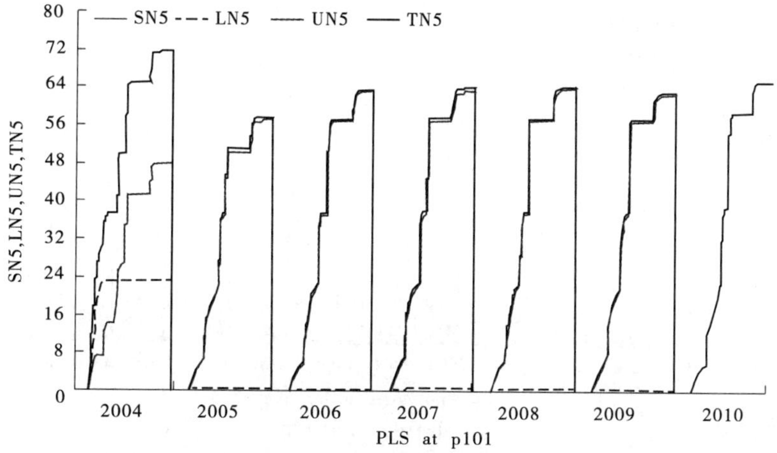

图 9-18　植被吸收氮过程(三)

表 9-16　点源输入数据统计　（单位：lb/d）

年份	子流域 1	子流域 2	子流域 3	子流域 4	子流域 6
1999	48. 60	13. 46	7. 95	58. 01	13. 01
2000	48. 67	13. 40	8. 64	59. 25	13. 11
2001	48. 86	13. 38	8. 08	60. 54	13. 04
2002	19. 13	11. 27	15. 98	63. 18	8. 86
2003	19. 38	11. 30	16. 09	64. 61	8. 91
2004	19. 61	11. 29	16. 08	65. 80	8. 95
2005	7. 72	6. 29	25. 09	70. 00	7. 46
2006	7. 94	6. 27	25. 60	71. 36	7. 49
2007	8. 17	6. 28	26. 29	72. 68	7. 54
2008	7. 89	5. 07	22. 10	7. 48	3. 86

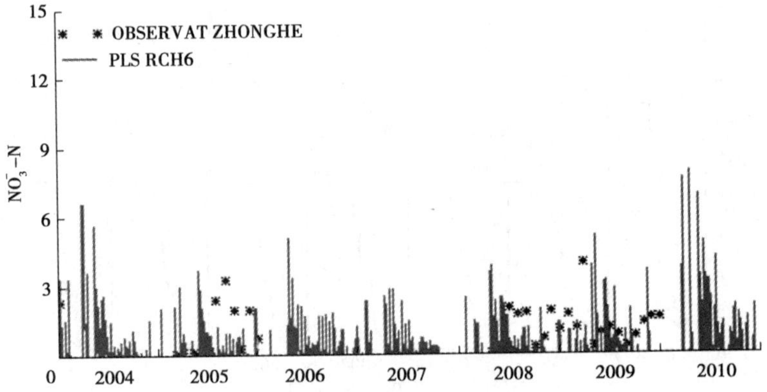

(a)2004~2010 年

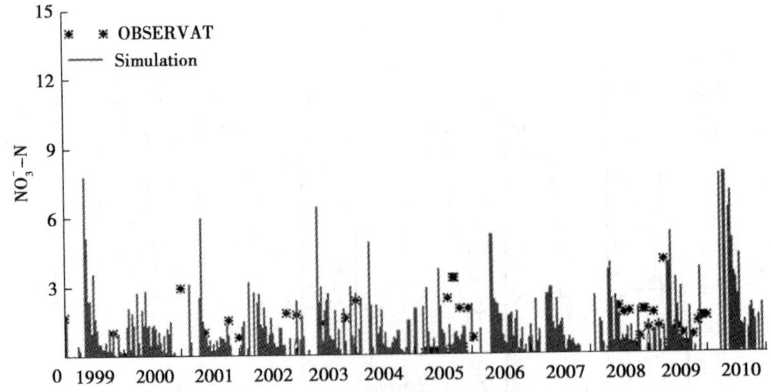

(b)1999~2010 年

图 9-19　河道中 NO_3^- - N 的浓度模拟结果

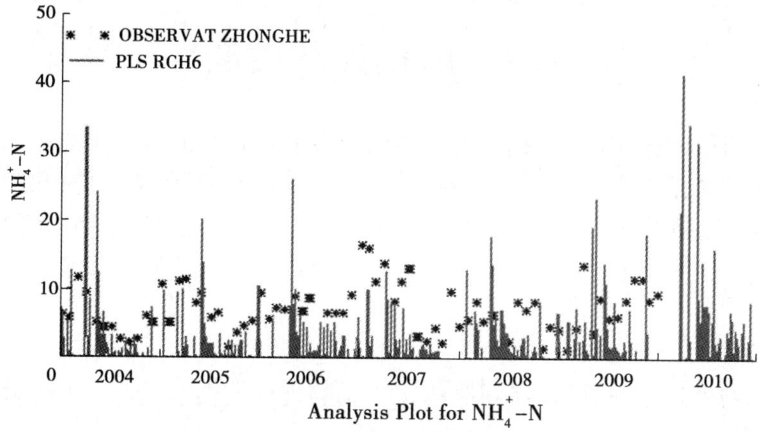

(a)2004~2010 年

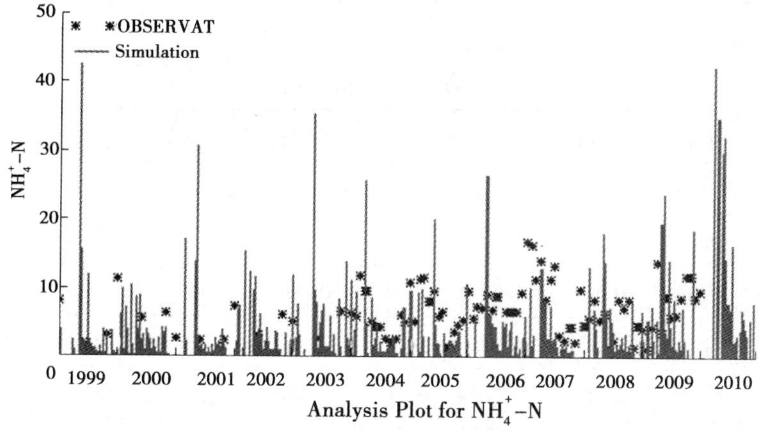

(b)1999~2010 年

图 9-20 河道中 NH_4^+ – N 的浓度模拟结果

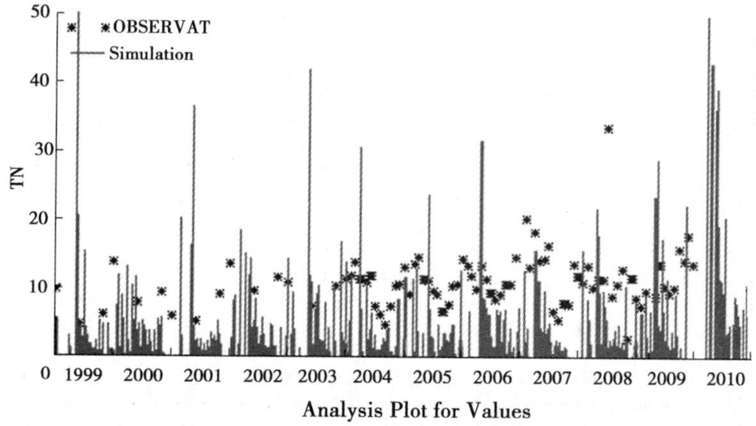

图 9-21 河道中 TN 的浓度模拟结果

9.7 磷模拟与校准

磷的模拟与氮的模拟基本相似，由于磷比较容易附着在泥沙和土壤中，因此模拟好坡面产流过程中的磷显得比较重要。磷的模拟主要包括有机磷、吸附磷酸酯和磷酸盐。与氮模拟一样，对于磷源的输入也可以通过 Special Action 模块直接输入各种类别的磷源量。

9.7.1 数据处理

9.7.1.1 来源

结合氮源的处理过程，可以得到磷的输入源的统计数据，如表 9-17 所示。

9.7.1.2 损失

图 9-22 ~ 图 9-24 是一些植物对磷的吸收过程。

9.7.1.3 点源

磷的点源输入数据统计如表 9-18 所示。

表 9-17　磷源输入统计　　（单位：lb/ac）

时间		子流域 1			子流域 2			子流域 3		
月	日	总磷	无机磷	有机磷	总磷	无机磷	有机磷	总磷	无机磷	有机磷
3	18	0.00	0.00	0.00	0.00	0.00	0.00	11.53	2.88	8.65
4	27	3.34	0.83	2.50	1.91	0.48	1.44	1.43	0.36	1.07
4	28	14.22	3.55	10.66	14.72	3.68	11.04	11.07	2.77	8.30
5	2	0.00	0.00	0.00	0.00	0.00	0.00	4.94	1.24	3.71
5	6	0.00	0.00	0.00	0.00	0.00	0.00	0.00	0.00	0.00
5	8	0.00	0.00	0.00	0.00	0.00	0.00	3.29	0.82	2.47
6	15	0.00	0.00	0.00	0.00	0.00	0.00	0.00	0.00	0.00
6	22	0.00	0.00	0.00	0.00	0.00	0.00	0.00	0.00	0.00
7	15	0.00	0.00	0.00	0.00	0.00	0.00	0.00	0.00	0.00
10	11	7.11	1.78	5.33	7.11	1.78	5.33	5.53	1.38	4.15
10	15	3.13	0.78	2.35	3.13	0.78	2.35	0.60	0.15	0.45
10	28	3.34	0.83	2.50	3.34	0.83	2.50	0.64	0.16	0.48
11	12	6.82	1.71	5.12	6.82	1.71	5.12	5.31	1.33	3.98
12	5	0.00	0.00	0.00	0.00	0.00	0.00	0.00	0.00	0.00
12	15	0.00	0.00	0.00	0.00	0.00	0.00	0.00	0.00	0.00
合计		37.96	9.49	28.47	37.03	9.26	27.78	44.34	11.08	33.25

续表 9-17　　　　(单位:lb/ac)

时间		子流域 4			子流域 6					
月	日	总磷	无机磷	有机磷	总磷	无机磷	有机磷			
3	18	0.02	0.00	0.01	1.62	0.40	1.21			
4	27	1.09	0.27	0.81	1.35	0.34	1.01			
4	28	22.51	5.63	16.89	21.60	5.40	16.20			
5	2	0.01	0.00	0.01	0.69	0.17	0.52			
5	6	0.00	0.00	0.00	0.00	0.00	0.00			
5	8	0.01	0.00	0.00	0.46	0.12	0.35			
6	15	0.00	0.00	0.00	0.00	0.00	0.00			
6	22	0.00	0.00	0.00	0.00	0.00	0.00			
7	15	0.00	0.00	0.00	0.00	0.00	0.00			
10	11	11.26	2.81	8.44	10.80	2.70	8.10			
10	15	1.01	0.25	0.76	1.09	0.27	0.81			
10	28	1.08	0.27	0.81	1.16	0.29	0.87			
11	12	10.81	2.70	8.10	10.37	2.59	7.78			
12	5	0.00	0.00	0.00	0.00	0.00	0.00			
12	15	0.00	0.00	0.00	0.00	0.00	0.00			
合计		47.78	11.95	35.84	49.14	12.28	36.85			

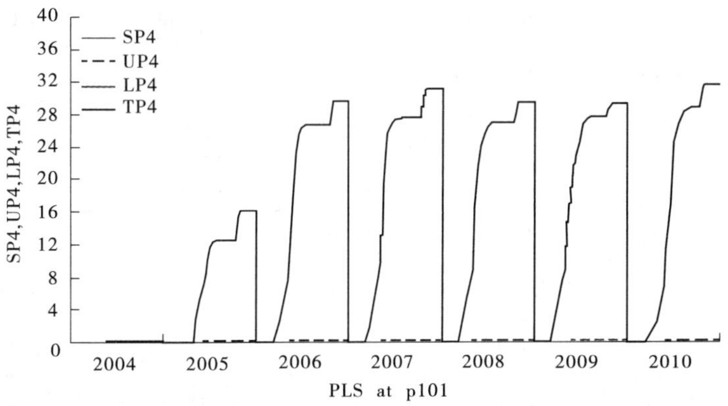

图 9-22　植被吸收磷过程(一)

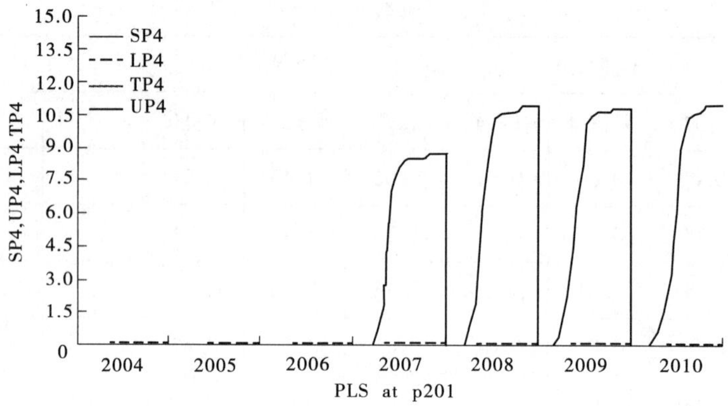

图 9-23　植被吸收磷过程(二)

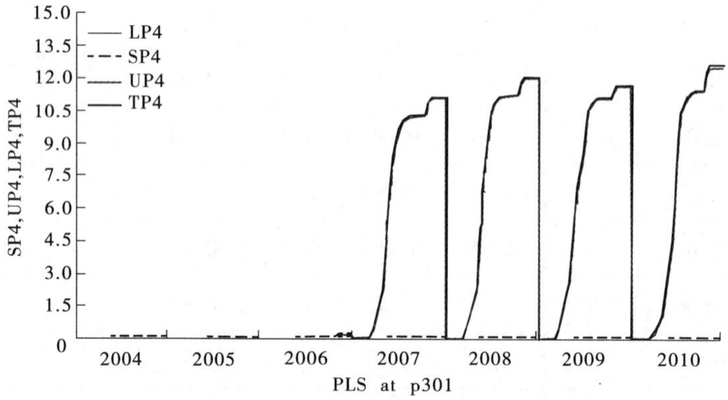

图 9-24　植被吸收磷过程(三)

表 9-18　磷的点源输入数据统计　　(单位:lb/d)

年份	子流域 1	子流域 2	子流域 3	子流域 4	子流域 5	子流域 6
1999	31.01	9.70	5.26	37.12	4.09	7.35
2000	30.67	9.50	5.34	37.69	4.03	7.26
2001	30.46	9.35	5.31	38.33	3.98	7.18
2002	12.86	7.95	10.99	39.97	6.65	5.29
2003	12.97	7.88	11.02	40.75	6.63	5.28
2004	13.06	7.76	10.98	41.26	6.62	5.25
2005	6.01	4.29	17.17	43.77	5.71	4.48
2006	6.18	4.22	17.16	44.45	5.69	4.44
2007	6.38	4.16	17.22	45.07	5.66	4.41
2008	5.24	2.32	9.75	4.54	3.02	2.34

9.7.2 模拟结果

图 9-25 是河道中总磷(TP)的模拟对比情况图。从图上反映的情况来看,模拟效果不是十分理想,但总的趋势还是抓住了,也就是 TP 的模拟过程与实测过程变化趋势基本一致。

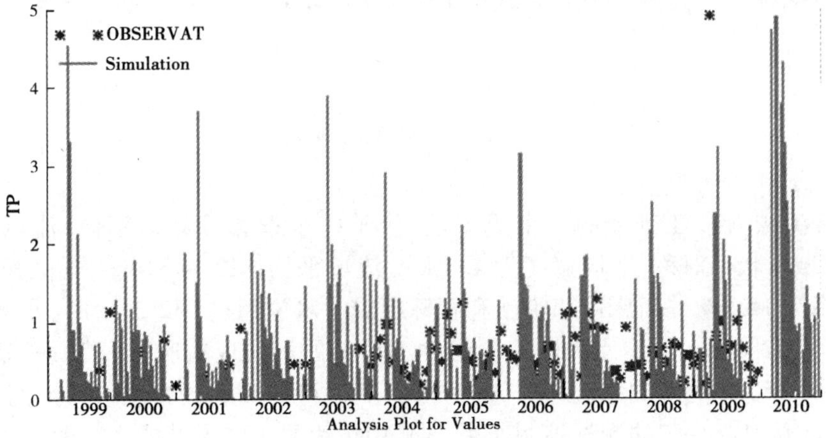

图 9-25　河道中 TP 的浓度模拟结果

第 10 章 HSPF 模型在星丰江流域暴雨洪水模拟中的应用

10.1 流域概况

星丰江流域为东江流域的一个子流域，位于广东省和平县彭寨区，流域面积 42.6 km^2。该流域形状不对称，平均宽度为 4.3 km，流域平均比降为 314‰，干流长 10 km，干流平均比降为 12.9%。河床由粗细沙和石砾组成。水位超过 132.1 m 时，水面宽迅速增大，左岸漫滩 12.6 m。基本水尺断面上游约 120 m 的河段成喇叭形，横断面逐渐向上增广，再上游约 150 m 为隆周水汇入口，基本水尺下游约有 120 m 为急滩与河湾，并有石桥一座，中高水位可起一定的测站控制作用。图 10-1 为星丰江流域的概况图。

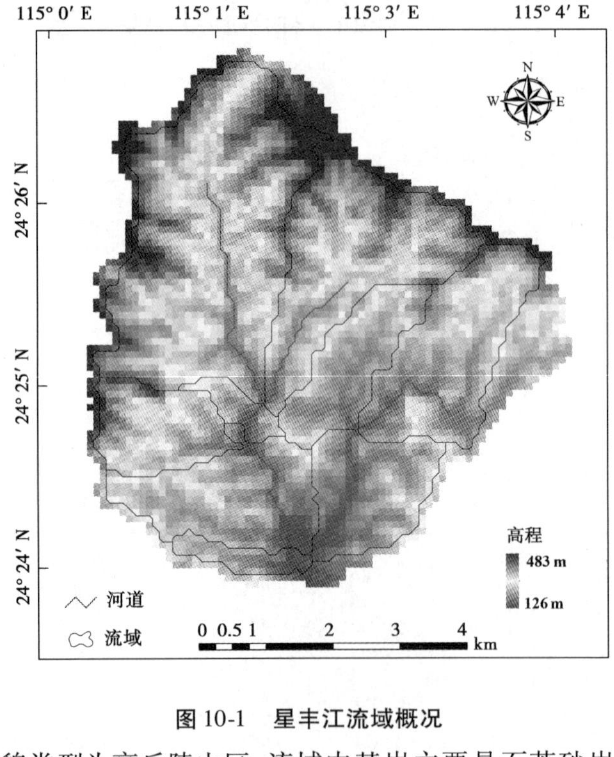

图 10-1 星丰江流域概况

星丰江流域地貌类型为高丘陵山区，流域内基岩主要是石英砂岩、粉砂岩，土壤为页赤红壤、麻赤红壤、潴育水稻土等，其中麻赤红壤占 72%。土层较厚。植被情况为：松、杉、混杂占 69%，疏林、草坡占 20%，荒坡占 2%，耕地占 9%。

星丰江流域属于湿润多雨的海洋性季风气候。多年平均降水量为 1 820.5 mm，降水年际、年内分配不均匀。历年最大年降水量为 2 468.4 mm（1983 年），最小年降水量为

1 459.2 mm(1979 年),两者相差 2 倍之多。年内降水量主要集中于汛期(4 ~9 月)。

星丰江流域多以暴雨形式出现,全年降水量主要集中于几场暴雨之中,每逢暴雨干、支流均会出现较大的洪水。该流域内暴雨洪水的特点为:暴雨历时长,雨强大。

10.2 水文气象资料

流域集水区内没有水库、塘坝等水利工程设施,仅有大小陂头十余座。流域内有大陈屋、黄土坑、学塘垇、大隆尾、星丰 5 个雨量站,其中星丰为水文站。

本书所使用的资料为星丰江流域 5 个站点的水文资料,如表 10-1 和图 10-2 所示。

表 10-1 星丰江流域站点基本情况表

站名	站址(经纬度)		建站年份	类型	观察资料
	东经	北纬			
大陈屋	115°2′	24°27′	1967	雨量站	雨量
黄土坑	115°2′	24°26′	1972	雨量站	雨量
学塘垇	115°1′	24°25′	1972	雨量站	雨量
大隆尾	115°4′	24°25′	1967	雨量站	雨量
星丰	115°2′	24°24′	1967	水文站	水位、雨量、流量

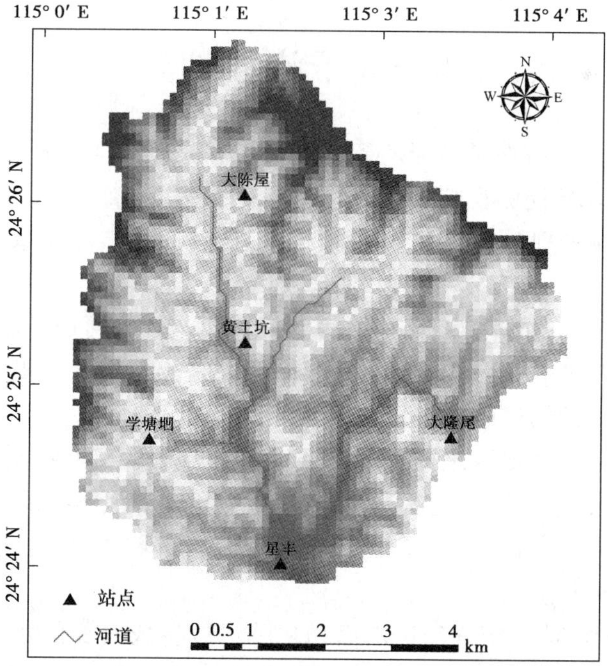

图 10-2 星丰江流域站点空间分布

本书选用了星丰江流域 1972 ~ 1976 年共计 6 场次洪水资料。各场次洪水的起止时间及实测洪峰流量如表 10-2 所示，相应场次洪水的降雨资料由流域内 5 个雨量站实测。因为所用的 5 个站均没有蒸发资料，所以移用最近的顺天站的蒸发资料。顺天站蒸发器的位置特征：陆上蒸发场，内皿器深 30 cm，水深 20 cm。

表 10-2　星丰江流域选用洪水资料的情况

序号	洪号	洪水起止时间		洪峰流量 (m^3/s)
		开始(月-日 T 时:分)	结束(月-日 T 时:分)	
1	720730	07-30 T 08:00	07-31 T 20:00	38.20
2	730403	04-03 T 00:00	04-04 T 18:00	30.45
3	740505	05-05 T 12:00	05-08 T 18:00	37.20
4	740625	06-25 T 00:00	06-29 T 12:00	39.70
5	750811	08-11 T 13:00	08-13 T 16:00	42.74
6	760418	04-18 T 00:00	04-19 T 18:00	35.49

10.3　子流域划分

DEM 所描述的地面特性是高程 Z，它的空间分布由 (X,Y) 水平坐标系统来描述，也可用经纬度来描述。DEM 能够反映一定分辨率的局部地形特征，是目前用于流域地形分析的主要数据。子流域的划分是基于 DEM 数据来进行的，星丰江流域 DEM(高程)分布如图 10-1 所示。

运用 DEM 数据提取星丰江流域地形信息，包括水系网、河道坡度和长度、坡面坡度、坡面面积以及河网密度等。得到的这些地形信息都是分布式水文模型所需要的，可以直接为分布式水文模型的构建服务。

在进行流域特征信息提取之前，要对 DEM 进行预处理，DEM 预处理是为了将 DEM 中的洼地和小平地改造成斜坡，也就是使 DEM 数据反映的地形特征均由斜坡构成。这样处理的目的是使水流能够根据地表径流漫流模型流出流域边界，也是为了流域信息提取的后续步骤能正确进行。

根据 D8 法得到的流向矩阵和集水面积矩阵可以生成需要的水系，在水系生产的基础上可以将整个流域进行子流域划分，对于星丰江流域的模拟，考虑空间的差异性，通过设定子流域的面积阈值和出口，将整个流域划分成 9 个子流域分别进行模拟，各个子流域的编码及河网分布如图 10-3 所示。出口主要设定在河流交汇处,以及主要水文站点处,方便模型的率定与校准。各河段之间的连接关系见图 10-4,各个子流域的属性特征见表 10-3。

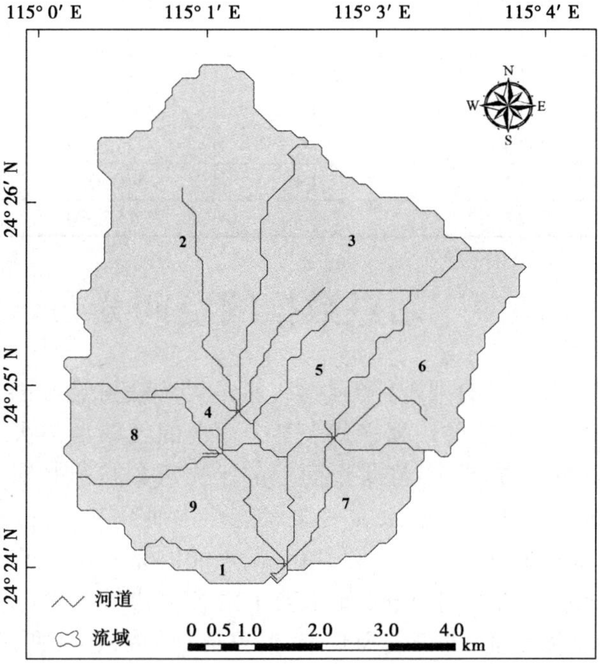

图 10-3　子流域编码和河网分布

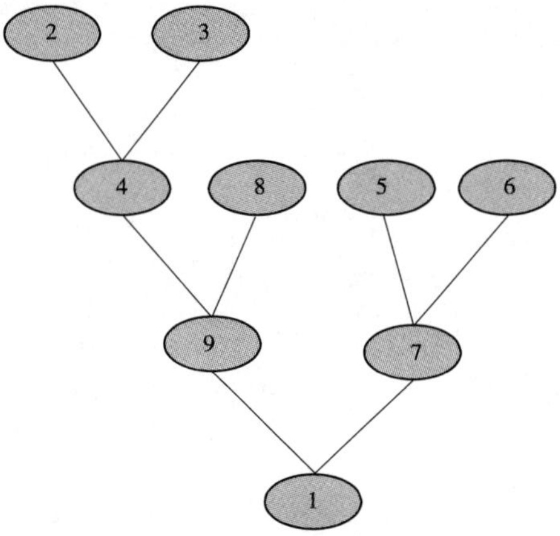

图 10-4　河网拓扑结构

表 10-3　子流域的属性特征

子流域	河道平均深度(m)	河道平均宽度(m)	河道长度(m)	面积(km^2)
1	0.11	1.05	382.80	0.71
2	0.34	5.44	3 814.20	11.00
3	0.26	3.74	2 497.10	5.90
4	0.11	0.97	682.80	0.62
5	0.19	2.28	341.40	2.58
6	0.24	3.17	2 055.60	4.49
7	0.20	2.46	2 272.80	2.93
8	0.18	2.18	300.00	2.40
9	0.22	2.87	2 155.60	3.80

10.4　站点数据的空间分布

模型模拟过程中,由于受有限资料的约束,通常无法获得流域面上每一点的数据,因此通常采用某个气象水文站点的数据来代表某个面上的气象水文状况,即用“以点代面”的手段处理数据在空间上的分布。当某个面上的水文气象状况相对一致时,单一的水文气象站点能比较好地反映该面上的水文气象状态。本研究基于支流水系进行子流域划分,子流域内部的水文气象状况相对一致,单一站点能够充分反映子流域面上的水文气象状态。对于水文气象站点的空间分布,首先采用泰森多边形法进行初次分配,如图 10-5 所示,再结合流域的具体特征,进行人为修正,最终得到如表 10-4 所示的结果。

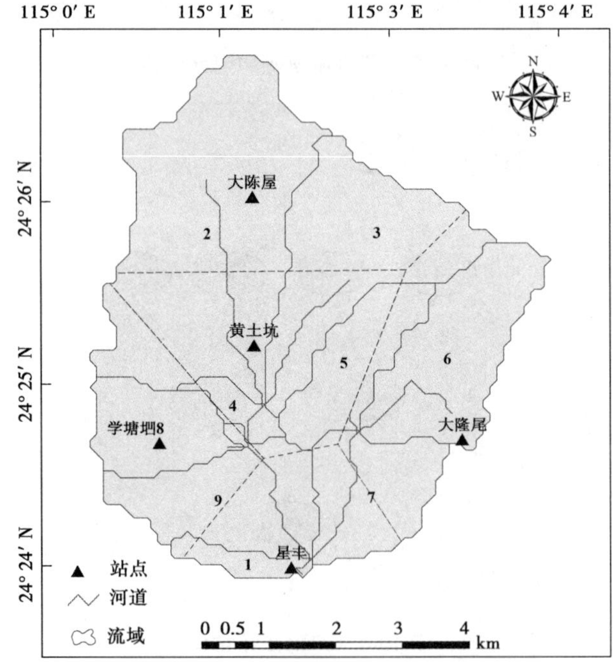

图 10-5　站点泰森多边形分配

表 10-4　水文气象站点子流域分布

序号	子流域编码	站点名
1	2、3	大陈屋
2	4、5	黄土坑
3	8	学塘圳
4	6、7	大隆尾
5	1、9	星丰

10.5　洪水精度评价指标

程序主要依据以下几个标准来确定模拟的精度。

(1)确定性系数 D_c。

确定性系数 D_c 越接近于1,模拟的效果越好。确定性系数 D_c 的计算公式如下:

$$D_c = 1 - \frac{S_c^2}{\sigma_y^2} \tag{10-1}$$

其中:

$$S_c = \sqrt{\frac{1}{n}\sum_{i=1}^{n}(y - y_i)^2} \tag{10-2}$$

$$\sigma_y = \sqrt{\frac{1}{n}\sum_{i=1}^{n}(y_i - \bar{y})^2} \tag{10-3}$$

式中:S_c 为预报误差值的均方差;σ_y 为预报要素的均方差;y_i、$\bar{y}$ 为实测值及其均值;y 为预报值;n 为资料数。

(2)相对洪量误差 W_r。

相对洪量误差 W_r 是实测流量和模拟流量之间的误差,其越接近于0,模拟的洪水总量精度越高。

$$W_r = \frac{\sum_{i=1}^{n} W_{moi} - \sum_{i=1}^{n} W_{mci}}{\sum_{i=1}^{n} W_{moi}} \tag{10-4}$$

式中:W_{mo} 为实测流量;W_{mc} 为模拟流量;n 为时段数。

(3)相对洪峰误差 D_q。

相对洪峰误差 D_q 越接近于0,模拟的洪峰效果越好。

$$D_q = \frac{\sum_{i=1}^{n} Q_{moi} - \sum_{i=1}^{n} Q_{mci}}{\sum_{i=1}^{n} Q_{moi}} \tag{10-5}$$

式中：Q_{mo}为实测洪峰流量；Q_{mc}为模拟洪峰流量；n 为时段数。

（4）峰现时刻误差 D_t。

峰现时刻误差 D_t 以时段数计，提前为 -，滞后为 +，如果没有峰现误差则 $D_t = 0$。

10.6 模拟结果

根据 2000 年水利部颁布的《水文情报预报规范》（SL 2000—250）中的规定，对率定期和验证期的精度采用有效性检验法和允许误差合格率法进行评定。

允许误差合格率是针对洪峰流量、峰现时间、洪水总量等的允许误差：

（1）洪峰流量评定标准是按实测洪峰流量的 20% 作为许可误差；

（2）峰现时间评定标准是按 +（或 -）一个 Δt 作为许可误差；

（3）洪水总量评定标准是按实测径流深的 20% 作为许可误差。

有效性检验法采用前述的确定性系数 D_c 来评价，评价等级划分如下：

甲等方案：$D_c > 0.90$；

乙等方案：$0.70 < D_c \leqslant 0.90$；

丙等方案：$0.50 < D_c \leqslant 0.70$。

利用 1972～1976 年共 6 场次大中洪水进行模拟计算，并绘制模拟洪水过程线，模拟结果见图 10-6～图 10-11。从图中可以看出，模拟过程线与实测过程线吻合程度良好。6 个场次洪水的相对洪量误差、相对洪峰误差、峰现时刻误差、确定性系数的统计见表 10-5、表 10-6。

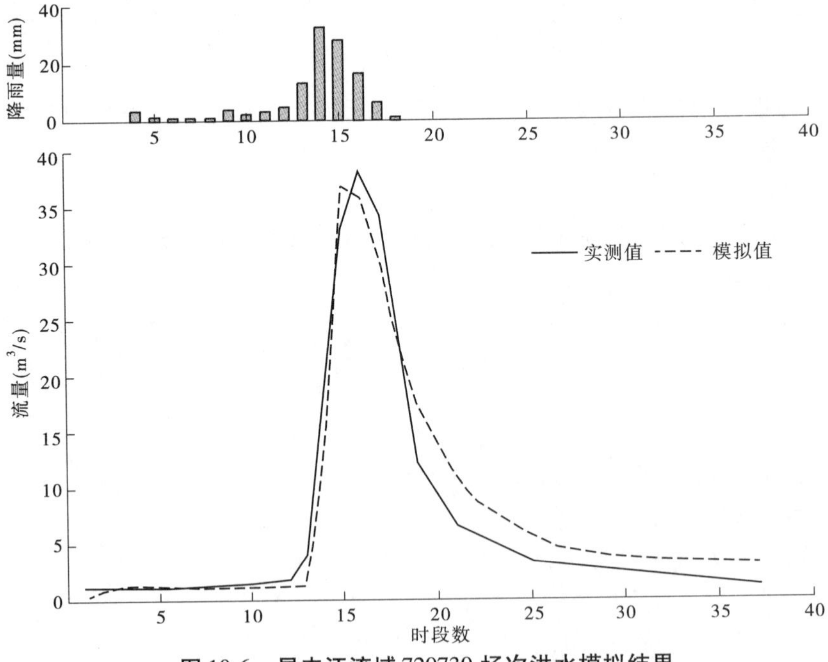

图 10-6　星丰江流域 720730 场次洪水模拟结果

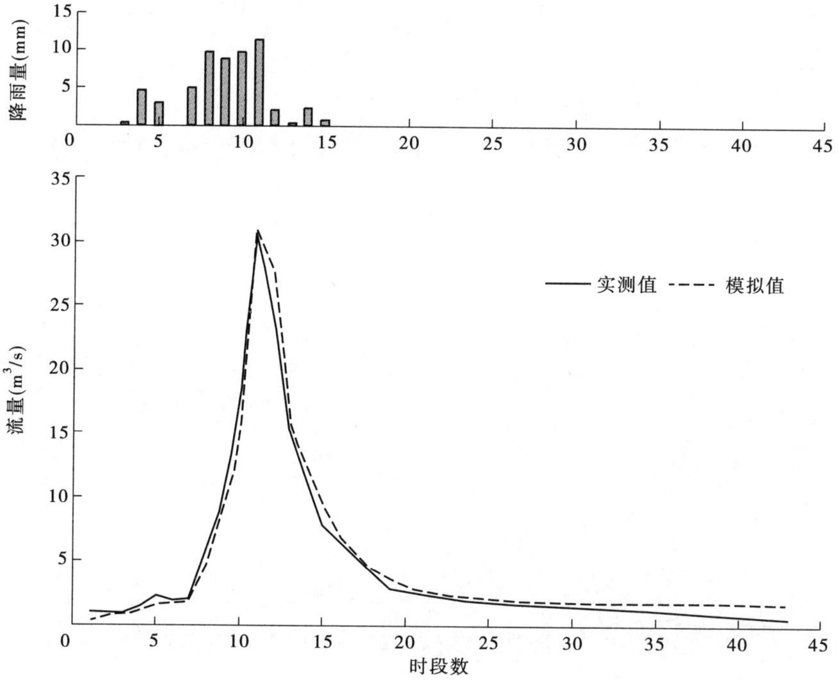

图 10-7　星丰江流域 730403 场次洪水模拟结果

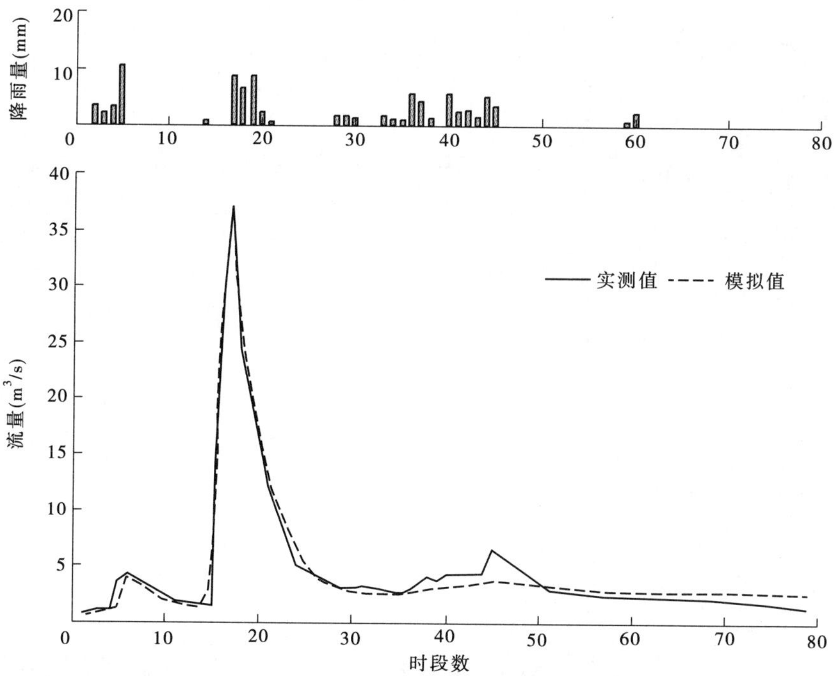

图 10-8　星丰江流域 740505 场次洪水模拟结果

对表 10-5 和表 10-6 中的统计数据进行分析,可知:

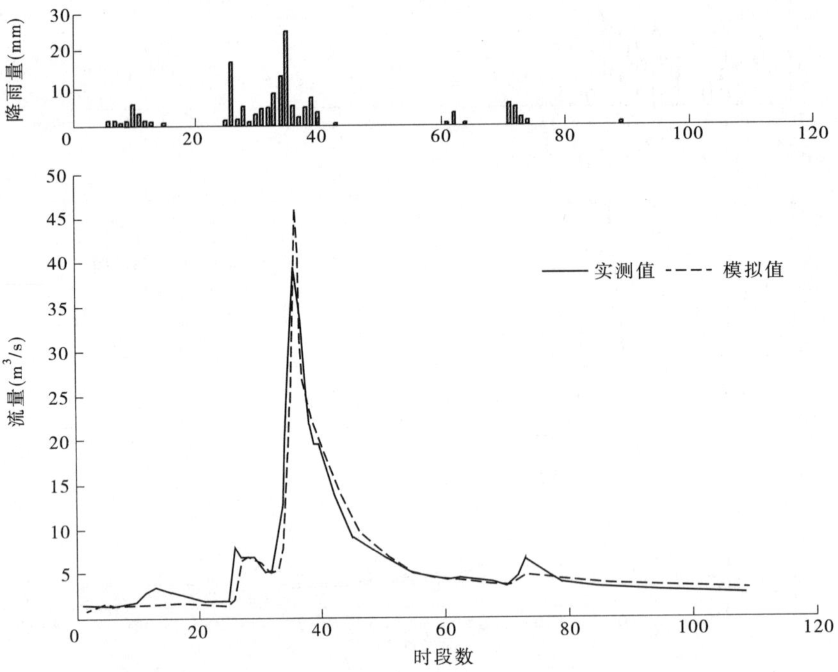

图 10-9　星丰江流域 740625 场次洪水模拟结果

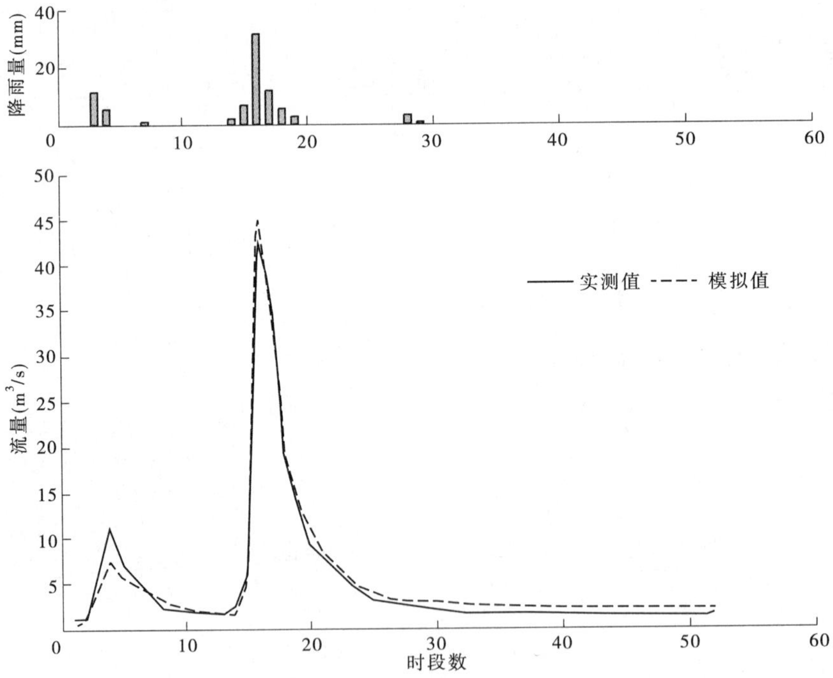

图 10-10　星丰江流域 750811 场次洪水模拟结果

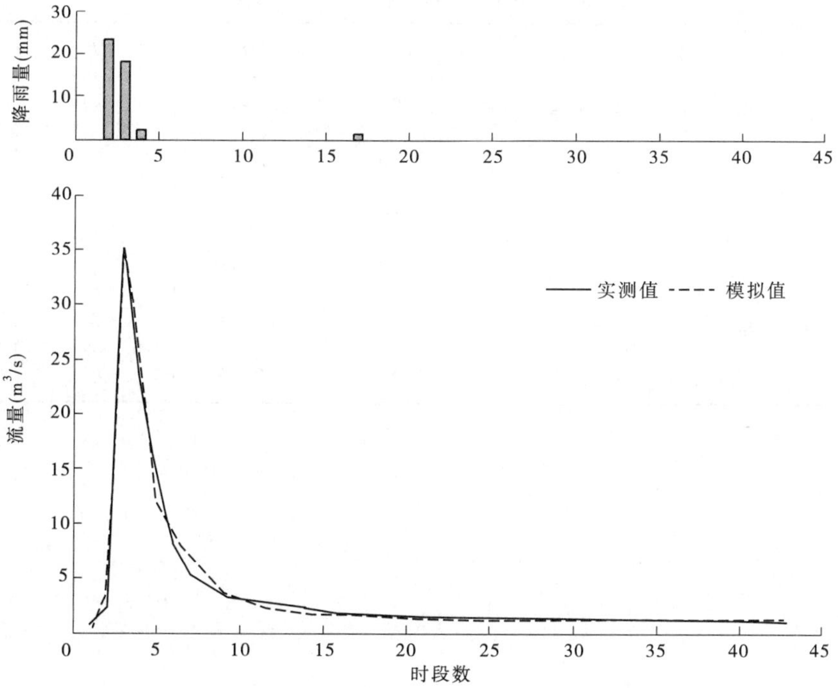

图 10-11　星丰江流域 760418 场次洪水模拟结果

(1)如果以确定性系数作为标准,6 场洪水 D_c 的取值全部在 0.90 以上,均达到甲等方案,表明模拟效果理想。

(2)如果以洪峰流量作为标准,6 场洪水中洪峰流量误差最大的为 740625 场次,达到 -16.69%,但均控制在 ±20% 以内,表明 WHSM 模型的模拟效果达到标准。

(3)如果以峰现时间作为标准,6 场洪水峰现时间只有 720730 场次洪水提前一个时段,其余场次洪水的峰现时间均与实测值一致,但 720730 场次洪水的时间误差控制在一个时间段内,表明模拟效果良好。

(4)如果以洪水总量作为标准,6 场洪水的洪水总量误差都小于 ±20%,最大的为 -11.41%,最小的仅为 -0.56%,表明 WHSM 模型模拟洪水总量的效果良好。

表 10-5　洪量误差分析

洪号	W_{mc}(mm)	W_{mo}(mm)	W_r(mm)	W_r(%)
720730	27.83	24.98	-2.85	-11.41
730403	20.53	18.98	-1.54	-8.13
740505	37.36	37.15	-0.21	-0.56
740625	62.85	64.04	1.19	1.86
750811	27.50	26.02	-1.48	-5.70
760418	15.55	15.67	0.11	0.72

表 10-6　洪峰误差和确定性系数分析

洪号	Q_{mc}(m³/s)	Q_{mo}(m³/s)	D_q(m³/s)	D_q(%)	D_t	D_c
720730	36.85	38.20	1.35	3.53	-1	0.94
730403	31.11	30.45	-0.66	-2.18	0	0.98
740505	34.82	37.20	2.38	6.40	0	0.98
740625	46.33	39.70	-6.63	-16.69	0	0.94
750811	45.11	42.74	-2.37	-5.54	0	0.98
760418	35.61	35.49	-0.12	-0.35	0	0.99

第11章　结　语

11.1　小　结

本书详细地阐述了HSPF模型的结构与原理，并将HSPF模型应用于流域水循环模拟、非点源模拟和暴雨洪水模拟三个部分，得到了令人满意的结果，体现了模型的合理性与实用性。综上所述，可以总结出HSPF模型具备如下特点：

(1)HSPF模型以子流域划分为基础，充分考虑空间的差异性，根据不同的下垫面信息，如土地利用类型、土壤类型等，来模拟流域的水文过程，体现了空间分布式模拟的技术。同时，子流域内的水文响应单元是属于集总式的计算，避免了计算量过大，计算冗余的问题。

(2)HSPF模型是基于面向对象的形式编码组成的，模块与模块之间具有较好的封装性与连接性，可以根据实际的研究需要，修正相应的模块，快速实现模型的扩展与修正。例如，HSPF模型有完备的软件界面，便于独立操作；软件背后还有与之对应的UCI文件代码，这些代码可以嵌入PEST软件里，实现了参数的自动率定过程，从而大大优化了模型结构，提高了模型参数率定效率。

(3)HSPF模型层次结构科学合理，符合自然规律下的水循环过程，通过将水文响应单元在垂直空间上划分成5个层次(植被层、上土壤层、下土壤层、浅层地下水层、深层地下水层)，描述了水分在垂直空间上的传播过程，同时，将产流划分成地表径流、壤中流、地下径流等形式，以反映水分在水平空间上的传播形式。与传统的集总式水文模型不同，HSPF采用流量蓄泄关系(RCHRES)，使河道中的洪水波传播方向清晰直接，很好地连接了各个河段的洪水过程。在河道洪水演进的过程计算中，基于线性水库的思想，构建了河道蓄水量与出口断面流量的相关关系，以一种较新的角度计算了河道段的水量与出口断面流量过程。HSPF采用流域蓄泄关系(RCHRES)使得模型便于模拟河道水流的对流与扩散、水质成分的输移与转化，使HSPF模型大大突破了前身Standard水文模型的局限性，使之成为真正的流域水文水质模型。

(4)HSPF模型涉及众多参数，大部分具备物理意义，参数具有有效的范围，可以根据特定流域的基本属性，锁定参数的有效范围。虽然，从严格意义上来说，HSPF模型参数需要通过率定获得，模型结构中有集总式的成分，属于半经验半物理性的水文模型，但是，HSPF模型中的关键参数充分反映了径流的特性，能够较好地揭示水循环的本质规律，保证了模型的物理属性。

(5)针对南盘江流域水文的流量模拟，模型的实用性得到了较好的验证。通过调整HSPF模型中的几个关键参数，可以得到理想的模拟效果，无论是对年径流总量的模拟，还是对月径流和日径流过程的模拟，HSPF模型都得到了令人满意的效果，表明了HSPF

模型在一定程度上适用于南方地区的水循环模拟。此外,可以发现,HSPF 模型能够较好地捕捉基流和洪峰过程,这也体现了 WHSM 模型用于洪水预报的精确性。因此,在充分的数据支撑下,HSPF 模型还能够有效地指导防洪和抗旱工作。

(6)相较水文模拟部分,HSPF 水质模拟仍然在探索中,仍有许多问题有待进一步解决,因此这部分成果还不是十分成熟。水质模拟相较于水文模拟有两方面的难度,一方面是水质原型观测资料获取的难度以及资料观测的准确性,另一方面也是最主要的就是目前公开的 HSPF 水质模块,仍有许多漏洞,这可能是因为 HSPF 模型非商业软件,软件尽管具有实用性,但通用性方面仍较商业软件差一点。通过我们的模拟工作,我们认为水质模拟这部分,重要工作是抓模拟的趋势,而不在于模拟精度,因为模拟精准是十分困难的事情。

11.2 需要进一步研究的问题

站在从事水文工作者的角度看,HSPF 模型仍属于水文模型研究范畴,水质模拟必须依赖较为精准的流域水文模拟过程。从我国近几十年来的研究成果看,尽管分布式流域水文模型在理论上和应用上都取得了飞速的发展,但是水文模型在基础理论和实践技术上仍然面临诸多问题。这些问题有些涉及水文学的根本性问题,有些涉及实际操作问题。

(1)模型的不确定性:模型的不确定性包括模型参数的不确定性、模型结构的不确定性以及实测资料的不确定性。各种不确定因素会通过误差传递形成累积,其结果是大大影响了水文模型的模拟精度。当然,当今的科技无法完全克服这种不确定性带来的误差,然而,可以通过模型不确定性分析,获得不确定因素对模型模拟效果的影响机制,使其在某种范围中不对所研究的目标造成过大的误差,把误差控制在合理范围内,在此基础上,仍然可以运用模型对水文过程进行比较可靠合理的模拟,从而揭示水文循环的内在规律。

(2)模型的尺度:通常,水文模型的创建是基于对自然水文过程机制的观察,并总结推理得出水文模型的构建原理,而实际的模拟则面向更大更广的流域,目前大多数水文模型并未考虑尺度对于模型以及参数有效性的影响,更没有指出大尺度与小尺度模型在参数转换方面的问题,而把在小尺度上具有物理意义的水文模型随意应用到大尺度流域中,并不符合模型参数一致性的要求。因此,水文模型的尺度问题将是探究合理的流域空间离散方式,并充分利用空间信息数据,构建出有效的水文响应单元。

HSPF 模型具备多种优点,但是也存在问题,如上所述,因此 HSPF 模型需要不断完善和发展。HSPF 模型作为水文模拟的工具,最终将落脚到实际生产中,服务于人类与社会的发展,进一步实现 HSPF 模型在水资源管理、生态环境保护等领域的运用,例如,可以通过与水资源调控模型的耦合,实现水资源评价与水资源配置,提高科学管理和利用水资源的能力;通过与泥沙、水质等模型的耦合,实现水循环及其伴生过程的模拟,指导人们提升对生态的保护、农业的管理能力;通过与气候模型的耦合,实现模型对流域洪水预报与防洪抗旱的功能,保障人民的生活、生产安全,促进经济发展。

总而言之,分布式流域水文模型的研究,是深化水文学理论的要求,也是实际生产生活中解决水问题的要求。因此,继续深化和完善水文模型的理论研究,提高水文模型的应用水平,是当今社会对水科学工作者提出的具体要求,需要广大学者的努力与坚持。

参 考 文 献

[1] 詹道江,叶守泽.工程水文学[M]. 北京: 中国水利水电出版社, 1987.

[2] 徐宗学.水文模型[M]. 北京: 科学出版社, 2009.

[3] 吴险峰,刘昌明.流域水文模型研究的若干进展[J]. 地理科学进展, 2002,21(4): 8.

[4] 袁作新.流域水文模型[M]. 北京:水利电力出版社, 1990.

[5] Singh V P. Computer models of watershed hydrology[M]. Water Resources Publications, 1995.

[6] 任立良.流域数字水文模型研究[J]. 河海大学学报(自然科学版), 2000,28(4): 7.

[7] 芮孝芳,朱庆平.分布式流域水文模型研究中的几个问题[J]. 水利水电科技进展, 2002,22(3): 3.

[8] 陈仁升,康尔泗,杨建平,等.水文模型研究综述[J]. 中国沙漠, 2003,23(3): 9.

[9] 熊立华,郭生练.分布式流域水文模型[M].北京:中国水利水电出版社, 2004.

[10] 贾仰文,王浩,倪广恒,等. 分布式流域水文模型原理与实践[M]. 北京: 中国水利水电出版社, 2005.

[11] 芮孝芳,蒋成煜,张金存.流域水文模型的发展[J]. 水文, 2006,26(3): 5.

[12] Singh V, Woolhiser D. Mathematical Modeling of Watershed Hydrology[J]. Journal of Hydrologic Engineering, 2002,7(4): 270-292.

[13] 董延军,邓家泉,李杰,等. 基于 HSPF 的东江分布式水文模型构建[J]. 长江科学院院报, 2011,28(9).

[14] 王中根,刘昌明,左其亭,等.基于 DEM 的分布式水文模型构建方法[J]. 地理科学进展, 2002,21(5): 10.

[15] 杨大文,李翀,倪广恒,等.分布式水文模型在黄河流域的应用[J]. 地理学报, 2004,59(1): 12.

[16] 赵人俊.流域水文模拟——新安江模型和陕北模型[M]. 北京: 水利电力出版社, 1984.

[17] 余钟波.流域分布式水文学原理及应用[M]. 北京: 科学出版社, 2008.

[18] 刘昌明,郑红星,王中根.流域水循环分布式模拟[M]. 郑州: 黄河水利出版社, 2006.

[19] 董延军,李杰,郑江丽,等.流域水文水质模拟软件(HSPF)应用指南[M]. 郑州: 黄河水利出版社, 2009.

[20] 陈杨波. 流溪河模型[M]. 北京: 科学出版社, 2009.

[21] 郝振纯, 李丽, 王加虎,等. 分布式水文模型理论与方法[M]. 北京: 科学出版社, 2010.

[22] 雷晓辉,蒋云钟,王浩.分布式水文模型 EasyDHM[M]. 北京: 中国水利水电出版社, 2010.

[23] Viessman W, Lewis G L. Introduction to Hydrology[M]. Prentice Hall, 2003.

[24] 包为民.水文预报[M]. 北京: 中国水利水电出版社, 1986.

[25] Mulvany T J. On the Use of Self - registering Rain and Flood Gauges in Making Observations of the Relations of Rain Fall and Flood Discharges in a Given Catchment[J]. Transactions of the Institution of Civil Engineers of Ireland,1851,4(2): 18-33.

[26] Imbeaux E. La durance: régime crues et inondations[M]. Vve Ch. Dunod, 1892.

[27] Sherman L K. Streamflow from rainfall by the unit - graph method[J]. Engineering News Record, 1932, 108: 501-505.

[28] Fair G M, Hatch L P. Fundamental factors governing the streamline flow of water through sand[J]. American Water Works Association, 1933,25(11): 1551-1565.

[29] Horton R E. Analysis of runoff plot experiments with varying infiltration capacity[J]. Trans. Am. Geo-

phys. Union, 1939,20(4): 683-694.

[30] Barnes B S. Discussion on analysis of runoff characteristics by O. H. Meyer[J]. Trans. Am. Soc. Civ. Eng, 1940,105:104-106.

[31] Keulegan G H. Spatially variable discharge over a sloping plane[J]. Trans., Am. Geophys. Union, 1944,25(6): 959-965.

[32] Thornthwaite C W. An Approach toward a Rational Classification of Climate[J]. Geographical Review, 1948,38(1): 55-94.

[33] Penman H L. Natural Evaporation from Open Water, Bare Soil and Grass[J]. Proceedings of the Royal Society of London. Series A. Mathematical and Physical Sciences, 1948,193(1032): 120-145.

[34] Penman H L. Weather, plant and soil factors in hydrology[J]. Weather, 1961,16(7): 207-219.

[35] Nash J E. The form of the instantaneous unit hydrograph[J]. Hydrol. Sci. Bull, 1957,3:114-121.

[36] Dooge J C I. A general theory of the unit hydrograph[J]. Journal of Geophysical Research, 1959,64(2): 241-256.

[37] Lighthill M J, Whitham G B. On Kinematic Waves. I. Flood Movement in Long Rivers[J]. Proceedings of the Royal Society of London. Series A. Mathematical and Physical Sciences, 1955,229(1178): 281-316.

[38] Crawford N H, Linsley R K. Digital simulation in hydrology: Stanford watershed model Ⅳ[M]. Dept. of Civil Engineering, Stanford University, 1966.

[39] Burnash R J C, Ferral R L, McGuire R A. A generalized streamflow simulation system: conceptual modeling for digital computers[M]. U. S. Dept. of Commerce, National Weather Service, 1973.

[40] Becknell B R, Imhoff J C, Kittle J L, et al. Hydrological simulation program: Fortran. User's manual for release 10[R]. EPA Environmental Research Laboratory, Athens, Ga, 1993.

[41] Sugawara M. Tank model and its application to application to Bird Creek, Wollombi Brook, Bikin River, Kitsu River, Sanga River and Nam Mune[J]. Research Note, National Research Center for Disaster Prevention, No. 11, Tokyo, Japan, 1974: 1-64.

[42] Metcalf, Eddy. Storm Water Management Model[M]. Vol. Ⅰ – Final Report, 11024DOC 7/71. Vol. Ⅱ – Verification and Testing, 11024DOC 8/71. Vol. Ⅲ – User's Manual, 11024DOC 9/71. Vol. Ⅳ – Program Listing, 11024DOC 10/71. US EPA, Washington, D. C, 1971.

[43] Burnash R, Singh V. The NWS river forecast system – catchment modeling[J]. Computer models of watershed hydrology., 1995: 311-366.

[44] Bergström S. Development and application of a conceptual runoff model for Scandinavian countries[M]. SMHI Rep. RH, No. 4, Norrkoping, Sweden, 1976.

[45] Bergström S. The HBV Model – Its Structure and Applications[M]. SMHI Rep. RH, No. 4, Norrkoping, Sweden, 1992.

[46] Beven K J, Kirkby M J. A physically based, variable contributing area model of basin hydrology / Un modèle à base physique de zone d'appel variable de l'hydrologie du bassin versant[J]. Hydrological Sciences Bulletin, 1979,24(1): 43-69.

[47] Beven K J, Hornberger G M. Assessing the effect of spatial pattern of precipitation in modeling streamflow hydrographs[J]. JAWRA Journal of the American Water Resources Association, 1982,18(5): 823-829.

[48] Morris E M. Forecasting flood flows in grassy and forested basins using a deterministic distributed mathematical model[M]. Wallingford, U. K.: IAHS Publication No. 129 (Hydrological Forecasting), Inter-

national Association of Hydrological Sciences, 1980.
[49] Leavesley G H, Lichty R W, Troutman B M, et al. Precipitation – runoff modeling system user's manual [M]. USGS Water Resources Investigations Rep. No. 83-4238, Denver, 1983.
[50] Abbott M B, Bathurst J C, Cunge J A, et al. An introduction to the European Hydrological System – System Hydrologique Europeen, "SHE", 1: History and philosophy of a physically – based, distributed modelling system[J]. Journal of Hydrology, 1986,87(1 – 2): 45-59.
[51] Abbott M B, Bathurst J C, Cunge J A, et al. An introduction to the European Hydrological System – Systeme Hydrologique European "SHE", 2: Structure of a physically based, distributed modelling system [J]. Journal of Hydrology, 1986,87(1 – 2): 61-77.
[52] Arnold J G, Srinivasan R, Muttiah R S, et al. Large area hydrologic modeling and assessment. Part I: Model development[J]. JAWRA Journal of the American Water Resources Association, 1998,34(1): 73-89.
[53] Arnold J G, Srinivasan R, Muttiah R S, et al. Continental scale simulation of the hydrologic balance[J]. JAWRA Journal of the American Water Resources Association, 1999,35(5): 1037-1051.
[54] O'Callaghan J F, Mark D M. The extraction of drainage networks from digital elevation data[J]. Computer Vision, Graphics and Image Processing, 1984,28:323-344.
[55] Verdin K L, Verdin J P. A topological system for delineation and codification of the Earth's river basins [J]. Journal of Hydrology, 1999,218(01): 1-12.
[56] 杨大文,倪广恒,雷志栋,等.大流域的分布式水文模型及其在黄河流域中的应用[C]//2004 年全国水文学术讨论会论文集. 2004.
[57] 罗翔宇,贾仰文,王建华,等.基于 DEM 与实测河网的流域编码方法[J]. 水科学进展, 2006,17(2): 6.
[58] 杨晓华,杨志峰,郦建强,等.水文模型参数识别算法研究及展望[J]. 自然科学进展, 2006,16(6): 5.
[59] 王中根,夏军,刘昌明,等.分布式水文模型的参数率定及敏感性分析探讨[J]. 自然资源学报, 2007,22(4): 7.
[60] 金菊良.遗传算法及其在水问题中的应用[D]. 1998.
[61] 张洪刚,郭生练,刘攀,等.概念性水文模型多目标参数自动优选方法研究[J]. 水文, 2002,22(1): 5.
[62] 陆桂华, 郦建强, 杨晓华. 水文模型参数优选遗传算法的应用[J]. 水利学报, 2004(2): 7.
[63] 栾承梅.流域水文模型参数优化问题研究[D]. 2005.
[64] 陈垌烽,张万昌. 基于遗传算法的新安江模型日模拟参数优选研究[J]. 水文, 2006,26(4): 7.
[65] 王书功.水文模型参数估计方法及参数估计不确定性研究[D]. 2006.
[66] 武震, 张世强, 张小文. 流域水文模型参数识别的现代优化方法研究进展[J]. 冰川冻土, 2008, 30(1): 8.
[67] 宋星原,舒全英,王海波,等. SCE – UA、遗传算法和单纯形优化算法的应用[J]. 武汉大学学报(工学版), 2009,42(1): 5.
[68] 宋霁云, 张利平, 李武阶,等. 水文模型参数优选方法比较与参数敏感性分析[J]. 水电能源科学, 2011,29(4).
[69] 黄晓敏,雷晓辉,王宇晖,等.基于 NSGA – Ⅱ的水文模型参数多目标优化研究[J]. 人民长江, 2012,43(2).
[70] Holland J H. Adaptation in natural and artificial systems: an introductory analysis with applications to

biology, control, and artificial intelligence[M]. University of Michigan Press, 1975.
[71] Goldberg D E. Genetic Algorithms in Search, Optimization and Machine Learning[M]. Addison - Wesley Longman Publishing Co., Inc., 1989: 372.
[72] 张铃, 张钹. 遗传算法机理的研究[J]. 软件学报, 2000,11(7): 8.
[73] Hans A E. Multicriteria optimization for highly accurate systems. Multicriteria Optimization in Engineering and Sciences [M]. New York:Plenum press: W. Stadler (Ed.), Mathematical concepts and methods in science and engineering,1988,19:309-352.
[74] 周丰, 郭怀成. 不确定性非线性系统"模拟 - 优化"耦合模型研究[M]. 北京: 科学出版社, 2010.
[75] Horn J, Nafpliotis N, Goldberg D E. A niched Pareto genetic algorithm for multiobjective optimization. Evolutionary Computation, 1994. IEEE World Congress on Computational Intelligence., Proceedings of the First IEEE Conference on. 1994,81:82-87.
[76] Schaffer J D. Some experiments in machine learning using vector evaluated genetic algorithms (artificial intelligence, optimization, adaptation, pattern recognition)[D]. Vanderbilt University, 1984: 166.
[77] Srinivas N, Deb K. Multiobjective optimization using nondominated sorting in genetic algorithms[J]. Evol. Comput., 1994,2(3): 221-248.
[78] Deb K, Agrawal S, Prata P A, Meyarivan T. A Fast Elitist Non - dominated Sorting Genetic Algorithm for Multi - objective Optimisation: NSGA - II. Proceedings of the 6th International Conference on Parallel Problem Solving from Nature. Springer - Verlag, 2000: 849-858.
[79] Deb K, Prata P A, Moitra S. Mechanical Component Design for Multiple Ojectives Using Elitist Non - dominated Sorting G A, Schoenauer M, Deb K, Rudolph G, Yao X, Lutton E, Merelo J, Schwefel H - P, editor, Parallel Problem Solving from Nature PPSN VI: Springer Berlin Heidelberg, 2000: 859-868.
[80] Nash J E, Sutcliffe J V. River flow forecasting through conceptual models part I — A discussion of principles[J]. Journal of Hydrology, 1970,10(3): 282-290.
[81] 金相灿. 中国湖泊富养化[M]//中国湖泊环境. 北京:海洋出版社,1995.
[82] 陈吉宁,李广贺,王洪涛. 滇池流域面源污染控制技术研究[J]. 中国水利,2004(9):47-50.
[83] 郝芳华,李春晕,赵彦伟,等. 流域水质模型与模拟[M]. 北京:北京师范大学出版社,2008.
[84] 雒文生,宋星原. 水环境分析及预测[M]. 武汉:武汉大学出版社,2000.
[85] 洪华生,黄金良,曹文志. 九龙江流域农业非点源污染机理与控制研究[M]. 北京:科学出版社,2007.
[86] 宋小冬,钮心毅. 地理信息系统实习教程[M]. 北京:科学出版社,2007.
[87] 王晓燕. 非点源污染及其管理[M]. 北京:海洋出版社,2003.
[88] 邢可霞,郭怀成,等. 流域非点源污染模拟研究——以滇池流域为例[J]. 地理研究,2005,24(4):549-558.
[89] Steven A. Cryer, et al. Characterizing agrichemical patterns and effective BMPs for surface waters using mechanistic modeling and GIS[J]. Environmental Modeling and Assessment,2001(6):195-208.
[90] Chun K C, Chang R W, Williams G P. Water quality issues in the Nakdong River Basin in the Republic of Korea[J], Springer - Verlag(Environ Engg and Policy),2001(2):131-143.
[91] Mine Albek, et al. Hydrological modeling of Seydi Suyu watershed with HSPF[J]. Elsevier(Journal of Hydrology),2004(285):260-271.
[92] Mark S. Johnson, et al. Application of two hydrologic models with different runoff mechanisms to a hillsope dominated watershed in the northeastern US, Elsevier(Journal of Hydrology),2003(284):57-76.
[93] Dahlia N. EI - Kaddah, Anne E. Carey. Water quality modeling of the Cahaba River, Alabama[J].

Springer - Verlag(Environment Geology) ,2004(45):323-338.
[94] 沈珍瑶,刘瑞民,叶闽,等. 长江上游非点源污染特征及其变化规律[M]. 北京:科学出版社,2008.
[95] 李致家. 基于 DEM 栅格和地形的分布式水文模型构建及其应用[D]. 南京:河海大学,2005.
[96] 牛存稳,贾仰文,王浩,等. 黄河流域水量水质综合模拟与评价[J]. 人民黄河,2007,29(11).
[97] 方红远. 区域水资源合理配置中的水量调控理论[M]. 郑州:黄河水利出版社,2004.
[98] 水利部水资源管理司,水利部水资源管理中心. 建设项目水资源论证培训教材[M]. 北京:中国水利水电出版社,2005.
[99] 中国环境规划院. 全国水环境容量核定技术指南,2003.9.
[100] 汤国安,杨昕. ArcGIS 地理信息系统空间分析实验教程[M]. 北京:科学出版社,2006.
[101] 何自立. 气候变化对流域径流的影响研究——以美国加州圣华金河上游源区为例[D]. 西北农林科技大学博士论文.
[102] 舒晓娟,陈洋波,黄锋华,等. PEST 在 WetSpa 分布式水文模型参数率定中的应用[J]. 水文,2009,29(5):45-49.

附录　英制与公制单位换算表

Linear Measure 长度

1 inch 英寸 =25. 4 millimetres 毫米

1 foot 英尺 =12 inches 英寸 =0. 304 8 metre 米

1 yard 码 =3 feet 英尺 =0. 914 4 metre 米

1（statute）mile 英里 =1 760 yards 码 =1. 609 kilometres 千米

1 nautical mile 海里 =1 852 m 米

Square Measure 面积

1 square inch 平方英寸 =6. 45 sq. centimetres 平方厘米

1 square foot 平方英尺 =144 sq. in. 平方英寸 =9. 29 sq. decimetres 平方分米

1 square yard 平方码 =9 sq. ft. 平方英尺 =0. 836 sq. metre 平方米

1 acre 英亩 =4 840 sq. yd. 平方码 =0. 405 hectare 公顷

1 square mile 平方英里 =640 acres 英亩 =259 hectares 公顷

Cubic Measure 体积

1 cubic inch 立方英寸 =16. 4 cu. centimetres 立方厘米

1 cubic foot 立方英尺 =1 728 cu. in. 立方英寸 =0. 028 3 cu. metre 立方米

1 cubic yard 立方码 =27 cu. ft. 立方英尺 =0. 765 cu. metre 立方米

Capacity Measure 容积

British 英制

1 pint 品脱 =20 fluid oz. 液量盎司 =34. 68 cu. in. 立方英寸 =0. 568 litre 升

1 quart 夸脱 =2 pints 品脱 =1. 136 litres 升

1 gallon 加仑 =4 quarts 夸脱 =4. 546 litres 升

1 peck 配克 =2 gallons 加仑 =9. 092 litres 升

1 bushel 蒲式耳 =4 pecks 配克 =36. 4 litres 升

1 quarter 八蒲式耳 =8 bushels 蒲式耳 =2. 91 hectolitres 百升

American dry 美制干量

1 pint 品脱 =33. 60 cu. in. 立方英寸 =0. 550 litre 升

1 quart 夸脱 =2 pints 品脱 =1. 101 litres 升

1 peck 配克 =8 quarts 夸脱 =8. 81 litres 升

1 bushel 蒲式耳 =4 pecks 配克 =35. 3 litres 升

American liquid 美制液量

1 pint 品脱 =16 fluid oz. 液量盎司 =28. 88 cu. in. 立方英寸 =0. 473 litre 升

1 quart 夸脱 =2 pints 品脱 =0. 946 litre 升

1 gallon 加仑 =4 quarts 夸脱 =3. 785 litres 升

Avoirdupois Weight **常衡**

1 grain 格令 =0. 065 gram 克

1 dram 打兰 =1. 772 grams 克

1 ounce 盎司 =16 drams 打兰 =28. 35 grams 克

1 pound 磅 =16 ounces 盎司 =7 000 grains 谷 =0. 453 6 kilogram 千克

1 stone 英石 =14 pounds 磅 =6. 35 kilograms 千克

1 quarter 四分之一英担 =2 stones 英石 =12. 70 kilograms 千克

1 hundredweight 英担 =4 quarters 四分之一英担 =50. 80 kilograms 千克

1 short ton 短吨(美吨) =2 000 pounds 磅 =0. 907 tonne 公吨

1 (long) ton 长吨(英吨) =20 hundredweight 英担 =1. 016 tonnes 公吨